高等院校信息技术系列教材

C#程序设计教程

（第2版·微课版·题库版）

李瑞旭　编著

清华大学出版社
北 京

内 容 简 介

本书是在第 1 版基础上，为适应线上线下教学模式，根据 C♯ 版本变化以及出现的新特性，对内容进行了调整编排。全书共 9 章，主要内容包括.NET 与 C♯、C♯ 编程基础、常用基础类与集合、面向对象程序设计、异常处理与程序发布、Windows 应用、图形图像编程、流和文件、数据库程序设计、实验。书中包含了大量实例，有助于读者准确掌握 C♯ 的基本概念和技术应用。书中实例以.NET Framework应用为主，.NET 6 应用为辅，所有实例均在 Visual Studio 2022 环境下执行通过。

本书作者从事.NET 技术应用开发以及相关教学工作 10 多年，有较为丰富的开发经验。本书从内容编排、案例取舍、实验安排和课时数等方面比较适合作为高校 C♯ 课程的教材，书中所附 14 个实验，可满足高校实践课要求。每个实验都给出实验目的和实验内容。一些实验提供框架引导，让学生面对相对复杂问题时，既有挑战性，又能在开发引导的辅助下，按时完成。此外，每章都配有习题，有助于读者快速掌握 C♯ 的基本概念和技术。

本书提供丰富的教学资源，包括课件、全书实例源代码、微课视频等。教师还可以获取教学大纲、电子教案、实验源代码、课后习题答案、试题库，目前试题库中的试题已经超过 1000 题，而且持续维护。本书的读者对象为高校计算机类学生，同时也适合初学者作为自学教材，作为快速入门级读物，不要求读者具有任何编程方面的知识。

图书在版编目（CIP）数据

C♯程序设计教程：微课版·题库版/李瑞旭编著. —2 版. —北京：清华大学出版社，2024.1
高等院校信息技术系列教材
ISBN 978-7-302-64953-3

Ⅰ. ①C… Ⅱ. ①李… Ⅲ. ①C 语言－程序设计－高等学校－教材 Ⅳ. ①TP312.8

中国国家版本馆 CIP 数据核字(2023)第 218831 号

责任编辑：白立军
封面设计：常雪影
责任校对：申晓焕
责任印制：丛怀宇

出版发行：清华大学出版社
    网   址：https://www.tup.com.cn，https://www.wqxuetang.com
    地   址：北京清华大学学研大厦 A 座   邮 编：100084
    社 总 机：010-83470000   邮 购：010-62786544
    投稿与读者服务：010-62776969，c-service@tup.tsinghua.edu.cn
    质量反馈：010-62772015，zhiliang@tup.tsinghua.edu.cn
    课件下载：https://www.tup.com.cn，010-83470236
印 装 者：三河市龙大印装有限公司
经   销：全国新华书店
开   本：185mm×260mm   印 张：24   字 数：554 千字
版   次：2016 年 3 月第 1 版 2024 年 1 月第 2 版 印 次：2024 年 1 月第 1 次印刷
定   价：69.80 元

产品编号：098988-01

Visual C♯是微软公司推出的 Visual Studio .NET 开发平台中面向对象的编程语言。由于 C♯具有简单、高效、功能强大等特点，利用这种面向对象可视化的编程语言，结合事件驱动的模块设计，将使程序设计变得轻松快捷。目前，由于 C♯语言的广泛应用，这种编程语言已成为符合现代软件工程要求的主流编程语言之一。

本书内容共 9 章。第 1 章介绍 .NET 技术和 C♯语言的概貌以及 Visual Studio 2022 集成开发环境，第 2 章介绍 C♯语言编程基础，第 3 章介绍常用基础类和集合，第 4 章介绍面向对象程序设计的相关知识，第 5 章介绍 C♯异常处理机制，第 6 章介绍 Windows 应用开发，第 7 章介绍 GDI＋编程，第 8 章介绍文件的操作，第 9 章介绍数据库编程。每章在结束时都对主要知识点进行了回顾和总结，并通过一定数量的习题来帮助读者温习所学内容。

本书的附录 A 提供了 14 个实验，这 14 个实验是根据书中内容精心配备的，每个实验里又都配备了若干实验题目，实验内容紧贴书中的知识点和要点，而且实验题目具有一定的实用性。

本书作者在高校教授 C♯课程已有 10 多年，有丰富的教学经验和应用开发经验，本书是作者在 10 多年教案的基础上整理而成的，从内容编排、难易度和课时数等方面比较适合作为高校 C♯课程的教材。本书在内容编排上注意做到简明扼要、由浅入深和循序渐进，力求通俗易懂、简洁实用。本书强调了知识的系统性和应用性，重视能力的培养，在编写的主导思想上突出实用性，紧紧抓住基本编程技能的纲，书中的实例不但丰富而且实用性较强，代码设计尽量给出注释，以求读者明白每一行代码的意义及前后联系。

本书有以下主要特色。

(1) 书的定位明确。作为一本入门级的 C♯教材，力求对基础内容讲透、讲细。

（2）突出实例教学。本书在讲解具体知识点时采用短小的实例进行讲述，对重点和难点均辅以相关实例，使得读者更容易掌握知识的实质和应用。

（3）理论与实验整合。C#的理论知识和基本开发技术与实验整合在一本书中，书后附有14个实验，满足了实验教学的要求。通过这些实验，可帮助读者较快掌握C#的基本开发技术，培养和锻炼编程能力。

（4）注意新方法、新技术的介绍。书中以C#2.0/3.0/4.0为基础，同时对C#5.0至C#10.0的一些新增技术也进行了简要介绍和渗透。

（5）本书配有课件、全书实例源代码、微课视频等教学资源。教师还可以获取教学大纲、电子教案、实验源代码、课后习题答案、试题库，目前试题库中的试题已经超过1000题，而且持续维护。课件和实例源代码读者可在清华大学出版社网站免费下载。配套微课视频请读者先用手机扫一扫封底刮刮卡内二维码，获得权限，再扫一扫对应章节处二维码即可观看。

（6）本书可作为高等学校计算机专业的教材，也可作为初学者的自学入门书籍。

课程教学中，建议安排理论课34课时，实验课32课时。其中，理论课时分配：第1～3章、第7、8章各2课时，共10课时；第4、5章6课时；第6章8课时；第9章4课时；综合实验验收答辩4课时；机动2课时。实验课时分配：实验1～12各2课时，共24课时；综合实验13、14各4课时。

本书主要编写人员为李瑞旭、徐晓莹、李扬、孙风芝。全书由李瑞旭统稿。本书在编写过程中，得到了全国高校一些同行专家的指导，也得到了清华大学出版社的大力支持，在此表示衷心的感谢。此外，在本书的编写过程中，参考了大量书籍和网络资源，在此向这些文献的作者一并致谢。

由于作者的水平有限，加之时间仓促，书中的疏漏和不足在所难免，恳请读者批评指正。

编　者
2023年10月

目录

Contents

第1章 .NET 与 C# ………………………………………………… 1

1.1 .NET 概述 ……………………………………………………… 1

　　1.1.1 .NET 与 Visual Studio & C# 的历史沿承 ……… 1

　　1.1.2 理解.NET ……………………………………… 3

　　1.1.3 .NET 程序的编译与运行 ……………………… 6

　　1.1.4 基于.NET 的应用程序 ………………………… 6

1.2 C# 概述 ………………………………………………………… 8

　　1.2.1 C# 简介 ………………………………………… 8

　　1.2.2 C# 的特点 ……………………………………… 8

1.3 Visual Studio 2022 集成开发环境 ………………………… 9

　　1.3.1 各种版本比较 …………………………………… 9

　　1.3.2 Visual Studio 2022 安装 ……………………… 9

　　1.3.3 集成开发环境 ………………………………… 12

1.4 第一个 C# 程序 ……………………………………………… 16

　　1.4.1 Hello World 程序 ……………………………… 16

　　1.4.2 C# 程序的基本结构 ………………………… 17

1.5 C# 语法基础 ………………………………………………… 18

　　1.5.1 C# 关键字 …………………………………… 18

　　1.5.2 标识符 ………………………………………… 18

　　1.5.3 命名空间 ……………………………………… 19

　　1.5.4 Main 方法 …………………………………… 21

　　1.5.5 控制台输入输出 ……………………………… 21

　　1.5.6 注释及书写规则 ……………………………… 22

1.6 使用 Git 进行源代码管理 ………………………………… 23

本章小结 …………………………………………………………… 32

习题 ………………………………………………………………… 32

第 2 章　C# 编程基础 ··· 34

　2.1　数据类型 ··· 34
　　2.1.1　值类型 ·· 35
　　2.1.2　引用类型 ··· 37
　2.2　常量和变量 ··· 38
　　2.2.1　常量 ··· 38
　　2.2.2　变量 ··· 38
　2.3　数据类型转换 ·· 39
　　2.3.1　隐式转换 ··· 39
　　2.3.2　显式转换 ··· 39
　　2.3.3　使用类方法的显式转换 ··· 40
　　2.3.4　TryParse()方法转换 ··· 41
　2.4　装箱和拆箱 ··· 42
　　2.4.1　装箱 ··· 42
　　2.4.2　拆箱 ··· 42
　2.5　运算符与表达式 ·· 43
　　2.5.1　算术运算符 ·· 43
　　2.5.2　关系运算符 ·· 44
　　2.5.3　逻辑运算符 ·· 44
　　2.5.4　位运算符 ··· 44
　　2.5.5　赋值运算符 ·· 45
　　2.5.6　条件运算符 ·· 46
　　2.5.7　运算符优先级和结合性 ··· 46
　2.6　控制语句 ··· 47
　　2.6.1　分支语句 ··· 48
　　2.6.2　循环语句 ··· 51
　　2.6.3　跳转语句 ··· 52
　2.7　数组 ··· 54
　　2.7.1　数组的声明 ·· 54
　　2.7.2　数组的初始化 ··· 54
　　2.7.3　数组元素的使用 ·· 55
　　2.7.4　使用 foreach 语句访问数组 ···································· 55
　本章小结 ·· 57
　习题 ··· 57

第 3 章　常用基础类与集合 ··· 59

　3.1　常用基础类 ··· 59

3.1.1 .NET Framework 基础类库 ·················· 59

3.1.2 Math 类 ·················· 60

3.1.3 DateTime 和 TimeSpan 类 ·················· 62

3.1.4 Random 类 ·················· 62

3.1.5 String 类 ·················· 63

3.1.6 StringBuilder 类 ·················· 67

3.1.7 Array 类 ·················· 69

3.1.8 并行计算 ·················· 70

3.2 集合 ·················· 72

3.2.1 什么是集合 ·················· 72

3.2.2 ArrayList ·················· 72

3.2.3 Hashtable ·················· 74

3.2.4 Queue 和 Stack ·················· 76

3.2.5 SortedList 类 ·················· 78

3.2.6 集合空间接口 ·················· 79

本章小结 ·················· 81

习题 ·················· 81

第 4 章 面向对象程序设计 ·················· 83

4.1 面向对象的基本概念 ·················· 83

4.2 类和对象 ·················· 85

4.2.1 类的声明 ·················· 85

4.2.2 类成员 ·················· 86

4.2.3 对象创建与访问 ·················· 89

4.2.4 构造函数和析构函数 ·················· 89

4.3 字段 ·················· 92

4.4 属性 ·················· 93

4.4.1 属性定义 ·················· 93

4.4.2 属性访问 ·················· 94

4.4.3 属性与字段的比较 ·················· 94

4.5 方法 ·················· 95

4.5.1 方法的定义 ·················· 95

4.5.2 方法的参数类型 ·················· 96

4.5.3 静态方法与实例方法 ·················· 99

4.5.4 方法重载 ·················· 100

4.5.5 this 关键字 ·················· 102

4.6 类的继承 ·················· 103

4.6.1 继承的概念 ·················· 103

　　　4.6.2　派生子类 ……………………………………………………………… 104

　4.7　类的多态 ………………………………………………………………………… 107

　　　4.7.1　方法的隐藏 …………………………………………………………… 107

　　　4.7.2　虚方法的重写 ………………………………………………………… 108

　　　4.7.3　抽象方法的重写与抽象类 …………………………………………… 109

　　　4.7.4　密封类 ………………………………………………………………… 110

　　　4.7.5　base 关键字 …………………………………………………………… 111

　4.8　委托与事件 ……………………………………………………………………… 113

　　　4.8.1　委托 …………………………………………………………………… 114

　　　4.8.2　事件 …………………………………………………………………… 117

　4.9　接口 ……………………………………………………………………………… 120

　　　4.9.1　接口定义 ……………………………………………………………… 121

　　　4.9.2　接口实现 ……………………………………………………………… 122

　　　4.9.3　接口与抽象类比较 …………………………………………………… 124

　4.10　结构与枚举 …………………………………………………………………… 124

　　　4.10.1　结构的声明与实例化 ………………………………………………… 124

　　　4.10.2　枚举 …………………………………………………………………… 126

　4.11　C#新特性 ……………………………………………………………………… 128

　　　4.11.1　泛型 …………………………………………………………………… 129

　　　4.11.2　分部类型 ……………………………………………………………… 135

　　　4.11.3　匿名方法 ……………………………………………………………… 138

　　　4.11.4　静态类 ………………………………………………………………… 140

　　　4.11.5　可空类型 ……………………………………………………………… 141

　　　4.11.6　隐式类型 ……………………………………………………………… 143

　　　4.11.7　自动实现的属性 ……………………………………………………… 143

　　　4.11.8　匿名类型 ……………………………………………………………… 144

　　　4.11.9　扩展方法 ……………………………………………………………… 144

　　　4.11.10　Lambda 表达式 ……………………………………………………… 145

　　　4.11.11　动态绑定 …………………………………………………………… 146

　　　4.11.12　可选参数 …………………………………………………………… 149

　　　4.11.13　命名参数 …………………………………………………………… 149

　　　4.11.14　异步编程 async 和 await 模型 …………………………………… 150

　　　4.11.15　自动属性初始化表达式 …………………………………………… 152

　　　4.11.16　out 变量 …………………………………………………………… 153

　　　4.11.17　元组类型 …………………………………………………………… 153

　　　4.11.18　内插字符串 ………………………………………………………… 154

　　　4.11.19　C#8.0 之后的常用特性 …………………………………………… 156

　本章小结 …………………………………………………………………………… 159

习题 ……………………………………………………………………………… 160

第 5 章　异常处理与程序发布 ……………………………………………… 163

5.1　错误、异常与调试的概念 ……………………………………………… 163

5.2　异常处理 ……………………………………………………………… 164

　　5.2.1　异常类 ………………………………………………………… 164

　　5.2.2　异常处理语句 ………………………………………………… 165

　　5.2.3　自定义异常 …………………………………………………… 166

5.3　程序调试 ……………………………………………………………… 168

　　5.3.1　控制应用程序的执行过程 …………………………………… 168

　　5.3.2　附加到进程 …………………………………………………… 168

　　5.3.3　断点 …………………………………………………………… 169

　　5.3.4　查看程序的状态 ……………………………………………… 171

本章小结 …………………………………………………………………… 171

习题 ………………………………………………………………………… 172

第 6 章　Windows 应用 …………………………………………………… 173

6.1　建立 Windows 应用的一般步骤 ……………………………………… 173

6.2　控件的概念与基本操作 ……………………………………………… 176

　　6.2.1　控件的属性 …………………………………………………… 176

　　6.2.2　控件的方法 …………………………………………………… 178

　　6.2.3　控件的事件 …………………………………………………… 179

　　6.2.4　控件的操作 …………………………………………………… 183

6.3　窗体 …………………………………………………………………… 186

　　6.3.1　窗体的创建 …………………………………………………… 186

　　6.3.2　窗体的属性、方法和事件 …………………………………… 188

6.4　基本控件 ……………………………………………………………… 190

　　6.4.1　标签控件 ……………………………………………………… 190

　　6.4.2　LinkLabel 控件 ……………………………………………… 191

　　6.4.3　文本框 ………………………………………………………… 192

　　6.4.4　按钮控件 ……………………………………………………… 194

　　6.4.5　复选框与单选按钮 …………………………………………… 195

　　6.4.6　列表框、组合框与复选列表框 ……………………………… 197

　　6.4.7　NumericUpDown 与 DomainUpDown ……………………… 201

　　6.4.8　滚动条与进度条 ……………………………………………… 203

　　6.4.9　定时器控件 …………………………………………………… 205

　　6.4.10　DateTimePicker 与 MonthCalendar ……………………… 207

6.4.11　图片框 ·················· 209

6.4.12　ToolTip 控件 ·················· 210

6.5　对话框 ·················· 210

6.5.1　消息对话框 ·················· 211

6.5.2　通用对话框 ·················· 212

6.6　容器类控件 ·················· 218

6.6.1　GroupBox 和 Panel ·················· 218

6.6.2　ImageList ·················· 219

6.6.3　TreeView ·················· 220

6.6.4　ListView ·················· 223

6.6.5　TabControl ·················· 225

6.6.6　SplitContainer ·················· 227

6.7　菜单 ·················· 227

6.7.1　主菜单 ·················· 227

6.7.2　快捷菜单 ·················· 230

6.8　工具栏与状态栏 ·················· 230

6.8.1　工具栏 ·················· 230

6.8.2　状态栏 ·················· 232

6.9　多重窗体和多文档界面 ·················· 233

6.9.1　多重窗体 ·················· 233

6.9.2　多文档界面 ·················· 235

6.10　基于任务的异步编程 ·················· 239

6.11　Windows 服务 ·················· 241

6.11.1　Windows 服务简介 ·················· 241

6.11.2　如何创建 Windows 服务 ·················· 243

6.11.3　安装和卸载 Windows 服务 ·················· 244

6.11.4　应用案例 ·················· 245

6.12　网络编程 ·················· 247

6.12.1　TCP 应用编程 ·················· 247

6.12.2　UDP 应用编程 ·················· 252

本章小结 ·················· 255

习题 ·················· 255

第 7 章　图形图像编程 ·················· 258

7.1　GDI＋概述 ·················· 258

7.1.1　GDI＋命名空间 ·················· 258

7.1.2　GDI＋数据结构 ·················· 259

7.1.3　Graphics 类 ·················· 262

7.1.4　Pen 类 ………………………………………………………… 264

7.1.5　Brush 类及其派生类 ………………………………………… 266

7.1.6　坐标系统 ……………………………………………………… 270

7.2　绘制图形 …………………………………………………………… 272

7.2.1　直线 …………………………………………………………… 272

7.2.2　矩形 …………………………………………………………… 273

7.2.3　曲线 …………………………………………………………… 274

7.2.4　多边形 ………………………………………………………… 275

7.2.5　椭圆 …………………………………………………………… 276

7.2.6　绘制文字 ……………………………………………………… 277

7.3　图像显示与保存 …………………………………………………… 277

7.3.1　显示图像与保存图像 ………………………………………… 277

7.3.2　刷新图像 ……………………………………………………… 279

本章小结 …………………………………………………………………… 280

习题 ………………………………………………………………………… 281

第 8 章　流和文件 ………………………………………………………… 283

8.1　基本概念 …………………………………………………………… 283

8.1.1　文件 …………………………………………………………… 283

8.1.2　流 ……………………………………………………………… 283

8.1.3　常用文件操作类 ……………………………………………… 284

8.2　文件与目录操作 …………………………………………………… 285

8.2.1　目录操作 ……………………………………………………… 285

8.2.2　文件操作 ……………………………………………………… 289

8.3　文件的读写 ………………………………………………………… 292

8.3.1　FileStream ……………………………………………………… 293

8.3.2　文本文件读写 ………………………………………………… 296

8.3.3　二进制文件读写 ……………………………………………… 300

8.4　序列化和反序列化 ………………………………………………… 303

本章小结 …………………………………………………………………… 307

习题 ………………………………………………………………………… 307

第 9 章　数据库程序设计 ………………………………………………… 309

9.1　ADO.NET …………………………………………………………… 309

9.1.1　ADO.NET 对象模型 …………………………………………… 310

9.1.2　数据访问模式 ………………………………………………… 312

9.1.3　访问数据库一般步骤 ………………………………………… 312

9.2　数据库的连接 ┈┈┈┈┈┈┈┈┈┈┈┈┈┈┈┈┈┈┈┈┈┈┈┈┈┈ 313

　　9.2.1　设置数据库连接环境 ┈┈┈┈┈┈┈┈┈┈┈┈┈┈┈┈┈┈ 313

　　9.2.2　连接 SQL Server 数据库 ┈┈┈┈┈┈┈┈┈┈┈┈┈┈┈ 315

　　9.2.3　连接 Oracle 数据库 ┈┈┈┈┈┈┈┈┈┈┈┈┈┈┈┈┈┈ 316

9.3　直接访问模式 ┈┈┈┈┈┈┈┈┈┈┈┈┈┈┈┈┈┈┈┈┈┈┈┈┈┈ 317

　　9.3.1　SqlCommand 类 ┈┈┈┈┈┈┈┈┈┈┈┈┈┈┈┈┈┈┈┈ 317

　　9.3.2　ExecuteNonQuery 方法 ┈┈┈┈┈┈┈┈┈┈┈┈┈┈┈ 318

　　9.3.3　ExecuteScalar 方法 ┈┈┈┈┈┈┈┈┈┈┈┈┈┈┈┈┈ 321

　　9.3.4　ExecuteReader 方法 ┈┈┈┈┈┈┈┈┈┈┈┈┈┈┈┈┈ 322

　　9.3.5　参数查询 ┈┈┈┈┈┈┈┈┈┈┈┈┈┈┈┈┈┈┈┈┈┈┈ 323

　　9.3.6　存储过程 ┈┈┈┈┈┈┈┈┈┈┈┈┈┈┈┈┈┈┈┈┈┈┈ 325

　　9.3.7　事务处理 ┈┈┈┈┈┈┈┈┈┈┈┈┈┈┈┈┈┈┈┈┈┈┈ 328

9.4　数据集模式 ┈┈┈┈┈┈┈┈┈┈┈┈┈┈┈┈┈┈┈┈┈┈┈┈┈┈┈┈ 329

　　9.4.1　DataSet ┈┈┈┈┈┈┈┈┈┈┈┈┈┈┈┈┈┈┈┈┈┈┈┈ 329

　　9.4.2　DataAdapter ┈┈┈┈┈┈┈┈┈┈┈┈┈┈┈┈┈┈┈┈┈ 330

　　9.4.3　使用 DataAdapter 的 Fill 方法初始化 DataSet ┈┈┈┈ 331

　　9.4.4　DataTable ┈┈┈┈┈┈┈┈┈┈┈┈┈┈┈┈┈┈┈┈┈┈ 332

　　9.4.5　保存二进制数据 ┈┈┈┈┈┈┈┈┈┈┈┈┈┈┈┈┈┈┈┈ 338

9.5　DataView ┈┈┈┈┈┈┈┈┈┈┈┈┈┈┈┈┈┈┈┈┈┈┈┈┈┈┈┈┈ 339

本章小结 ┈┈┈┈┈┈┈┈┈┈┈┈┈┈┈┈┈┈┈┈┈┈┈┈┈┈┈┈┈┈┈┈ 341

习题 ┈┈┈┈┈┈┈┈┈┈┈┈┈┈┈┈┈┈┈┈┈┈┈┈┈┈┈┈┈┈┈┈┈┈ 342

附录 A　实验 ┈┈┈┈┈┈┈┈┈┈┈┈┈┈┈┈┈┈┈┈┈┈┈┈┈┈┈┈┈┈ 344

实验 1　C# 编程基础 ┈┈┈┈┈┈┈┈┈┈┈┈┈┈┈┈┈┈┈┈┈┈┈┈┈ 344

实验 2　C# 基础类与集合 ┈┈┈┈┈┈┈┈┈┈┈┈┈┈┈┈┈┈┈┈┈┈ 344

实验 3　面向对象编程(1) ┈┈┈┈┈┈┈┈┈┈┈┈┈┈┈┈┈┈┈┈┈┈ 346

实验 4　面向对象编程(2) ┈┈┈┈┈┈┈┈┈┈┈┈┈┈┈┈┈┈┈┈┈┈ 347

实验 5　C# 新特性 ┈┈┈┈┈┈┈┈┈┈┈┈┈┈┈┈┈┈┈┈┈┈┈┈┈ 348

实验 6　Windows 应用编程(1) ┈┈┈┈┈┈┈┈┈┈┈┈┈┈┈┈┈┈ 350

实验 7　Windows 应用编程(2) ┈┈┈┈┈┈┈┈┈┈┈┈┈┈┈┈┈┈ 352

实验 8　Windows 应用编程(3) ┈┈┈┈┈┈┈┈┈┈┈┈┈┈┈┈┈┈ 355

实验 9　GDI+编程 ┈┈┈┈┈┈┈┈┈┈┈┈┈┈┈┈┈┈┈┈┈┈┈┈┈ 357

实验 10　文件操作编程 ┈┈┈┈┈┈┈┈┈┈┈┈┈┈┈┈┈┈┈┈┈┈ 359

实验 11　数据库编程(1) ┈┈┈┈┈┈┈┈┈┈┈┈┈┈┈┈┈┈┈┈┈ 361

实验 12　数据库编程(2) ┈┈┈┈┈┈┈┈┈┈┈┈┈┈┈┈┈┈┈┈┈ 362

实验 13　综合实验(1) ┈┈┈┈┈┈┈┈┈┈┈┈┈┈┈┈┈┈┈┈┈┈ 363

实验 14　综合实验(2) ┈┈┈┈┈┈┈┈┈┈┈┈┈┈┈┈┈┈┈┈┈┈ 366

参考文献 ┈┈┈┈┈┈┈┈┈┈┈┈┈┈┈┈┈┈┈┈┈┈┈┈┈┈┈┈┈┈┈┈ 369

第 1 章

.NET 与 C♯

课程练习

.NET 的全称为.NET Framework,在中文资料中也被翻译为.NET 框架。在介绍本章主要内容之前,首先需要说明.NET、C♯、Visual Studio 这 3 个术语的区别:.NET 是生成和运行应用程序所依赖的基础平台;C♯是编写这种应用程序的编程语言之一;而 Visual Studio 则是一种集成开发环境,这种环境能够方便、高效地编写、调试、生成应用程序。

本章主要内容如下。

(1).NET Framework 版本的演变。目前,.NET Framework、C♯和 Visual Studio 各种版本很多,通过这一部分搞清.NET Framework、C♯和 Visual Studio 各种版本的来龙去脉,便于下一步学习。

(2) C♯概述。

(3) Visual Studio 2022 集成开发环境。

(4) 以经典"Hello World"程序为例,介绍 C♯程序的开发过程、程序结构。同时还介绍了命名空间和基本编码规则。

1.1 .NET 概述

.NET Framework 是微软公司推出的一个全新概念。简单地讲,.NET 代表了一个集合、一个环境、一个可以作为支持下一代 Internet 可编程的平台。微软公司的网站将 .NET 描述为"支持生成和运行下一代应用程序和 XML Web Services 的内部 Windows 组件",主要目标是建立一种企业服务的开放机制,这种机制是面向 Web Services 的。

1.1.1 .NET 与 Visual Studio & C# 的历史沿承

.NET Framework 和 Visual Studio 自从 2002 年 1 月微软公司发布第一个正式版本以来,一直不断改进,其版本升级路线图大致如下。

(1) 2000 年 6 月,微软公司公布.NET 战略。

(2) 2002 年 1 月,微软公司正式发布第一个基于.NET 平台的开发工具 Visual Studio.NET。与此同时也发布了第一个.NET Framework 版本,即.NET Framework 1.0。

在 .NET Framework 1.0 中包含了 C# 1.0。这是 C# 随着 .NET Framework 发布的初始版本。在随后一年之中，分别发布了 Service Pack1、Service Pack2、Service Pack3 三个版本。

（3）2003 年 7 月，微软公司正式发布 Visual Studio .NET 2003。在这个版本里，.NET Framework 升级到了 1.1 版，C# 也升级到了 1.1 版。微软公司为 .NET Framework 1.1 也发布了一个 Service Pack1。

（4）到了 2005 年 11 月，一个重量级版本出现了，这就是 Visual Studio 2005（从此之后，Visual Studio 后面不再附带 .NET）。在 Visual Studio 2005 中，.NET Framework 升级为 .NET Framework 2.0，C# 也同时升级为 C# 2.0。在这个版本中，还同时发布了一个叫 Team Foundation Server 的服务器端工具，该工具主要用于团队开发、集成开发，这是第一次加入团队协作开发的概念。随后，微软公司为 .NET Framework 2.0 也发布了一个 Service Pack1。这个版本是目前许多 .NET 开发人员普遍使用的版本。

（5）2006 年年底，微软公司发布了 .NET Framework 3.0。但 .NET Framework 3.0 并没有包含新的开发工具，只是对 .NET Framework 进行了改进。此外，这个版本 C# 也没有继续升级。随后，微软公司为 .NET Framework 3.0 也发布了一个 Service Pack1。

（6）2007 年 11 月，微软公司发布了 Visual Studio 2008，.NET Framework 升级到 3.5，C# 升级为 C# 3.0。Team Foundation Server 也升级为 2008 版本。

（7）2010 年 4 月，微软公司发布了 Visual Studio 2010，.NET Framework 升级到 4.0，C# 升级为 C# 4.0。.NET Framework 4.0 与 Framework 3.5 SP1 并行工作。在 Visual Basic 和 C# 语言中有所创新。

（8）2012 年 8 月，微软公司发布了 Visual Studio 2012，.NET Framework 升级到 4.5，C# 升级为 C# 5.0。

（9）2015 年 7 月，微软公司发布了 Visual Studio 2015，.NET Framework 升级到 4.6，C# 升级为 C# 6.0。2016 年 6 月，微软公司发布 .NET Core 1.0，为第一个 .NET Core 版本。

（10）2016 年 8 月，微软公司发布了 Visual Studio 2017，.NET Framework 升级到 4.6.2，C# 升级为 C# 7.0，同时 .NET Core 升级到 2.0。2017 年 4 月，.NET Framework 升级到 4.7，C# 升级到 C# 7.1。2017 年 10 月，.NET Framework 升级到 4.7.1，C# 升级到 C# 7.2。2018 年 4 月，.NET Framework 又升级到 4.7.2，C# 升级到 C# 7.3。此外，2018 年 5 月、12 月，.NET Core 分别升级到 2.1、2.2。

（11）2019 年 4 月，微软公司发布了 Visual Studio 2019，.NET Framework 升级到 4.8，C# 升级为 C# 8.0。2019 年 9 月，.NET Core 升级为 3.0，同年 12 月又升级为 3.1。2020 年 11 月 C# 升级为 C# 9.0，.NET Core 再次升级为 5.0。

（12）2021 年 11 月，微软公司发布了 Visual Studio 2022，.NET Core 再次升级为 6.0，C# 升级为 C# 10.0。

表 1-1 表示了 Visual Studio、.NET Framework 和 C# 版本的历史沿承[1]。

表 1-1　Visual Studio、.NET Framework 和 C# 版本的历史沿承

Visual Studio 版本	发布时间	.NET Framework 版本	C# 版本
Visual Studio .NET 2002	2002.01	.NET Framework 1.0	C# 1.0
Visual Studio 2003	2003.07	.NET Framework 1.1	C# 1.1
Visual Studio 2005	2005.11	.NET Framework 2.0	C# 2.0
Visual Studio 2008	2007.11	.NET Framework 3.0/3.5	C# 3.0
Visual Studio 2010	2010.04	.NET Framework 4.0	C# 4.0
Visual Studio 2012/2013	2012.08	.NET Framework 4.5	C# 5.0
Visual Studio 2015	2015.07	.NET Framework 4.6 .NET Core 1.0	C# 6.0
Visual Studio 2017	2016.08	.NET Framework 4.6.2~4.7.2 .NET Core 2.0~2.2	C# 7.0~C# 7.3
Visual Studio 2019	2019.04	.NET Framework 4.8 .NET Core 3.0/3.1 .NET Core 5.0	C# 8.0 C# 9.0
Visual Studio 2022	2021.11	.NET Core 6.0	C# 10.0

1.1.2　理解.NET

.NET Framework、.NET Core、Xamarin 和.NET Standard 是相关的，它们是开发人员用来构建应用程序和服务的平台。本节介绍这些.NET 概念。

1. .NET 平台组成

.NET 是一个免费的跨平台开源开发人员平台，用于生成许多不同类型的应用。使用.NET，可以使用多种语言、编辑器和库来构建 Web、移动、桌面、游戏和 IoT 等。图 1-1 给出了.NET 生态体系图。

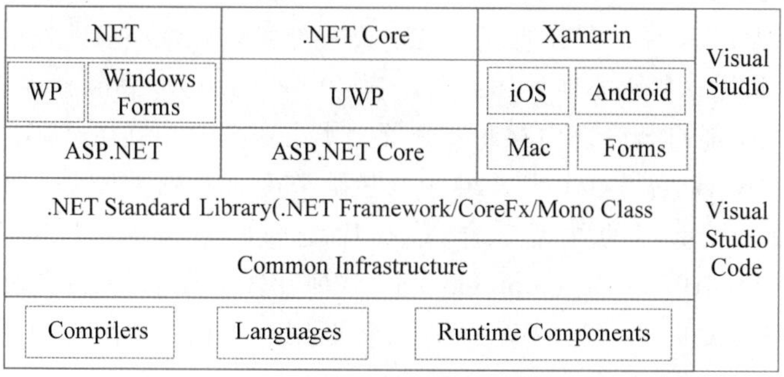

图 1-1　.NET 生态体系图

从图中可以看出.NET 应用开发用于并运行于一个或多个.NET 实现(.NET

implementations)，所有的.NET 实现都有一个名为.NET Standard 的通用 API 规范。.NET 实现包括.NET Framework、.NET Core 和 Xamarin，每个.NET 实现都具有以下组件。

（1）一个或多个运行时。例如，用于.NET Framework 的 CLR(Common Language Runtime，公共语言运行时)和用于.NET Core 的 Core CLR。

（2）实现.NET Standard 并且可实现其他 API 的类库。例如，.NET Framework 基类库、.NET Core 基类库。

（3）可选择包含一个或多个应用程序框架。例如，ASP.NET、Windows 窗体和 Windows Presentation Foundation(WPF)包含在.NET Framework 中。

（4）UWP(Universal Windows Platform，通用 Windows 平台)为构建 Windows 应用程序的最新技术，UWP 构建在自定义版本的.NET Core 之上。

2. 理解.NET Framework

.NET Framework 开发平台包括公共语言运行库(Common Language Runtime，CLR)和基础类库(Base Class Library，BCL)，前者负责管理代码的执行，后者提供了丰富的类库来构建应用程序。

公共语言运行库(也译为公共语言运行时或公共语言运行环境)是.NET Framework 的一个主要组件，是.NET Framework 的基础。CLR 可以看成一个在执行时管理代码的代理，提供内存管理、线程管理和远程处理等核心服务，并且还强制实施严格的类型安全检测以及可提高代码安全性和可靠性的管理。借助 CLR 管理程序执行，使.NET 程序稳定、安全，具有可移植性，并支持混合语言编程等。

请读者注意与 CLR 相关的两个概念：托管代码(Managed Code)和非托管代码(Unmanaged Code)。使用基于公共语言运行库的语言编译器开发的代码称为托管代码，不以公共语言运行库为目标的代码称为非托管代码。托管代码具有许多优点，例如跨语言集成、跨语言异常处理、增强的安全性、版本控制和部署支持、简化的组件交互模型、调试和分析服务等。托管代码应用程序可以获得公共语言运行库服务，例如，自动垃圾回收、运行库类型检查和安全支持等。这些服务是独立于平台和语言的、统一的托管代码应用程序行为，如 C♯。非托管代码是在公共语言运行库环境的外部，由操作系统直接执行的代码。非托管代码不能使用公共语言运行库的服务，只能直接与底层应用程序接口打交道，并且不能自行管理内存和安全等。本书主要介绍托管代码。

.NET Framework 的另一个主要组件是基础类库。基础类库是一个与公共语言运行库紧密集成的、可重用的类型集合，该类库是面向对象的。BCL 是一个由.NET Framework SDK(Software Development Kit，软件开发工具包)中包含的类、接口和值类型组成的库，这些类库提供了包括输入输出、图形用户界面、网络功能、数据库访问等多方面的功能。

3. 理解 Xamarin

微软公司在 2016 年收购 Xamarin，并且在 Visual Studio 2019 中免费提供曾经昂贵的 Xamarin 扩展。微软公司将只能创建移动应用程序的 Xamarin Studio 开发工具更名为 Visual Studio 2019 for Mac,并赋予它创建其他类型应用程序的能力,为开发者提供了一种跨平台应用开发的解决方案。使用 Xamarin 开发工具可开发出 iOS、Android 与 Windows Phone 等平台的原生 App 应用,不仅是"编写一次,到处运行"的跨平台解决方案,更达到了"write your code once, and present native UIs on each platform"的跨平台开发能力。由于 Xamarin 可直接产生各平台的原生 App 应用,相较于其他跨平台方案,由 Xamarin 所开发出来的 App 应用,更能发挥出各行动平台的功能与特性,且具有最佳的执行效能。

4. 理解.NET Core

微软公司一直致力于将.NET 从与 Windows 的紧密联系中分离出来,为此,在高版本.NET 中,为了实现建立在.NET 平台上的应用能够真正跨平台之目的,微软公司对.NET Framework 进行了重构,并删除了非核心功能部分。新产品被命名为.NET Core,较之前的.NET Framework 从性能和开发效率上都有很大的提升,关键是实现了.NET 的完全跨平台能力。

.NET Core 是一个通用的、模块化的、开源的、具有跨平台能力的应用程序开发框架,由.NET 社区共同维护,可以在 Windows、MacOS 和 Linux 上运行,也可移植到其他操作系统。.NET Core 包含一个运行时(Core CLR)、基础精简类库(CoreFX)、编译器和一些工具以支持不同的 CPU 和操作系统。运行时提供类型系统、程序集加载、垃圾回收器、本机互操作和其他基本服务。

5. 了解.NET Standard

.NET Standard 出现之前,存在着如下 3 个.NET 平台。

(1) .NET Core:用于跨平台和新应用。

(2) .NET Framework:用于之前应用。

(3) Xamarin:用于移动应用。

每种.NET 平台都是针对不同的场景设计的。这导致开发人员必须学习 3 个.NET 平台。因此,微软公司推出了.NET Standard,即一套所有.NET 平台都可以实现的 API 规范。

.NET Standard 是一组由所有.NET 实现的基类库实现的 API,是一套正式的.NET API(.NET 应用程序编程接口)规范,为现有的.NET 实现提供一个坚实的底层基础,并为未来满足树莓派或 IoT(Internet of Things,物联网)等全新类型设备需求可能需要创建的分支提供支持。通过以.NET Standard 为目标,可以构建能够在所有.NET 应用程序之间共享的库,无论它们运行在哪个.NET 实现或在哪个操作系统上。

.NET Standard 规范了所有的.NET 实现都必须提供的 API,为.NET 家族带来了一致性,并让使用者能够生成可供所有.NET 实现使用的类库。.NET Standard 可实现以下重要功能。

(1) 为要实现的所有.NET 实现定义一组统一的、与工作负荷无关的基础类库 API。

（2）使开发人员能够通过同一组 API 生成可在各种.NET 实现中使用的可移植库。

（3）减少甚至消除由于.NET API 方面的原因而对共享源代码进行的条件性编译（仅适用于 OS API）。

Visual Studio 2022 在用户体验上更简洁、更智能、更快捷，无论是对初学者还是软件企业开发者均适用。开发者可以在 Visual Studio 2022 上开发各种平台的应用，包括 Windows、Linux、macOS、iOS、Android、TVOS、WatchOS 和 Web Assembly 等，这对.NET 来说是一个游戏规则的改变。

6. 本书使用的.NET 平台和工具

本书基于 Visual Studio 2022、.NET 6 版本介绍 C♯编程技术，所有实例代码均在 Visual Studio 2022 环境下调试通过。书中实例主要使用.NET Framework 构建各类应用，少数应用使用.NET 6 编写。

1.1.3　.NET 程序的编译与运行

.NET 代码的执行受 CLR 管理，其工作原理是：当编译.NET 源程序时，编译器并不输出操作系统特定的本机代码，而是编译为通用中间语言代码（Common Intermediate Language，CIL）和元数据，并存储在一个程序集（Assembly）中。程序集是指经由编译器编译得到的，供 CLR 进一步编译执行的中间产物。在 Windows 系统中，一般为.dll 或者.exe 的格式。但是要注意，它们跟普通意义上的 Win32 可执行程序是完全不同的东西，程序集必须依靠.NET Core 的虚拟机 Core CLR 才能顺利执行。

在运行时，Core CLR 从程序集中加载 CIL 代码，再由即时编译器（Just In Time，JIT）将 CIL 代码编译成本机可执行代码（Native Code），最后由机器上的 CPU 执行。尽管.NET 源程序最初被编译成 CIL，但实际上是以本地代码运行的，这就意味着程序运行速度几乎与最初就把它编译为本地代码一样快。整个代码的处理过程要编译两次。

不管源代码是用哪种语言编写的，例如 C♯、Visual Basic 或 F♯，所有的.NET 应用程序都会为存储在程序集中的指令使用 CIL 代码。使用微软和其他公司提供的反汇编工具（比如.NET 反编译工具 ILSpy）可以打开程序集并显示 CIL 代码。

此外，关于 CIL 需要说明一点：在.NET 早期版本中，微软公司官方术语采用 MSIL（MicroSoft Intermediate Language，微软中间语言代码），但在之后.NET 中，微软公司改为 CIL，译为通用中间语言代码。此外，在不会产生歧义的情况下，一些资料也简称为 IL。总之，MSIL、CIL、IL 指的是同一个概念。

1.1.4　基于.NET 的应用程序

.NET Framework 并没有限制应用程序的类型，其支持多种应用程序的开发。下面介绍几种在 Visual Studio 2022 集成环境下直接支持的常见应用程序。

（1）控制台应用（.NET Framework）：一种运行在 Windows 上的命令行应用程序，

可编译为独立的可执行文件,通过命令行运行,通常是字符界面,在字符界面上输入输出。

(2) 控制台应用:可在 Windows、Linux、macOS 上运行的命令行应用程序。

(3) Windows 窗体应用(.NET Framework):基于 Windows 窗体的应用程序,是一种基于图形界面接口 GUI 的应用程序,一般在本地运行。

(4) Windows 窗体应用:运行在 Windows 上的窗体应用程序,基于.NET 6.0 或更高版本。

(5) 通用 Windows 应用程序(UWP):构建可用于所有 Windows 设备的应用。

(6) 类库:在托管的环境下开发扩展类库内容。自定义类和组件是代码重用的有效手段,也是开发大型应用程序常用方法。.NET 给出设计类库程序的规范,只有遵循这些规范,其他人员才能利用所设计的类库。

(7) Windows 控件库:创建用于 Windows 窗体应用程序的自定义控件。

(8) 在 Visual Studio 2008 IDE 中增加了 WPF、WCF、WF 等应用程序开发。

(9) Windows 服务:创建运行于 Windows 平台上的服务程序。

(10) Web 应用程序:又分为传统的 ASP.NET、ASP.NET Core、ASP.NET Core MVC 等多种应用程序,是一种基于 Web 服务器运行的瘦客户端的应用程序。

(11) Web 服务:Web 服务(Web Services)采用 XML 作为数据交换的标准,因此 Web Services 也被称为 XML Web Services。Web 服务采用松耦合的分布式结构,用于实现客户端与服务器端或者服务器与服务器间的数据交换。

(12) ASP.NET Core Web API:是一种 ASP.NET Core MVC 支持的 RESTful 服务。与 Web 服务类似,可以构建多种客户端的 HTTP 服务。包括对 HTTP 内容协商的支持,支持以 JSON 或 XML 格式化的数据实现不同系统间的数据共享。

(13) .NET 的微服务。使用免费开源的.NET 平台构建可独立部署、高度可缩放且可复原的服务。ASP.NET Core 可以轻松创建微服务的 API。ASP.NET Core 附带内置支持,用于使用 Docker 容器开发和部署微服务。

(14) 可扩展的新式云应用。使用.NET,能够在所有主要云平台上构建快速、新式、可缩放的云应用程序。特别推荐使用 Azure。Azure 是最适合.NET 开发人员的云,因为它是为.NET 开发人员构建的。数百种 Azure 产品以本机方式运行.NET,并与 Visual Studio 开发人员工具集成。可使用项目模板更快速地入门,并使用强大的调试、发布和 CI/CD 工具更高效地进行云应用开发、部署和监视。

(15) .NET 机器学习与 AI。构建具有情感和情绪检测、视觉和语音识别、语言理解、知识和搜索等功能的智能.NET 应用。

(16) 使用.NET 进行游戏开发。使用.NET(免费、开源和跨平台的框架)生成喜爱的游戏。

(17) 适用于 IoT 的.NET。生成运行在 RaspberryPi、HummingBoard、BeagleBoard、SpringA64 上的 IoT 应用。利用开源库和框架与专用硬件(如传感器、模拟到数字转换器、LCD 设备)交互。

1.2　C# 概述

1.2.1　C# 简介

C#（读作 C sharp）是微软公司推出的一种类型安全、面向对象的编程语言,是.NET平台上的核心开发语言。它脱胎于 C/C++,同时汲取了 Java、Visual Basic、Delphi 等语言的精华,体现了当今最新的程序设计技术。C#看起来与 Java 有着惊人的相似之处,包括诸如单一继承界面、与 Java 几乎同样的语法,以及编译成中间代码再运行的过程。但是 C#与 Java 也有明显不同,它借鉴了 Delphi 的一个特点,与 COM（组件对象模型）是直接集成的,而且它是微软公司.NET Windows 网络框架的主角。

C#语言定义主要是从 C 和 C++ 继承而来,从 C++ 继承的可选项方面比 Java 要广泛一些。C#虽然由 C/C++、Java 衍生出来,但是在这些语言基础上进行了许多改进,它们之间存在很多不同。

1. C#与 C++ 的主要区别

（1）编译目标：C++ 代码直接编译为本地可执行代码,而 C#默认编译为 CIL 代码,执行时再通过 JIT 将需要的模块临时编译为本地代码。

（2）内存管理：C++ 需要显式地删除动态分配的内存,而 C#不需要这么做,由垃圾收集器自动在合适的时机回收不再使用的内存。

（3）指针：C++ 中大量使用指针,而 C#不再支持指针类型,使得程序不可以随便访问内存地址空间,从而保证程序更加健壮。如果确实想在 C#中使用指针,必须声明该内容是非安全的。

（4）C++ 允许多重继承,而 C#不再支持多重继承,转为依赖接口实现多重继承的功能,避免了在类层次结构中由于多重继承带来的可怕后果。

（5）字符串处理：在 C#中,字符串是作为一种基本的数据类型,因此,比 C++ 中对字符串的处理要简单得多。

（6）库：C++ 依赖于以继承和模板为基础的标准库,C#则使用.NET 基础类库。

2. C#的优点

与 Java 相比,C#具有执行速度快、面向对象的程度高、提供了更多功能（如运算符重载、方法隐藏、装箱和拆箱等）等优点。

1.2.2　C# 的特点

作为编程语言,C#是简单的、面向对象的、类型安全的。重要的是,C#是一种现代编程语言,在类、命名空间、方法重载和异常处理等方面,C#去掉了 C++ 中的许多复杂性,借鉴和修改了 Java 的许多特性,使其更加易于使用、不易出错。C#的主要特点如下。

（1）继承了 C 语言的语法风格，语言简洁。

（2）秉承了 C++ 功能强大和面向对象的特性。不同的是，C♯ 的对象模型已经面向 Internet 进行了重新设计。

（3）保留了应用程序快速开发的特点。

（4）支持跨平台。

（5）与 XML 无缝结合。

（6）公共语言运行库为 C♯ 程序提供了一个托管的运行环境，使程序比以往更加稳定、安全。

1.3　Visual Studio 2022 集成开发环境

1.3

微软公司对 Visual Studio 2022 进行了重构改进，是 64 位版本，不再受 4GB 内存的限制。在保持代码整洁的同时，还易于维护，使得整个集成开发环境（Integrated Development Environment，IDE）的运行更加稳定高效。

Visual Studio 2022 可完美支持 C♯、C++、Python、JavaScript、Node.js、Visual Basic、HTML 等流行的编程语言，不仅能用它来编写 Windows 10 UWP 通用程序、开发 Web 服务、开发游戏，甚至还能借助 Xamarin 开发 iOS、Android 移动平台应用。Visual Studio 2022 拥有全新启动窗口，除了可以选择打开或新建本地项目外，现在还能更快更方便地使用在线代码库，如连接 GitHub、Gitee 和 Azure Repos 等。下面将对这一集成开发环境进行简单的介绍。

1.3.1　各种版本比较

Visual Studio 2022 共有 3 个版本：Visual Studio Community（社区版）、Visual Studio Professional（专业版）、Visual Studio Enterprise（企业版）。具体如下。

（1）Visual Studio Community：社区版对于单个开发人员、学习、学术研究、参与开源项目、非企业组织（最多 5 个用户）是免费使用的。社区版具备了 IDE 大部分功能，可用于开发 Android、iOS、Windows 和 Web 的应用程序。

（2）Visual Studio Professional：专业版需要付费，适合小型团队的专业 IDE。

（3）Visual Studio Enterprise：企业版同样需要付费，适用于任何规模的团队。企业版是整合了高级版和旗舰版后的最新版本，是功能最全的版本，可缩放的端到端解决方案。

1.3.2　Visual Studio 2022 安装

安装 Visual Studio 2022 非常简单，下面以社区版安装为例，简要介绍安装步骤。

（1）进入官网 https://visualstudio.microsoft.com/→单击"下载"菜单项→在社区栏目中，单击"免费下载"，即可下载社区版安装引导程序（VisualStudioSetup.exe）。下载

Visual Studio 2022 安装程序如图 1-2 所示。

图 1-2　下载 Visual Studio 2022 安装程序

（2）以管理员身份运行下载的社区版安装引导程序，出现如图 1-3 所示安装引导。系统自动检查是否满足所有的 Visual Studio 2022 系统要求。如果不满足，需要根据提示进行其他程序安装。如果满足要求，系统会自动下载。

图 1-3　安装引导程序

（3）如图 1-4 所示，等待下载完成。

图 1-4　等待下载完成

（4）在图 1-5 所示工作负荷界面中选择一种开发类型。

（5）单击"安装"按钮开始安装，如图 1-6 所示。

图 1-5 选择开发类型

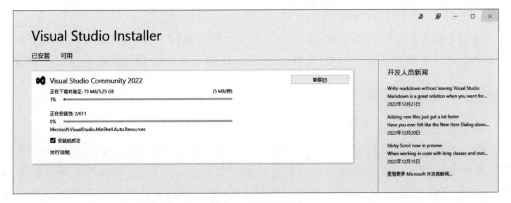

图 1-6 开始安装

（6）安装完成之后就会自动重启，如图 1-7 所示。

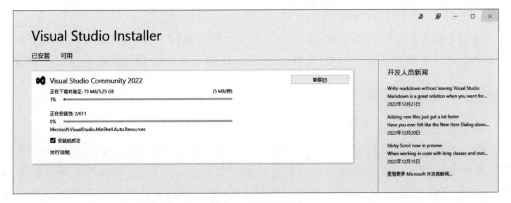

图 1-7 安装完成后自动重启

（7）安装成功后出现图 1-8 所示的登录窗口。如果没有账户，可创建账户。如已有账户可登录，也可选择忽略。

图 1-8　安装成功后出现登录窗口

说明：如果官网中无法下载 Visual Studio 2022 安装引导程序，读者可以在本书在线资源中找到社区版安装引导程序（文件名为 VisualStudioSetup-Community.exe）并下载。

1.3.3　集成开发环境

Visual Studio 2022 集成开发环境由下面若干元素组成：菜单工具栏、标准工具栏以及各种工具窗口。默认情况下为一套蓝色主题以及更紧凑的标题栏、菜单栏。中央工作区是用来设计程序界面的窗体设计器和代码编辑窗口。除此之外，集成开发环境的四周有很多浮动窗口。为了方便程序开发人员的使用，通常可以将已打开的功能窗口重叠在同一位置上，通过切换其顶部或底部的选项标签就可以在不同的窗口之间切换。可以选择"视图"菜单下的相关命令显示或关闭这些功能窗口。单击窗口右上角的按钮 📌 可以把窗口固定在所在的位置，这时该按钮变成 📌，再次单击这个按钮，可以使窗口重新浮动。

1. 菜单栏

在菜单栏中，有若干个菜单标题，每个菜单标题都有一个下拉式菜单，主要菜单标题如下。

（1）文件（File）：主要包括新建、打开、保存、添加以及关闭解决方案等命令。

（2）编辑（Edit）：主要包含一些符合 Windows 操作风格的进行文件编辑的各项命令，比如撤销、复制、粘贴、删除、查找和替换等。

（3）视图（View）：包含显示与隐藏工具栏、工具箱和各种独立的工具窗口的所有命令。

（4）Git：添加项目到 Git 仓库进行源码管理。

（5）项目（Project）：包括向当前项目添加、改变和移除组件，引用 Windows 对象和添加部件等命令。

（6）生成（Build）：包含代码生成的有关命令，如生成解决方案、清理解决方案等。

（7）调试（Debug）：包含调试程序的命令，启动和中止当前应用程序运行的命令。

（8）测试（Test）：包括新建测试、新建测试列表、运行、调试等命令。

（9）分析（Analyse）：是.NET 提供的内存分析工具。可以用来查找内存泄漏，优化应用程序，从而使其具有较高的内存使用率，并能检查代码的健康状况，能分析任何.NET 应用程序。

（10）工具（Tools）：包括进程调试、数据库连接、宏和外接程序管理、设置工具箱和选项等命令。

（11）扩展管理器：用于添加、移除、启用和禁用 Visual Studio 扩展。

（12）团队（Team）：连接到 TeamFoundationServer 命令。

（13）窗口（Window）：包含一些屏幕窗口布局的命令。

（14）帮助（Help）：包含方便开发人员使用帮助信息的命令。

2. 工具栏

工具栏是由多个图标按钮组成的，可提供对常用命令的快速访问。除了在菜单栏下面显示的标准工具栏外，还有 Web 工具栏、控件布局工具栏等多种特定功能的工具栏。要显示或隐藏这些工具栏，可选择"视图"菜单中的"工具栏"命令，或者在标准工具栏右击，在弹出的菜单中选定所需的工具栏。

用户也可以自定义工具栏。

3. 工具箱

工具箱中包含了建立应用程序的各种控件以及非图形化的组件，如图 1-9 所示。工具箱由不同的选项卡组成，比如"公共控件""容器""菜单和工具栏""数据""组件""对话框"等选项卡。

4. 解决方案资源管理器

在 Visual Studio 2022 中，项目是一个独立的编程单位，其中包含有窗体文件和其他一些相关的文件，若干项目就组成了一个解决方案。解决方案资源管理器窗口如图 1-10 所示。它以树状结构显示整个解决方案中包括哪些项目以及每个项目的组成信息。

所有包含 C#代码的源文件都是以 cs 为扩展名，而不管它们是包含窗体还是普通代码，在解决方案资源管理器中双击这个文件，就可以编辑它了。在每个项目的下面显示了一个引用，在这里列出了该项目所引用的组件。

图 1-9　工具箱

图 1-10　解决方案资源管理器窗口

解决方案资源管理器窗口的上边有几个选项按钮："属性""显示所有文件""刷新""查看代码""视图设计器""查看类图"等。通常，解决方案资源管理器隐藏了一些文件，单击"显示所有文件"选项按钮，可以显示出这些隐藏的文件。"刷新"选项按钮的作用是可以对没有保存的项目文件进行刷新。单击"属性"选项按钮，则可以打开"项目属性"窗口。

5. 属性窗口

属性窗口如图 1-11 所示，它用于显示和设置所选定的控件或者窗体等对象的属性。在应用程序设计时，可通过属性窗口设置或修改对象的属性。属性窗口由以下部分组成。

图 1-11　属性窗口

（1）对象列表框：标识当前所选定对象的名称及所属的类。单击其右边的下拉按钮，可列出所含对象的列表，从中选择要设置属性的对象。

（2）选项按钮：左边常用的两个分别是"按分类顺序"和"按字母顺序"选项按钮，可选择其中一种排列方式，显示所选对象的属性。"按分类顺序"是根据属性的性质，分类列出对象的各个属性；"按字母顺序"是按字母顺序列出所选对象的所有属性。

右边的两个按钮分别是属性选项按钮和事件选项按钮，用于属性窗口与事件窗口的切换。单击事件选项按钮，将在下方窗口中列出对应控件的事件。

（3）属性列表框：属性列表框由中间一条直线将其分为左右两部分，左侧列出所选对象的属性名称，右侧列出对应的属性值，可对该属性值进行设置或修改。如果属性值右侧有省略号或下三角按钮，表示有预定值可供选择。

6. 代码编辑窗口

代码编辑窗口是专门用来进行代码设计的窗口，各种事件过程、模块和类等源程序代码的编写和修改均在此窗口进行，如图 1-12 所示。

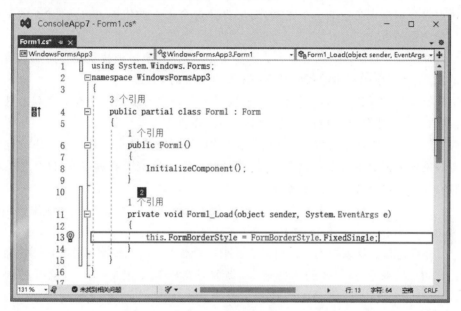

图 1-12　代码编辑窗口

从"视图"菜单中选择"代码"命令、按 F7 键、用鼠标双击控件均可以打开代码编辑窗口。

代码编辑窗口左上方为对象列表框，单击其下拉按钮，可显示项目中全部对象的名称。右上方是事件、方法列表框，列出了所选定对象相关的事件、方法。通常，在编写事件过程时，在"对象列表框"中选择对象名称，然后在"事件、方法列表框"中选择对应的事件过程名称，即可在代码编写区域中构成所选定对象的事件过程模板，可在该事件过程模板中编写事件过程代码。

代码窗口就像 Windows 资源管理器左边的树状目录结构一样，一个代码块、一个过程，甚至是一段注释都可以叠为一行。例如，在图 1-12 所示代码编辑窗口中，可以看到有些行代码左边有个"＋"号或"－"号，单击"－"号可以将一段代码隐藏起来，只显示第一行；而单击"＋"号，可以将其展开。

7. 帮助窗口

对于 C♯的初学者来说，掌握帮助文档的使用是非常重要的。我们常说"授人以鱼不如授人以渔",这告诉我们掌握获取知识的方法比获取知识本身更为重要。现在的程序设计语言种类繁多,相关的开发技术繁若星辰。实践证明,学会查找帮助文档是一种有效的学习方法。帮助菜单项下包含所有的产品文档、示例、技术支持,以及人们总结出来的知识和解决方案。只要你善于使用它,就能及时地获得你所需要的技术知识。

8. 其他窗口

（1）类视图窗口。按照树状结构列出了解决方案里各个类以及其中包含的事件、方法和函数等。双击视图中的一个元素,即可打开这个元素的代码窗口,这对于浏览代码是一种很方便的方式。

（2）对象浏览器窗口。在对象浏览器窗口中,可以方便地查找程序中使用的所有对象的信息,包括程序中引用的系统对象和用户自定义的对象。

对象浏览器的左边窗口以树状分层结构显示系统中所用到的所有类。双击其中一个类,在右边窗口中就显示出这个类的属性方法、事件等。

（3）服务器资源管理器窗口。在软件开发中,利用服务器资源管理器可以方便地监控和管理网络上的其他服务器,更为常用的是利用服务器资源管理器窗口中"数据库连接"选项,可以方便地创建与数据库连接。

（4）输出窗口。在输出窗口中,可以输出程序运行时产生的信息,包括应用程序中设定要输出的信息和编程环境给出的信息。

（5）命令窗口。该窗口为用户提供了一个用命令方式与系统交互的环境。在命令窗口中用户可以直接使用 C♯ 的各种命令,例如直接输入 toolbox 命令,就可以调出工具箱。

1.4

1.4　第一个 C# 程序

1.4.1　Hello World 程序

让我们从经典的"Hello World!"程序开始我们的 C♯ 之旅。下面的实例将使用 C♯ 编写一个控制台应用程序。实例中使用标准的控制台输出一行字符信息。通过这个实例,大家可以发现,基于.NET 框架的强大的类库在进行应用开发时是多么简单、快捷。

【实例 1-1】　在控制台窗口中输出"Hello World!"字样。

在 Visual Studio 2022 集成开发环境中新建一个控制台应用程序项目,并在源代码文件中输入如表 1-2 所示的源代码。

然后选择"调试"→"启动"菜单命令或直接按 F5 键运行此程序。可以看到运行结果出现在控制台窗口,并且在窗口中显示出"Hello World!"字样。

表 1-2　实例 1-1 源代码

行号	源　代　码	说　明
01	/＊这是利用 C♯开发的	注释部分,编译器不编译,C♯支持 C 和 Java 的
02	一个经典的 Hello World 程序＊/	注释结构 //⋯和/＊⋯＊/
03	using System;	导入 System 命名空间
04	namespace sample1-1	自定义 sample1-1 命名空间
05	{	命名空间的开始花括号
06	class MyClass	自定义 MyClass 类
07	{	类的开始花括号
08	static void Main(string[] args)	静态入口方法 Main
09	{	Main 方法的开始花括号
10	Console.WriteLine("Hello World!");	向屏幕输出信息语句
11	Console.ReadLine();	从键盘读取信息语句,这里起暂停作用
12	}	Main 方法的结束花括号
13	}	类的结束花括号
14	}	命名空间的结束花括号

1.4.2　C# 程序的基本结构

成功编译并运行 Hello World 程序后,我们来分析代码,了解它的各个组成部分。

(1) 在 C♯中,每一个应用程序可以由一个或者多个类组成,所有的程序都必须封装在某个类中,不存在全局变量和全局函数的概念。一个应用程序可以由一个文件组成,也可以由多个文件组成。文件名可以和类名相同,也可以不同。C♯源程序文件的扩展名为 cs。一个源文件中可以有一个类,也可以有多个类,一个类也可以被分散放到多个文件中。

(2) 每一个应用程序都应该有一个入口点,表明该程序从哪里开始执行。为了让系统能找到入口点,入口方法名规定为 Main,注意这里的 M 必须大写,而且后面的圆括号不能省略。Main 方法被声明为 public static,其意思为公有的、静态的方法。

(3) 类中的每一个方法都要有一个返回值,对于没有返回值的方法,可以声明返回值为 void。但要注意,Main 返回值只能是 void 和 int。

(4) 在 C♯中,花括号都是成对出现,这也是 C 和 Java 语言的基本文法。代码中的 using 命令符用来导入命名空间,相当于 Java 里的 import 关键字,也类似 C 语言中的 include 关键字。在这里用来引入.NET 类库,也就是前面介绍的基础类库。

(5) 在 C♯控制台应用程序中,控制台(Console 类)提供一组输入输出方法来实现数据的输入输出。

1.5　C# 语法基础

1.5.1　C# 关键字

编译器利用关键字来识别代码的结构与组织方式。因为编译器对这些单词有着严格的解释，所有开发人员只能按照 C# 的语言规则将关键字放在特定的位置，一旦程序员违反规则，编译器就会报错。关键字在代码窗口中以蓝色字体显示。表 1-3 总结了 C# 的关键字。

表 1-3　C# 关键字

abstract	base	bool	break	byte	case
catch	char	checked	class	const	continue
decimal	default	delegate	do	double	else
enum	event	explicit	extern	false	finally
fixed	float	for	foreach	goto	if
implicit	in	int	interface	internal	is
lock	long	namespace	new	null	object
operator	out	override	params	private	protected
public	readonly	ref	return	sbyte	sealed
short	sizeof	static	string	struct	switch
this	throw	true	try	typeof	unit
ulong	unchecked	unsafe	unshort	using	virtual
void	while				

1.5.2　标识符

在实例 1-1 代码清单中，sample1-1、MyClass、Hello World 和 Main 都是标识符。C# 中标识符由程序设计者定义，但需要遵守以下命名规定。

（1）标识符可以由字母、下画线（_）、数字和普通 Unicode 字符组成，但不能包含空格、标点等特殊字符。

（2）标识符必须以字母、下画线开头，不能以数字开头。

（3）变量名不能与 C# 中的关键字相同。

（4）C# 是一种大小写敏感的语言，例如 strName 和 StrName 是两个不同的标识符。

在实际定义标识符时，一般要求标识符能在一定程度上反映它所代表变量、符号常量、对象、类等的实际意义，增强程序的可读性，要注重标识符的清晰而不是简短，不要在标识符名称中使用单词缩写。

标识符通常有两种大小写书写风格。第一种风格是 Pascal 大小写（PascalCase），要求标识符中每个单词的首字母大写。例如，ComponentModel、HttpFileCollection。第二种风格是 camel 大小写（camelCase），即除了第一个字母小写，其他约定与 Pascal 大小写风格一样。例如，firstName、httpFileCollection。一般变量名首字母小写，后面各单词首字母大写，即 camelCase 风格；而常量、类名、方法、属性等首字母大写，即 PascalCase 风格。

1.5.3　命名空间

.NET Framework 使用命名空间来组织众多的类。.NET Framework 中提供了很多类，根据类的功能不同，又把这些类划分到不同的命名空间中，每个命名空间又可以包含其他的命名空间。这种划分方法有点类似操作系统对文件夹和文件管理方式，但不同的是，命名空间只是一种逻辑上的划分，而不是物理上的存储分类。

正像不同文件夹下，允许有名称相同的文件一样，不同命名空间下也可以有相同的类名。通过把类放入命名空间既可以把相关的类组织起来，又可以避免命名冲突。

1. 命名空间声明

namespace 关键字用于声明一个命名空间。格式如下：

```
namespace　命名空间 1[.命名空间 2] …] {
    类型声明
}
```

其中，命名空间 1、命名空间 2 为命名空间名，可以是任何合法的标识符。命名空间名可以包含句点。

例如：

```
namespace 命名空间 1.命名空间 2
{
    class A{}
    class B()
}
```

等同于：

```
namespace 命名空间 1
{
    namespace 命名空间 2
    {
        class A{}
        class B()
    }
}
```

2. 命名空间的使用

如果要使用命名空间下某个类的方法，可以使用下面的语法：

```
命名空间 1.命名空间 2.….命名空间 n.类名称.静态方法名(参数);
```

或者

```
命名空间 1.命名空间 2.….命名空间 n.类名称.实例名称.方法名(参数);
```

比如

```
System.Console.WriteLine("Hello World!");
```

显然,这样写太啰唆了。为了书写方便,一般在程序的开头使用如下方式来简化书写形式。

```
Using 命名空间;
```

比如,上面的实例中就是在程序开头写上:

```
using System;
```

然后,在类中就可以这样写:

```
Console.WriteLine("Hello World!");
```

3. 系统定义的命名空间

命名空间分为两类:用户定义的命名空间和系统定义的命名空间。用户定义的命名空间是在代码中定义的命名空间。表 1-4 列出了 C♯常用的命名空间。

表 1-4　C♯常用的命名空间

命名空间	类的描述
System	定义通常使用的数据类型和数据转换的基本.NET 类
System.Collections	定义列表、队列、位数组合字符串表
System.Data	定义 ADO.NET 数据库结构
System.Drawing	提供对基本图形功能的访问
System.IO	允许读写数据流和文件
System.Net	提供对 Windows 网络功能的访问
System.Net.Sockets	提供对 Windows 套接字的访问
System.Runtime.Remoting	提供对 Windows 分布式计算平台的访问
System.Security	提供对 CLR 安全许可系统的访问
System.Text	提供 ASCII、Unicode、UTF-7 和 UTF-8 字符编码处理
System.Threading	多线程编程
System.Timers	在指定的时间间隔引发一个事件
System.Web	浏览器和 Web 服务器功能

续表

命 名 空 间	类 的 描 述
System.Web.Mail	发送邮件信息
System.Windows.Forms	创建使用标准 Windows 图形接口的基于 Windows 的应用程序
System.XML	提供对处理 XML 文档的支持
System.Collections.Generic	通过对泛型集合支持
System.Linq	提供对 LINQ 支持

1.5.4 Main 方法

C#程序从 Main 方法开始执行。该方法以 static void Main()开头,注意这里 M 必须大写,而且后面的圆括号不能省略。C#要求 Main 方法的返回类型为 void 或 int,而且要么不带参数,要么接收一个字符串数组作为参数。例如,实例 1-1 中的 Main 方法:

```
static void Main(string[] args)
{
    //方法体语句块
}
```

Main 方法被声明为 static,意思是私有的、静态的方法,可用"类名.方法名"的形式调用它。如果不指定 static,用于启动程序的命令控制台还要先对类进行实例化,然后才能调用方法。关于静态成员将在第 4 章讲述。

1.5.5 控制台输入输出

在 C#控制台应用程序中,有 Console 类提供的输入输出方法来实现数据的输入输出,如表 1-5 所示。

表 1-5 Console 类输入输出方法

方 法 名 称	说　　　明
WriteLine()	该方法用于将信息输出到控制台,但是 WriteLine 方法在输出信息后面自动添加一个回车换行符,产生一个新行
Write()	该方法与 WriteLine 方法类似,都是将信息输出到控制台,但该方法在输出信息后面不会添加一个回车换行符
ReadLine()	该方法用于从控制台一次读取一行字符的输入,并且直到用户按下 Enter 键它才会返回。但是 ReadLine 方法并不接收 Enter 键。如果 ReadLine 方法没有接收到任何输入,那么它将返回 null
Read()	该方法用于从输入流(控制台)读取下一个字符,Read 方法一次只能从输入流读取一个字符,并且直到用户按下 Enter 键它才会返回。该方法返回时,如果输入流中包含有效输入,则返回一个表示输入字符个数的整数(字符对应的 Unicode 编码值)。如果输入流中无数据,则返回−1。如果用户输入了多个字符,然后按 Enter 键,此时输入流中将包含用户输入的字符加上 Enter 键(13)和换行符(10),则 Read 方法只返回第一个字符。用户可以多次调用 Read 方法来获取所有输入字符

可以使用一个 WriteLine()语句输出多个变量的值，此时需要在 WriteLine()语句中使用格式字符串来定义输出格式，在格式字符串中使用"格式占位符"指定对应的输出变量。格式占位符用{0}、{1}、{2}等表示，其中 0、1、2 等表示的是索引值，索引值从 0 开始，"格式占位符"在格式字符串中不一定按顺序出现。输出格式在 3.1.5 节中有更详细的介绍。

【实例 1-2】 控制台输入输出方法的使用以及输出格式字符串的使用。输入两个数，输出较大者。源代码如表 1-6 所示。

表 1-6 实例 1-2 源代码

行号	源 代 码	说 明
01	using System;	导入 System 命名空间
02	namespace sample1_2	自定义 sample1-2 命名
03	{	空间
04	class LargerNum	自定义 LargerNum 类
05	{	
06	static void Main(string[] args)	静态入口方法 Main
07	{	
08	float x, y;	定义两个浮点型的变量
09	Console.Write("Enter the first number:");	在屏幕上输出提示信息
10	x=Convert.ToSingle(Console.ReadLine());	从键盘读取一行信息
11	Console.Write("Enter second number:");	在屏幕上输出提示信息
12	y=Convert.ToSingle(Console.ReadLine());	从键盘读取一行信息
13	if(x>=y)	
14	{	
15	Console.WriteLine("Larger number is x={0}", x);	按照格式字符串的格式
16	}	输出，其中{0}对应 x
17	else	
18	{	
19	Console.WriteLine("Larger number is y={0}", y);	按照格式字符串的格式
20	}	输出，其中{0}对应 y
21	Console.ReadKey();	
22	}	
23	}	
24	}	

1.5.6 注释及书写规则

1. 注释

C# 有 3 种类型的注释语句。

（1）//注释一行

（2）/ * 一行或多行注释 * /

（3）///XML 注释方式

XML 注释方式是一种特殊的注释方式，可以利用 Visual Studio 开发工具将"///"注释转换为 XML 文件。

2. 书写规则

(1) 花括号成对出现。一对花括号代表一组代码块。

(2) 每条语句以分号结尾。

(3) 空行和缩进被忽略。

(4) 多条语句可以处于同一行,之间用分号分隔即可。

3. 常用快捷键及组合键

表 1-7 列出了常用快捷键及组合键。

表 1-7   常用快捷键及组合键

快捷键及组合键	功　　能	快捷键及组合键	功　　能
F4	属性窗口	Ctrl+Shift+B	生成解决方案
F5	启动调试	Shift+F5	终止调试
F7	代码窗口	Shift+F7	查看窗体设计器
F9	切换断点	Ctrl+F9	启用/停止断点
F10	逐过程调试	F11	逐语句调试
Ctrl+K+C	注释代码块	Ctrl+K+U	取消注释
双击 Tab	先输入 If,紧接着双击 Tab,自动生成 if 块,实现快速输入。for、switch、foreach、while、prop 等同理		

1.6 使用 Git 进行源代码管理

1.6

本节介绍如何使用 Visual Studio 2022 中自带的 Git 功能进行源代码管理,Git 仓库采用 Gitee。Gitee 是 OSCHINA 推出的基于 Git 的代码托管平台(同时支持 SVN)。专为开发者提供稳定、高效、安全的云端软件开发协作平台,无论是个人、团队,或是企业,都能够用 Gitee 实现代码托管、项目管理、协作开发。

下面介绍的操作大致分为在 Gitee 平台上操作和在 Visual Studio 2022(后面简称 VS 2022)中进行操作。

(1) 登录 Gitee 平台(若没有账号、密码,需要先注册),创建仓库。创建仓库过程非常简单,只需一步,示例中建立的仓库名称为 MyGiteeHub。注意图 1-13 所示方框中内

图 1-13   创建数据仓库

容，需要提前复制，在第（3）步粘贴用。

（2）打开 VS 2022，新建控制台应用 ConsoleApp1，如图 1-14 所示配置新项目。项目名称、位置、框架均采用默认设置即可。单击"创建"按钮，VS 2022 自动完成创建应用框架，如图 1-15(a)所示。单击"Git 更改"，打开如图 1-15(b)所示界面。

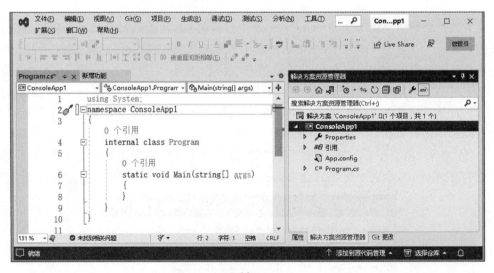

图 1-14　配置新项目

(a)

图 1-15　VS 2022 新建控制台应用

(b)

图 1-15　（续）

（3）在图 1-15（b）中，单击"创建 Git 仓库⋯"，打开如图 1-16 所示界面。在图 1-16 中创建 Git 仓库。本地路径采用默认→选择现有远程，在远程 URL 中粘贴第（1）步方框中内容（示例中为：https://gitee.com/ytuiot/my-gitee-hub.git）。

图 1-16　创建 Git 仓库

单击"创建并推送"完成创建 Git 仓库。第一次创建 Git 仓库，可能需要登录 Gitee 平台，在图 1-17 中输入 Gitee 平台中账号、密码完成登录。

（4）创建并推送成功后，VS 2022 给出如图 1-18 所示消息提示。此时，打开

图 1-17　登录 Gitee 仓库

ConsoleApp1 应用所在文件夹会发现多出一些 Git 相关文件，如图 1-19 所示方框中两个文件。而远程 MyGiteeHub 仓库中已经有了 ConsoleApp1 应用源文件，如图 1-20 所示。

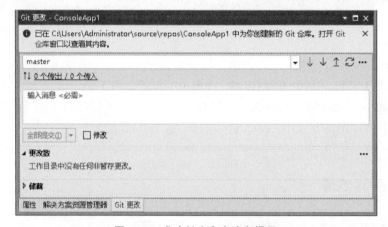

图 1-18　成功创建仓库消息提示

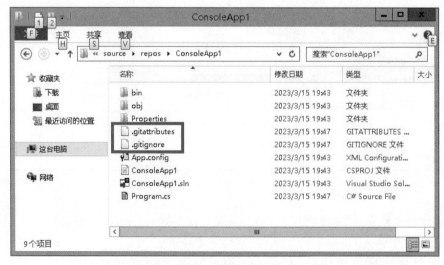

图 1-19　成功创建仓库后本地新增 Git 相关文件

图 1-20　MyGiteeHub 仓库中源文件

（5）在图 1-20 中，单击"文件→新建文件"，在 MyGiteeHub 仓库中新增 myreadme.
txt 文本文件，如图 1-21 所示。但此时本地 ConsoleApp1 应用所在文件夹中尚没有此
文件。

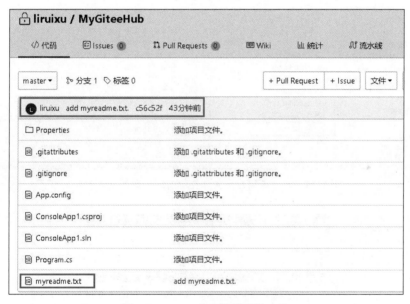

图 1-21　Gitee 仓库新增自建文件

（6）按照图 1-22 方框所示，在 VS 2022 中拉取远程仓库。拉取后本地 ConsoleApp1 应
用所在文件夹中就有了新增的 myreadme.txt 文件，如图 1-23 方框所示。

（7）在 VS 2022 的 ConsoleApp1 项目中添加类文件 Class1，如图 1-24 所示。注意图
中每个文件左边小图标，锁形（🔒）图标表示文件处于 Git 源代码中，且无修改；加号（➕）
图标表示文件未纳入 Git 源代码管理。

图 1-22 VS 2022 中拉取远程仓库

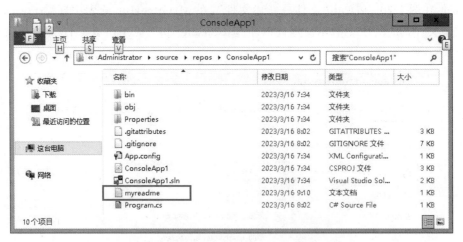

图 1-23 本地应用程序文件夹中新增拉取的文本文件

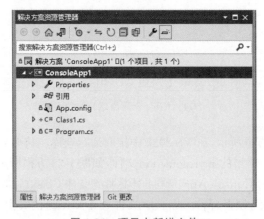

图 1-24 项目中新增文件

右击 Class1 文件,在弹出菜单中依次选择 git→提交或存储。然后,选择"Git 更改",填入"新增 Class1 文件",选择"全部提交并推送",如图 1-25 所示。成功推送后显示"已成功推送到 origin/master"。

图 1-25 全部提交并推送

再打开 Gitee 平台的 MyGiteeHub 仓库,仓库中已经有了 Class1 源文件,如图 1-26 所示。

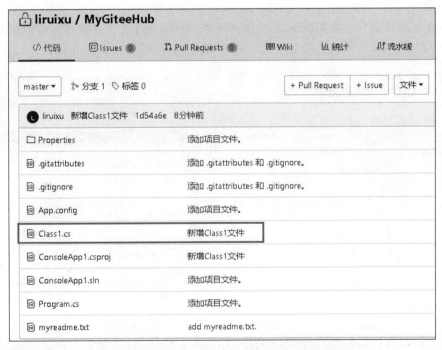

图 1-26 在 MyGiteeHub 仓库中新增 Class1 源文件

(8) 在 VS 2022 的 ConsoleApp1 项目中添加类文件 Class2,修改类文件 Class1(增加

一个构造函数），如图 1-27 所示。注意图中每个文件左边小图标，锁形（🔒）图标表示文件处于 Git 源代码中，且无修改；加号（➕）图标表示文件未纳入 Git 源代码管理，如 Class2 文件；对钩（✔）图标表示文件已被修改但未提交，如 Class1 文件。

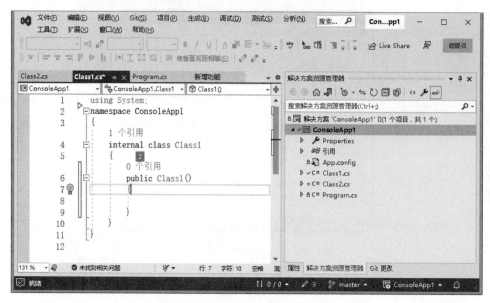

图 1-27　项目中新增和修改文件

选择"Git 更改"页，在如图 1-28 所示界面中，选择"全部提交并推送"，将两个类文件推送至 MyGiteeHub 仓库。成功推送后显示"已成功推送到 origin/master"。

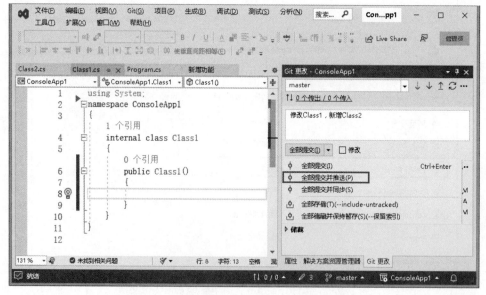

图 1-28　项目中新增和修改文件后提交并推送

再打开 Gitee 平台的 MyGiteeHub 仓库，此时 MyGiteeHub 仓库就有了 Class1、Class2 两个类文件，如图 1-29 所示。同时，如果打开 Class1 文件，如图 1-30 所示，文件内容已经更新至最新。

图 1-29　在 MyGiteeHub 仓库中新增 Class2 源文件

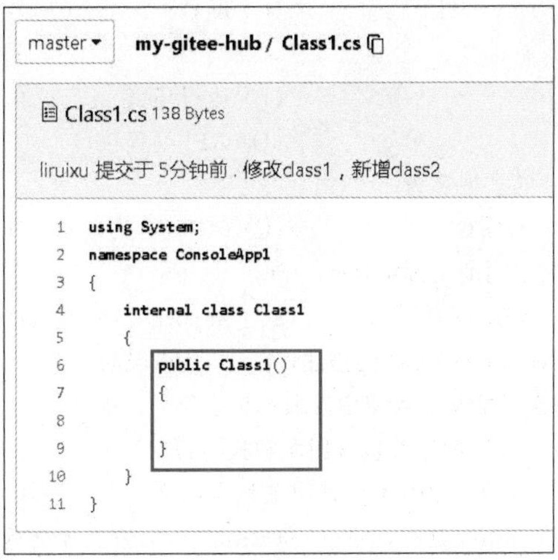

图 1-30　在 MyGiteeHub 仓库中 Class1 文件内容已被修改

上面介绍了利用 Gitee 仓库，如何使用 VS 2022 中 Git 功能实现项目源代码管理。

主要介绍了 Gitee 仓库创建、拉取、提交、推送等操作。除此之外，源代码管理还包括分支管理、比对、提交历史、标签等诸多功能，读者可参阅相关资料。

本 章 小 结

本章首先对 .NET 进行了概述，主要包括版本历史沿承、框架结构、程序运行机制及 C# 语言特点等。其次，介绍了 Visual Studio 2022 集成开发环境，并以一个 C# 程序为例，剖析了 C# 程序结构。最后，对关键字、标识符、命名空间、编码规范等问题做了简单介绍。

习 题

1. 单选题

(1) C# 语言经编译后得到的是（　　）。
  (A) 汇编指令   (B) 机器指令
  (C) 本机指令   (D) Microsoft 中间语言指令

(2) 在 Visual Studio 2022 集成环境中，下面描述正确的是（　　）。
  (A) 可以使用 C# 高级编程语言开发在 Linux、macOS 上运行的应用程序
  (B) .NET 6 应用兼容 .NET Framework
  (C) Visual Studio 2022 不支持 Windows 服务开发
  (D) Visual Studio 2022 不支持 Git 源代码管理功能，但可以安装插件来支持 Git

(3) Console 标准的输入设备是（　　）。
  (A) 键盘   (B) 鼠标   (C) 屏幕   (D) 打印机

(4) CLR 是一种（　　）。
  (A) 程序设计语言   (B) 运行环境
  (C) 开发环境   (D) API 编程接口

(5) C# 语言源代码文件的扩展名为（　　）。
  (A) C#   (B) C   (C) CSP   (D) CS

(6) C# 中导入某一命名空间的关键字是（　　）。
  (A) using   (B) use   (C) import   (D) include

(7) 下面对 Read() 和 ReadLine() 方法的描述，（　　）是错误的。
  (A) Read() 方法一次只能从输入流中读取一个字符
  (B) 使用 Read() 方法读取的字符包含回车和换行符
  (C) ReadLine() 方法读取的字符不包含回车和换行符
  (D) 只有当用户按下 Enter 键时，Read() 和 ReadLine() 方法才会返回

(8) 下面对 Write() 和 WriteLine() 方法的描述，（　　）是正确的。
  (A) WriteLine() 方法在输出字符串的后面添加换行符
  (B) 使用 Write() 输出字符串时，光标将会位于字符串的下一行
  (C) 使用 Write() 和 WriteLine() 方法输出数值变量时，必须要先把数值变量转换成字符串

(D) 使用不带参数的 WriteLine( )方法时,将不会产生任何输出

(9) 在 C♯ 中不可作为注释的选项是(　　　)。

    (A) //   (B) '   (C) /＊和＊/   (D) ///

(10) 下列(　　　)选项可以选用.NET Framework 4.8 框架创建应用程序。

    (A) Blazor Server 应用   (B) WPF 应用(.NET Framework)

    (C) Azure Functions   (D) ASP.NET Core Web 应用

2. 问答题

(1) 简述 C♯ 语言的特点。

(2) 简述.NET 程序编译执行机制。

(3) 简述.NET 框架、C♯ 与 Visual Studio 三者的关系。

(4) 简述 Visual Studio 2022 集成环境下可以开发哪些类型的应用程序。

(5) 上网了解 Visual Studio 2022 新增了哪些主要功能。

3. 编程题

(1) 编写一个简单的 C♯ 程序,输出如下内容:

```
************************************
*          Hello world!           *
************************************
```

(2) 编写一个控制台应用,采用异或运算符,实现两个整型变量值的交换。

(3) 一列数的规则如下:1、1、2、3、5、8、13、21、34……求第 30 位数是多少?

第 2 章

课程练习

C♯编程基础

数据类型、运算符、表达式与控制语句是编程的基础,掌握这些基本知识是编写程序的前提。

本章主要内容如下。

(1) 数据类型及转换。

(2) 运算符与表达式。

(3) 控制语句。

(4) 数组。

2.1 数 据 类 型

C♯是一种强类型语言,在程序中用到的变量、表达式和数值等都必须有类型。编译时,编译器检查所有数据类型操作的合法性,这种特点保证了变量中存储数据的安全性。C♯中的数据类型分为两大类: 值类型(Value Types)和引用类型(Reference Types),如图 2-1 所示。

图 2-1 数据类型

在如图 2-1 所示的各种数据类型中,C♯ 已经预先定义了 15 种类型：13 种简单类型、Object 和 String。其中,Object 和 String 是两个比较特殊的类型。Object 是 C♯ 中所有类型(包括值类型和引用类型)的基类。String 是一个从 Object 类直接继承的密封类(即不能再被继承的类,具体可参见 4.7.4 节)。

在 C♯ 中,对数据类型的理解还需要补充 3 点。

(1) 值类型直接存放实际数据,每个值类型都有自己固定的长度,比如 int 类型占用 4B。值类型的变量保存在堆栈中(Stack),堆栈用于存储固定长度的数据。对一个值类型变量操作不会影响其他变量。值类型的内存开销小,访问速度快,但缺乏面向对象特征。

(2) 引用类型存储的是数据的内存地址,位于受管制的堆(Managed Heap)上。堆用于存储可变长度的数据,比如字符串类型。作为引用类型的变量可能引用同一对象,因此对一个引用类型的变量操作会影响引用相同对象的另一个变量。引用类型因在堆上分配内存,内存开销大,访问速度稍慢。

(3) 特殊值 null 适用于任何引用类型,表示没有任何引用的对象。但值类型不能是 null。

2.1.1　值类型

值类型包括 13 种简单类型、枚举类型和结构类型。枚举类型和结构类型将在 4.10 节介绍。表 2-1 列出了 13 种简单类型。表中每种类型都对应一个关键字,每种类型也都是位于 System 命名空间中的一个类,即表中的“.NET CTS 类型名”(.NET Common Type System,有些资料译为等价类型)。在实际使用时,既可以使用关键字,也可以使用“.NET CTS 类型名”。

表 2-1　C♯ 中 13 种简单类型

关键字	.NET CTS 类型名	描　　述	范围和精度	示　　例
sbyte	System.SByte	8 位有符号整数	−128～127	sbyte var1=9
byte	System.Byte	8 位无符号整数	0～255	byte var1=9 byte var2=9U
short	System.Int16	16 位有符号整数	−32 768～32 767	short var1=12
ushort	System.Uint16	16 位无符号整数	0～65 535	ushort var1=12 ushort var2=12U
int	System.Int32	32 位有符号整数	−2 147 483 648～ 2 147 483 647	int var1=8
uint	System.UInt32	32 位无符号整数	0～4 294 967 295	uint var1=8 uint var2=9U
long	System. Int64	64 位有符号整数	−9 223 372 036 854 775 808～ 9 223 372 036 854 775 907	long var1=8 long var2=8L

关键字	.NET CTS 类型名	描　　述	范围和精度	示　　例
ulong	System.UInt64	64 位无符号整数	0～ 18 446 744 073 709 551 615	ulong var1＝8 ulong var2＝8U ulong var3＝8L ulong var4＝8UL
float	System.Single	32 位单精度浮点数	$1.5 \times 10^{-45} \sim 3.4 \times 10^{38}$	float var1＝1.23F
double	System.Double	64 位双精度浮点数	$5.0 \times 10^{-324} \sim 1.7 \times 10^{308}$	double var1＝1.23 double var2＝1.23D
decimal	System.Decimal	128 位高精度十进制数	$1.0 \times 10^{-28} \sim 7.9 \times 10^{28}$	decimal x＝1.2M
bool	System.Boolean	布尔类型	true,false	bool var1＝true bool var2＝false
char	System.Char	16 位字符类型	所有的 Unicode 编码字符	char var1＝'h'

从表 2-1 可以看出，C♯简单数据类型可以归为整数类型、实数类型、十进制类型、布尔类型和字符类型。

1. 整数类型

整数类型的值为整数。C♯中有 8 种整数类型：字节型（byte）、无符号字节型（ubyte）、短整型（short）、无符号短整型（ushort）、整型（int）、无符号整型（uint）、长整型（long）和无符号长整型（ulong）。划分的依据是根据该类型变量在内存中所占的位数及是否为有符号数。常用的表示方法如下。

（1）十进制整数。如 12，−13，0。

（2）十六进制整数，以 0x 或 0X 开头。如 0x12 表示十进制的 18。

（3）无符号整数，可以用正整数表示无符号数，也可以在数字后面加上 u 或 U。如 12U。

（4）长整数可以在数字后面加上 l（小写 L）或 L。如 12L。

2. 实数类型

C♯实数类型有两种：单精度实数（float）和双精度实数（double）。单精度实数为 32位浮点数，精度为 7 位数；双精度实数为 64 位浮点数，精度为 15 或 16 位数。实数类型表示方法如下。

（1）单精度实数在数字后面加 f 或 F。如 1.23F。

（2）双精度实数在数字后面加 d 或 D，也可以直接写数。如 1.23D、1.23。

（3）科学记数法形式。如 1.23e3、1.23E-3 均可表示双精度实数。

3. 十进制类型

C♯专门定义一种十进制类型（decimal），主要用于金融和货币方面的计算。十进制类型是一种高精度 128 位数据类型（在内存中占 16B），精度为 28～29 位有效数字。

从表 2-1 中可以看出，十进制类型的取值范围明显小于实数类型，但其精度更高。与浮点数不同，除非超过范围，否则 decimal 数字表示的十进制数都是完全准确的。与此相反，用二进制浮点数表示十进制数，则可能造成舍入错误。

十进制类型表示方法是在数字后面加 m 或 M。如 1.23M。

4. 布尔类型

布尔类型是用来表示逻辑数据的数据类型，其值只有"真"（true）和"假"（false）两个。

在 C 和 C++ 中，零整数或空指针可以被转换为布尔值 false，而非零整数或非空指针可以被转换为布尔值 true。在 C♯ 中不能进行这样的转换。

5. 字符类型

字符类型（char）是比较特殊的，它一方面可以隐式转换为整数类型，因此有些教材将其归为整数类型的一种特殊情况；另一方面，就其内容而言，它是用 Unicode 编码表达的字符，在内存中占 2B，其范围为 0～65 535，每个数字代表一个 Unicode 字符。字符用单引号括起来，如'a'、'A'。

有的字符需要进行特殊处理，即采用转义字符形式表示。下面两个语句均表示给字符型变量赋值'A'。第 2 个语句采用了转义字符。C♯ 中常用的转义字符如表 2-2 所示。

```
char c='A';
char c='\x41';
```

表 2-2　常用的转义字符

转义序列	字符	转义序列	字符
\'	单引号	\f	换页
\"	双引号	\n	新行
\\	反斜线	\r	回车
\0	空格	\t	水平制表符
\b	退格	\v	垂直制表符

对字符类型理解还需要注意两点：第一，由于 C♯ 的字符类型采用的是国际标准编码方案 Unicode 编码，所以可以表示西文字符和中文字符；第二，字符类型与整数类型不同，不支持从其他类型到 char 类型的隐式转换，即使 sbyte、byte、ushort 这些类型的值在 char 表示的范围之内，也不能隐式转换。下面两个语句中，第一个语句是正确的，第二个语句是错误的。

```
int x='a';          //可以将字符 a 隐式转换为整数
char c=97;          //整数不允许隐式转换为字符
```

2.1.2　引用类型

C♯ 中，引用类型包括类、接口、委托、数组、String 类型和 Object 类型。其中，String

类型和 Object 类型为两种预定义的引用类型。在本节只介绍 Object 类型，其他类型数据将在后续章节分别介绍。

面向对象程序设计语言通常提供一个根类型，层次结构中的其他类都由此派生而来。C# 中的根类型就是 System.Object，Object 是 System.Object 的别名。Object 类是所有数据的基类，C# 中所有的其他数据类型都是直接或间接从 Object 继承而来。如前面介绍的简单数据类型也是由 Object 派生而来的。Object 定义了许多方法，这些方法在派生类中也被继承下来。Object 常见方法如下。

(1) Equals()：判断对象之间是否相等。

(2) GetHashCode()：生成一个与对象的值相对应的数字以支持哈希表的使用。

(3) GetType()：获取当前对象类型。

(4) ToString()：生成描述类实例的字符串。

思考一下：在 C# 中为什么可以将 10 写成 10.ToString()？

2.2 常量和变量

2.2.1 常量

常量是程序运行过程中其值不变的量。例如：32,128U,3.14f,45.67M,'B',"Hello",true 等都是常量。

这里着重介绍符号常量。使用符号常量能够提高程序的可读性和可维护性。符号常量用关键字 const 声明，必须在定义标识符时就进行初始化并且定义之后就不能再改变该常量的值，符号常量标识符通常首字符大写。具体格式为：

```
[常量修饰符] const 类型 标识符=常量表达式；
```

例如：

```
const double DI=0.76;
```

2.2.2 变量

变量是程序运行过程中其值可变的量。从用户角度来看，变量是存储信息的基本单元；从系统角度来看，变量就是计算机内存中的一个存储空间。

C# 中的变量必须先声明后使用。声明变量包括声明变量的数据类型和变量名称，必要时还可以指定变量的初始值。变量的声明格式为：

```
[变量修饰符] 类型 标识符 1[=初始值 1],标识符 2[=初始值 2]…；
```

下面这些变量声明都是合法的变量：

```
int x1, y1, z1=0;          //声明了三个整型变量,并给 z1 赋初始值
protected string strBM;    //声明了一个保护型的 string 类型变量
```

```
private DateTime dt;                    //声明了一个私有的 DateTime 类型变量
```

变量修饰符用于控制变量的可访问性，有 private、public、protected、internal 等。默认变量修饰符为 private。关于这些修饰符的具体含义可参见 4.2.2 节。

2.3　数据类型转换

程序设计中经常遇到类型转换问题，如一个 int 类型数转换成一个 long 类型。C# 中，类型转换方法有 3 种：隐式转换、显式转换和使用类方法的显式转换。

2.3.1　隐式转换

隐式转换是不需要加任何声明就可以实现的类型转换。在使用隐式转换时，应注意以下 3 点。

1. 低精度类型可以隐式转换为高精度类型，反之不可

例如：

```
int a=100;
long b=a;          //int 型隐式转换为 long 型可以
sbyte c=a;         //int 型隐式转换为 sbyte 型是不可以的
```

2. 字符型可以隐式转换为整型或浮点型，反之不可

例如：

```
char c='A';
int x=c;           //char 型隐式转换为 int 型可以
char c2=65;        //int 型不允许隐式转换为 char 型
```

3. 浮点型和 decimal 之间不能进行隐式转换

下面转换是不允许的：

```
double d=12.3;
decimal x=d;
```

2.3.2　显式转换

显式转换也被称为强制转换。与隐式转换不同，显式转换需要指明转换类型。如前面浮点型和 decimal 型之间转换改成下面语句是可以的：

```
double d=12.3;
decimal x=(decimal)d;      //double 型显式转换 decimal 型
```

需要说明的是，显式转换并不是在任何类型之间都可以进行的。表 2-3 列出了 C#
中可以进行显示转换的数据类型。

表 2-3　显式数值类型转换

原　始　类　型	可转换的类型
sbyte	byte，ushort，uint，ulong，char
byte	sbyte，char
short	sbyte，byte，ushort，uint，ulong，char
ushort	sbyte，byte，short，char
int	sbyte，byte，short，ushort，uint，ulong，char
uint	sbyte，byte，short，ushort，int，char
long	sbyte，byte，short，ushort，int，uint，ulong，char
ulong	sbyte，byte，short，ushort，int，uint，long，char
float	sbyte，byte，short，ushort，int，uint，long，ulong，char，decimal
double	sbyte，byte，short，ushort，int，uint，long，ulong，char，float，decimal
decimal	sbyte，byte，short，ushort，int，uint，long，ulong，char，float，double
char	sbyte，byte，short

2.3.3　使用类方法的显式转换

C# 提供了一些可用于显式转换的类方法。常用的有 Convert 类提供的一系列转换
方法、ToString()方法、Parse()方法等。

1. Convert 类的转换方法

Convert 类有一系列静态方法用于实现数据类型转换（关于静态方法请参见 4.5.3
节）。它允许从任何类型转换到其他类型。表 2-4 列出了 Convert 类提供的转换方法。

表 2-4　Convert 类提供的转换方法

方　　法	实现的转换类型	方　　法	实现的转换类型
Convert.ToByte()	byte	Convert.ToSingle()	float
Convert.ToSByte()	sbyte	Convert.ToDouble()	double
Convert.ToInt16()	short	Convert.ToDecimal()	decimal
Convert.ToUInt16()	ushort	Convert.ToBoolean()	bool
Convert.ToInt32()	int	Convert.ToChar()	char
Convert.ToUInt32()	uint	Convert.ToDateTime()	datetime
Convert.ToInt64()	long	Convert.ToString()	string
Convert.ToUInt64()	ulong		

例如：

```
float f=3.14f;
y=Convert.ToInt32(f);
DateTime dt=Convert.ToDateTime("2022-9-13");
```

使用 Convert 类进行类型转换时应注意，当无法产生有意义结果时，程序将抛出异常，可以用异常处理块 try/catch 捕获或处理。关于异常处理语句的介绍请参见 5.2 节。

2. ToString()方法

由于 Object 类是所有数据类型的基类，因此可使用 Object 类的 ToString()方法将任何类型的数值转换为 string 类型。例如：

```
double x=123.7d;
bool b=false;
char c='A';
Console.WriteLine ("{0},{1},{2}", x.ToString(),b.ToString (),c.ToString ());
```

3. Parse()方法

对 string 类型也可以使用 Parse()方法转换为对应的各种整型、浮点型、十进制类型，表 2-5 列出了常见的字符串转换为数值的方法。但当无法正确转换时，程序也将抛出异常。

表 2-5　常见的字符串转换为数值方法

方　　法	描　　述
Byte.Parse(string)	转换为字节型
int.Parse(string)，Int16.Parse(string)，Int32.Parse(string)，Int64.Parse(string)	转换为整型
uint.Parse(string)，UInt16.Parse(string)，UInt32.Parse(string)，UInt64.Parse(string)	转换为无符号整型
short.Parse()，long.Parse()	转换为短整型，长整型
Single.Parse()或 float.Parse()	转换为单精度浮点型
double.Parse()	转换为双精度浮点型
decimal.Parse()	转换为十进制类型

2.3.4　TryParse()方法转换

从 C# 2.0(.NET 2.0)开始，每一种值类型都包含静态 TryParse()方法。该方法与 Parse()非常相似，只是转换失败的情况下不引发异常，而是返回 false。所以使用 TryParse()方法就可以避免在输入无效数据时引发异常。例如，下面一段代码即使输入无效数据转换失败，也不会引发异常。

```
double target;
string source;
source=Console.ReadLine();
if(double.TryParse(source, out target))
{
    Console.WriteLine("成功转换,目标值为{0}",target);
}
else
{
    Console.WriteLine("转换失败!");
}
```

2.4　装箱和拆箱

object 类型是 System.Object 在 .NET 中的别名。在 C# 的统一类型系统中，所有类型（预定义类型、用户定义类型、引用类型和值类型）都是直接或间接从 System.Object 继承的。可以将任何类型的值赋给 object 类型的变量。将值类型的变量转换为对象的过程称为装箱（Boxing），将 object 类型的变量转换为值类型的过程称为拆箱（UnBoxing）。

2.4.1　装箱

装箱使得任何值类型可以隐式地转换为 Object 类型或者转换为由该值类型实现的接口类型。装箱一个数值是为其分配一个对象实例，并把该数值复制到分配的实例中。例如：

```
int i=10;
object obj=i;            //装箱
```

上面两条语句执行的结果是在堆栈中创建了一个对象 obj，该对象引用了堆上 int 型的数值，如图 2-2 所示。

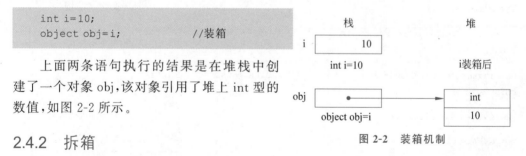

图 2-2　装箱机制

2.4.2　拆箱

拆箱与装箱是相反过程。拆箱是将 Object 类型或数值类型实现的接口类型显式地转换为值类型。拆箱操作的过程包括两个步骤：首先检查 Object 实例中被包装的数据，确认它是给定值类型的包装数值。然后把数值从实例中复制出来。下面的语句演示了装箱与拆箱操作：

```
int i=10;
object obj=i;            //装箱
int j=(int)obj;         //拆箱
```

需要注意的是,拆箱只能对先前装箱操作生成的引用类型进行操作,而不是任何引用类型都可转换为值类型。

2.5 运算符与表达式

表达式是由操作数和运算符按照一定的语法形式组成的符号序列。操作数为参与运算的数据,可以是常量、变量、属性等,运算符指明对操作数所进行的运算。按操作数的数目来分,运算符可以分为一元运算符(如++)、二元运算符(如+,/)、三元运算符(如?:)。对一元运算符可分为前缀表达式(如++i)和后缀表达式(如i++)。按照运算符的功能,运算符又可分为以下几类。

(1) 算术运算符(+、-、*、/、%、++、--)。

(2) 关系运算符(>、<、>=、<=、==,!=)。

(3) 逻辑运算符(&&、||、!、&、|)。

(4) 位运算符(~、&、|、^、>>、<<)。

(5) 赋值运算符(=及其扩展赋值运算符,如+=)。

(6) 条件运算符(?:)。

(7) 其他运算符(包括分量运算符、下标运算符、内存分配运算符 new、实例运算符 is、强制类型转换运算符、方法调用运算符等)。

2.5.1 算术运算符

算术运算符作用于整型或浮点型数据,完成算术运算,其含义和示例如表 2-6 所示。

表 2-6 算术运算符

运算符	含 义	示 例	运算符	含 义	示 例
+	加	x+y	%	取模(求余)	x%y
-	减	x-y	++	自加	x++,++x
*	乘	x*y	--	自减	x--,--x
/	除	x/y	假设 x,y 是某一数值类型的变量		

(1) 取模运算的操作数可以是浮点数,如 10.8 % 4.2,结果为 2.4。

(2) 对于自加、自减运算符各自有前缀、后缀两种形式,如 x++,++x。这两种形式是有区别的。

① x++在使用 x 之后,使 x 的值加 1。执行完 x++之后,整个表达式的值为 x,而 x 的值变为 x+1。

② ++x 在使用 x 之前,使 x 的值加 1。执行完++x 之后,整个表达式和 x 的值均变为 x+1。

(3) C#对加法运算符进行了扩展,能够实现字符串的连接。如"hello "+"world"的结果为字符串"hello world"。

2.5.2　关系运算符

关系运算符用于比较两个操作数的值,运算结果为布尔型(true 或 false)。关系运算符都是二元运算符,如表 2-7 所示。C#中布尔型数据只能比较是否相等,不能比较大小。

表 2-7　关系运算符

运算符	含义	示例	运算符	含义	示例
>	大于	12>13,结果为 false	==	等于	12==13,结果为 false
<	小于	12<13,结果为 true	!=	不等于	12!=13,结果为 true
>=	大于或等于	12>=12,结果为 true	<=	小于或等于	12<=13,结果为 true

2.5.3　逻辑运算符

逻辑运算符是针对布尔型数据进行的运算,运算结果为布尔型(true 或 false),如表 2-8 所示,假设表中 p 和 q 为两个布尔型数据。

表 2-8　逻辑运算符

运算符	含义	示例	运算符	含义	示例
&&	条件与	12>13,结果为 false	&	逻辑与	12==13,结果为 false
||	条件或	12<13,结果为 true	|	逻辑或	12!=13,结果为 true
!	取反	12>=12,结果为 true	^	异或	true^false,结果为 true

在表 2-8 中,条件运算(&&、||)与逻辑运算(&、|)区别在于:逻辑运算是在计算左右两个表达式之后,才最后取值;而条件运算可能只计算左边表达式。例如,对于 &&,只要左边表达式为 false,则不再计算右边表达式而给出整个表达式的值为 false;对于 ||,只要左边表达式为 true,同样不再计算右边表达式而给出整个表达式的值为 true。有些资料将条件运算这种特征称为“短路特征”。

2.5.4　位运算符

位运算符用于对二进制位进行操作,C#提供了如表 2-9 所示的位运算符。

表 2-9　位运算符

运算符	含义	说明	示例
~	取补	0 的补是 1,1 的补是 0	~10,结果为 -11
&	与	两个位均为 1 时,结果为 1,否则为 0	3&10,结果为 2

续表

运算符	含 义	说 明	示 例
|	或	两个位均为 0 时,结果为 0,否则为 1	3&10,结果为 11
^	异或	两个位相同时,结果为 0,否则为 1	3^10,结果为 9
>>	右移	操作数按位右移,操作数为正和为负规则不同	10>>3,结果 1
<<	左移	操作数按位左移,高位被丢弃,低位顺序补 0	10<<3,结果 80

对于位运算,需要注意以下两点。

(1) 操作数只能为整型或字符型数据。

(2) 位运算中的与、或、异或虽然与逻辑运算符中的逻辑与、逻辑或、异或写法相同,但二者是有区别的:逻辑运算符的操作数为布尔型,其结果为布尔值。

2.5.5 赋值运算符

C# 中赋值运算符有两种形式:一种是简单赋值运算符;另一种是扩展赋值运算符。

1. 简单赋值运算符

简单赋值运算就是将一个表达式的值使用赋值运算符(=)直接赋给一个变量或对象,其格式如下:

```
变量或对象=表达式;
```

这是赋值运算的基本格式。赋值运算时,如果出现赋值运算符两侧的类型不一致的情况,则需要进行隐式转换或显式转换。关于隐式转换和显式转换规则在 2.1.6 节已经做过介绍。一般来讲,如果赋值运算符左侧变量或对象定义的数据类型占用内存较多,而右侧表达式值的数据类型占用的内存少,则可以隐式转换,否则必须显式转换。但有些情况是例外的,如 float x=2.34M。

2. 扩展赋值运算符

在赋值运算符(=)前面加上其他运算符,就构成了扩展运算符。如 x+=10 等价于 x=x+10。表 2-10 列出了 C# 中扩展赋值运算符及其等价表达式。

表 2-10 扩展赋值运算符

运算符	示 例	等价表达式	运算符	示 例	等价表达式
+=	x+=10	x=x+10	-=	x-=10	x=x-10
*=	x*=10	x=x*10	/=	x/=10	x=x/10
%=	x%=10	x=x%10	&=	x&=10	x=x&10
|=	x|=10	x=x|10	^=	x^=10	x=x^10
>>=	x>>=10	x=x>>10	<<=	x<<=10	x=x<<10

2.5.6　条件运算符

条件运算符(?:)为C#中唯一一个三元运算符，一般形式为：

```
exp1?exp2:exp3
```

其中，表达式exp1的运算结果必须为布尔型，表达式exp2和表达式exp3可以是任意数据类型，但返回的数据类型必须一致。

条件运算符的规则是，先计算表达式exp1的值，若为true，则整个表达式的结果取表达式exp2的值；若为false，则整个表达式的结果取表达式exp3的值。例如，下面语句执行结果是分别给变量x和y赋值-1和0。

```
int a=10, b=18;
int x=a>b?1:-1;
int y=a==b ? 1: 0;
```

2.5.7　运算符优先级和结合性

当一个表达式中包含了多个运算符时，运算符的优先级决定了运算顺序。例如，表达式100％6/3的结果为1，该表达式相当于100％(6/3)，即先计算除法，然后再做取模运算。在该表达式中，除法运算优先级高于取模运算符优先级。

表达式还存在结合性问题。例如，表达式6/3＊4的结果为8，是因为表达式中除法和乘法优先级相同，而且该表达式是按从左到右的次序进行计算的，即左结合。再如表达式x=y=2，该表达式是按从右到左结合的，即右结合。该表达式是先将数值2赋给变量y，再将y的值赋给x。

表2-11列出了C#中运算符的优先级与结合性，表中所列的各种运算符其优先级是递减的。

表 2-11　运算符的优先级与结合性

种　　类	运　算　符	结合性
初等项	.、()、[ ]、new、typeof、checked、unchecked	左
一元后缀	++、--	右
一元前缀	++、--、+、-、!、~、(type)表达式	右
乘法、除法和取模	＊、/、％	左
加法和减法	+、-	左
移位	<<、>>	左
关系和类型检测	<、<=、>、>=、is、as	左
相等	==、!=	左
逻辑与	&	左

续表

种 类	运 算 符	结合性
逻辑异或	^	左
逻辑或	|	左
条件与	&&	左
条件或	||	左
条件	?:	右
赋值	=、*=、/=、%=、+=、-=、<<=、>>=、&=、^=、|=	右

【实例 2-1】 运算符与表达式实例。源代码如表 2-12 所示。

表 2-12 实例 2-1 源代码

行号	源 代 码
01	using System;
02	namespace 实例 2_1{
03	class Program {
04	static void Main(string[] args){
05	int x=13%6;
06	int y=13^6;
07	y=y^6;
08	int a=13;
09	int b=6;
10	//a=a+b; //缺点是：若 a 和 b 的值较大,则(a+b)会溢出
11	//b=a-b;
12	//a=a-b;
13	a=a^b;
14	b=b^a;
15	a=a^b; //2 次异或运算,完成 a 和 b 的交换
16	Console.WriteLine("a={0},b={1}", a, b); //按照格式字符串的格式输出
17	Console.WriteLine(13>>2); //13 右移 2 位,值为 3
18	Console.WriteLine(13<<3); //13 左移 3 位,值为 104
19	Console.ReadKey();
20	}
21	}
22	}

说明：异或运算有一个重要特征,即对一个数进行两次异或运算,结果仍为该数,如
(x^16)^16 的结果为 x。

2.6 控 制 语 句

2.6

结构化程序设计语言包含了 3 种且只有 3 种基本结构,即顺序结构、分支结构和循
环结构。C# 中有用于实现分支结构的分支语句和实现循环结构的循环语句。

2.6.1　分支语句

分支语句又被称为条件选择语句,程序在执行分支语句时能够根据给定的条件是否成立而选择执行不同的语句块。C♯中分支语句有 if 语句和 switch 语句两种。语句块可以是单一的一条语句,也可以是用花括号{}括起来的复合语句。

1. if 语句

if 语句的一般形式为:

```
if(exp)
{
    语句块 1;
}
else
{
    语句块 2;
}
```

上述语句的执行流程是:首先计算表达式 exp,该表达式的结果只能是布尔型。然后根据该表达式 exp 的值选择流程的走向,若表达式 exp 的值为 true,则执行语句块 1;若表达式 exp 的值为 false,则执行语句块 2。

if 语句除了上面形式外,还有另外一些形式,如下。

(1) 只有 if 分支。此时,如果表达式 exp 的值为 false,则程序跳过语句块 1,直接执行其后其他语句。

```
if(exp)
{
    语句块 1;
}
```

(2) 在 else 分支又增加了一个 if 语句。此时,如果表达式 exp1 的值为 true,则执行语句块 1;若表达式 exp1 的值为 false,还需根据表达式 exp2 的值决定执行语句块 2,还是语句块 3。这种形式的另一种方式就是 if 语句嵌套。嵌套就是语句块中又包含了分支语句。

```
if (exp1)
{
    语句块 1;
}
else if (exp2)
{
    语句块 2;
}
```

```
else
{
    语句块 3;
}
```

【实例 2-2】　编写一个控制台应用。要求用户输入整数,然后判断并输出其奇偶性。实例中未做异常处理。用户如果输入非整型数据,程序则将非正常中断。源代码如表 2-13 所示。

表 2-13　实例 2-2 源代码

行号	源　代　码
01	using System;
02	namespace sample2_2{
03	class Program{
04	static void Main(string[] args) {
05	Console.Write("请输入一个整数:");
06	string s=Console.ReadLine();
07	int x=int.Parse(s);　　　　　//数据类型转换,未做异常处理
08	if (x%2==0)
09	{
10	Console.WriteLine("{0}是偶数", x);
11	}
12	else
13	{
14	Console.WriteLine("{0}是奇数", x);
15	}
16	}
17	}
18	}

2. switch 语句

switch 语句是多分支的开关语句。其一般形式为:

```
switch (表达式)
{
    case 判断值 1:
        语句块 1;
        break;
    case 判断值 2:
        语句块 2;
        break;
    ...
    default:
        语句块 n;
        break;
}
```

switch 语句的执行流程为：首先计算表达式的值，然后将其与第一个 case 分支的判断值 1 相比较，若一致，则执行语句块 1，并在执行完语句块 1 之后直接跳出整个 switch 语句；若不一致，则用计算出的表达式的值与第二个 case 分支的判断值 2 相比较，以此类推。如果表达式的值与任何一个 case 分支的判断值都不一致，则执行 default 分支。若 default 分支不存在，则直接跳出整个 switch 语句。

对上述执行流程，需要注意以下几点。

（1）switch 语句中的判断值只能为常数或常量，不允许为变量和表达式。判断值类型必须与表达式值的类型一致。

（2）switch 语句中，如果存在两个相同的判断值，编译时则出错。

（3）switch 语句中，最多只能有一个 default 分支。

（4）当表达式的值与某个 case 分支的判断值匹配，则转入执行该 case 分支语句块，执行完该语句块之后直接跳出整个 switch 语句，不再对其他 case 分支进行判断。因此，要求每个语句块之后跟上一个 break 语句。但有一种情况例外，如果某个 case 分支语句块为空，则会从该 case 分支直接跳到下一个 case 分支，此时空语句块的 case 分支是不需要加 break 语句的。

（5）当分支语句块不为空时，case 分支位置是无所谓的，甚至可以放在 default 分支之后。

【实例 2-3】 编写一个控制台应用。输入学生成绩（分 A、B、C、D、E 5 个等级），前 4 个等级均给出“通过”，等级 E 则为“不通过”。源代码如表 2-14 所示。

表 2-14 实例 2-3 源代码

行号	源 代 码
01	using System;
02	namespace sample2_3{
03	class Program {
04	static void Main(string[] args){
05	Console.Write("输入成绩[A,B,C,D,E]:");
06	string s=Console.ReadLine().ToUpper(); //获取键盘输入内容并转换为大写
07	switch (s)
08	{
09	case "A":
10	case "B":
11	case "C":
12	case "D":
13	Console.WriteLine("通过"); //成绩无论为 A、B、C、D,都执行 13 行
14	break; //每一组 case,必须有一个 break 语句
15	case "E":
16	Console.WriteLine("不通过");
17	break;
18	default:
19	Console.WriteLine("输入成绩无效!");
20	break;

续表

行号	源　代　码
21	}
22	}
23	}
24	}

2.6.2　循环语句

C♯提供了 4 种循环语句：for、while、do-while、foreach。foreach 语句主要用于遍历数组中的数组元素。

1. for 语句

for 语句是 C♯循环语句中功能较强、灵活多变、使用较广泛的一种。一般形式为：

```
for(初始化;循环条件;循环控制)
{
    循环体
}
```

（1）for 语句执行过程：第一步,执行初始化操作。第二步,计算循环条件的值(该值只能为布尔型),若为 false,则直接结束循环;若为 true,则执行循环体。第三步,执行循环控制语句,返回第二步,再重新计算循环条件的值,重复第二步,形成循环。

（2）初始化、循环条件、循环控制都可以省略,但分号不可省。这种情况是一种无限循环,实际编程中应避免。

（3）初始化和循环控制语句中,可以使用逗号语句,进行多项操作。

2. while 语句

while 语句的一般形式为：

```
while(表达式)
{
    循环体
}
```

表达式为循环的条件,其值必须为布尔型。当表达式值为 true 时,执行循环体,否则结束循环。

3. do-while 语句

do-while 语句的一般形式为：

```
do
{
```

```
        循环体
      } while(表达式)
```

do-while 语句与 while 语句类似,不同的是循环条件在后。因此,do-while 语句至少执行循环体一次,而 while 语句当表达式值开始时就为 false,则一次都不执行循环体。

【实例 2-4】 假若某学生看中了一款大概要 8 千多元的手机,但是家里面没有给他这个预算。现在有一种"校园贷",如果贷 10 000 元,签订 8 个月的偿还期限,日利率只有 8‰。你觉得怎么样,想不想了解一下在 8 个月后该同学需要偿还多少钱? 编写一个控制台应用,计算并输出该同学需要偿还本金加利息。源代码如表 2-15 所示。

表 2-15　实例 2-4 源代码

行号	源　代　码
01	using System;
02	namespace ConsoleApp1{
03	internal class Program {
04	static void Main(string[] args) {
05	double capital = 10000;
06	double interest = 0.24;
07	int month = 1;
08	do{
09	capital *= (1 + interest);
10	month += 1;
11	}
12	while (month <= 8);
13	Console.WriteLine($ "8 个月后本金加利息共{capital}元");
14	Console.ReadKey(false);
15	}
16	}
17	}

上述程序输出结果: 8 个月后本金加利息共 55895.0670297334 元。

本金 1 万元,8 个月后需要偿还 5 万多。这个结果警示大家,网贷猛于虎,远离网贷陷阱。

2.6.3 跳转语句

跳转语句用于实现程序执行过程中流程的转移。C# 中有 4 种跳转语句: break 语句、continue 语句、goto 语句、return 语句。这些语句用于特定的上下文环境之中时具有不同的含义。

1. break 语句

break 语句用于退出最近的封闭 switch、while、do-while、for、foreach 语句。

2. continue 语句

continue 语句只能用于循环语句,作用是终止当前本轮(但不退出循环),跳过本轮循环剩下的语句,直接进入下一轮循环。

对于多层循环,continue 针对的只是 continue 语句所在循环的最内层循环。

3. goto 语句

goto 语句用于将程序流程从一个地方跳转到另一个地方。一般格式为:

```
goto 标识符;
```

由于 goto 语句容易引起逻辑上的混乱,造成程序可读性降低,因此,从结构化程序设计思想开始就一直提倡尽量不要使用 goto 语句。

4. return 语句

return 语句的格式为:

```
return [表达式];
```

return 语句用于使程序流程从方法调用中返回,表达式的值就是方法的返回值。如果方法没有返回值(即返回类型为 void),则 return 语句后面的表达式省略。

【实例 2-5】 continue 语句应用。统计 1~100 偶数的个数。源代码如表 2-16 所示。

表 2-16 实例 2-5 源代码

行号	源 代 码
01	using System;
02	class Program {
03	namespace 实例 2_5{
04	class Program {
05	static void Main(string[] args) {
06	int sum=0, min=1, max=100;
07	for(int i=min; i<=max; i++) {
08	if (i%2 !=0)
09	{
10	continue; //终止本轮循环,进入下一轮循环
11	}
12	sum+=i;
13	}
14	Console.WriteLine("从{0}到{1}偶数累加的结果是:{2}",min,max,sum);
15	Console.ReadKey();
16	}
17	}
18	}

2.7

2.7 数　组

数组类型是由抽象基类型 System.Array 派生的引用类型，Array 类在 3.1.7 节详细介绍。数组是一种数据结构，包含若干被称为数组元素的变量。所有数组元素的类型必须相同，该类型又被称为数组的元素类型。数组元素可以是任何类型，包括数组类型。

C#中数组从零开始建立下标索引，即数组下标从零开始。C#中数组的工作方式与大多数其他语言中的工作方式类似，但其差异也应引起注意。

2.7.1　数组的声明

C#支持一维数组、多维数组和交错数组。下面3个语句示意了如何声明这3种数组。

```
int[] nums;                    //声明一维数组
string[,] staff;               //声明多维数组
float[][] scores;              //声明交错数组
```

上面的语句只是声明了3种不同类型的数组，并未实际创建。在 C#中，数组是对象，因此，需要使用 new 关键字实例化。下面的语句说明了如何创建数组。

```
int[] nums=new int[10];              //创建一维数组
string[,] staff=new string[10,20];   //创建多维数组
float[][] scores=new float[10][];    //创建交错数组
```

注意：在上面的语句中，当创建交错数组时，先对一维数组分配空间，然后对每个数组进行空间的分配。

2.7.2　数组的初始化

数组的初始化是在一对花括号中使用以逗号分隔的数据项列表。如果声明数组时未初始化数组，则数组元素会自动初始化为元素类型的默认值。下面语句说明了不同数组类型初始化的一般方法。

（1）一维数组初始化有如表 2-17 所示的 3 种情形。

表 2-17　一维数组初始化

情形	示例语句	说　　明
情形一	int[] nums=new int[5]{1,2,3,4,5};	在数组声明之后，初始化数组
	string cates=new string[3]{"food","electric","other"};	
情形二	int[] nums=new int[]{1,2,3,4,5};	省略数组大小，由花括号内初始化数据的个数确定数组大小
	string cates=new string[]{"food","electric","other"};	
情形三	int[] nums={1,2,3,4,5};	省略 new 子句
	string cates={"food","electric","other"};	

（2）多维数组初始化也有类似一维数组的 3 种情形。下面仅给出 3 种情形下的示例语句，大家自行对照表 2-17 加以理解。

```
int[,] nums=new int[3, 2] {{1, 2}, {3, 4}, {5, 6}};
int[,] nums=new int[,] {{1, 2}, {3, 4}, {5, 6}};        //省略数组大小
int[,] nums={{1, 2}, {3, 4}, {5, 6}};                   //省略 new 子句
```

（3）交错数组。下面给出交错数组的 3 种情形的示例语句。

```
int[][] nums=new int[2][] {new int[] {1, 2}, new int[] {3, 4, 5}};
int[][] nums=new int[][] {new int[] {1, 2}, new int[] {3, 4, 5}};   //省略数组大小
int[][] nums={new int[] {1, 2}, new int[] {3, 4, 5}};              //省略 new 子句
```

2.7.3　数组元素的使用

定义数组之后，就可以像访问其他变量一样访问数组，既可以取数组元素的值，也可以修改数组元素的值。在 C# 中是通过数组名和元素下标来使用数组元素的。

例如，下面代码中第一条语句声明了一个整型、一维、5 个元素的数组，第二条语句给第二个数组元素赋值 12，之后的 for 语句输出每一个数组元素。对数组操作的更多方法参见 3.1.7 节。

```
int[] nums={2, 3, 5, 6, 7};
nums[1]=12;
for(int i=0; i<nums.Length; i++)
{
    Console.WriteLine(nums[i]);
}
Console.WriteLine(nums.Length);        //输出数组的长度
```

2.7.4　使用 foreach 语句访问数组

foreach 语句用于循环访问数组或集合中元素，适合对数组或集合对象进行操作。其一般格式为：

```
foreach(类型 标识符 in 表达式)
{
    语句序列
}
```

在上面的格式中，表达式的类型必须属于集合类型。例如，下面示例创建了一个 int型数组，并用 foreach 语句循环访问数组中每一个元素。

```
int[] nums={9, 8, 10, 5, 8};
foreach (int var in nums)
```

```
{
    Console.WriteLine(var);
}
```

【实例 2-6】　输入 10 个整数，统计偶数个数。源代码如表 2-18 所示。

表 2-18　实例 2-6 源代码

行号	源　代　码
01	using System;
02	namespace 实例 2_6{
03	public class MyClass {
04	public static int countEvenNum(int[] arr) {
05	try { //可能出现异常的语句块
06	int count＝0;
07	for(int i＝0; i＜arr.Length; i＋＋) {
08	if (arr[i] %2＝＝0) count＋＋;
09	}
10	return count;
11	}
12	catch (Exception ex)　{ //若有异常,在此抛出异常信息
13	throw ex;
14	}
15	}
16	}
17	class Program {
18	static void Main(string[] args)　{
19	try {
20	string s;
21	int i＝0;
22	int[] a＝new int[10];
23	while(i＜a.Length) {
24	Console.Write("请输入第{0}个整型数字:", i＋1);
25	s＝Console.ReadLine();
26	int.TryParse(s, out a[i]); //使用 TryParse 方法代替无效转型异常
27	i＋＋;
28	}
29	int k＝MyClass.countEvenNum(a);　 //调用方法统计数组中偶数个数
30	Console.WriteLine("偶数个数是"＋k.ToString());
31	Console.ReadKey(false);
32	}
33	catch (Exception ex) {
34	Console.WriteLine(ex.Message);
35	}
36	}
37	}
38	}

在上面的实例中用到了 try-catch 抛出异常，抛出异常将在第 5 章介绍。

课后思考：输入一组整数，统计偶数的个数如何实现？

本 章 小 结

C#中的数据类型分为值类型和引用类型，其中值类型又包括 13 种简单类型、枚举类型和结构类型；引用类型则包括类、接口、委托和数组等。这些类型在.NET 类库中都有对应的定义。值类型的变量总是直接包含着自身的数据，而引用类型的变量是指向实际数据的地址。

C#规定，在特定的值类型之间以及引用类型之间可以进行隐式或显式的类型转换。而装箱和拆箱转换则在值类型和引用类型之间建立了联系，使得整个 C#类型系统成为一个有机的整体，从而能够以面向对象的方式来处理所有数据类型。

C#中有算术运算符、关系运算符、逻辑运算符、赋值运算符、条件运算符以及位运算的概念和实现方式。灵活地应用这些运算符和表达式，就能够在程序中实现丰富的数据处理功能。

C#的控制语句主要有分支语句、循环语句、与程序转移有关的跳转语句。

C#中，数组是一种重要的数据结构。数组类型是从抽象基类型 System.Array 派生的引用类型。

习　　题

1. 单选题

(1) 以下属于 C#简单值数据类型的有(　　)。

　　(A) int 类型　　　　(B) int[]类型　　　　(C) string 类型　　　　(D) 接口

(2) 关于 switch 语句中 case 后面判断值，说法正确的是(　　)。

　　(A) 判断值可以为变量　　　　　　　(B) 判断值可以为表达式

　　(C) 判断值可以为变量和表达式　　　(D) 判断值只能为常数或常量

(3) 以下数组声明语句中，不正确的有(　　)。

　　(A) int[] a;　　　　　　　　　　　(B) int [] a＝new int[2];

　　(C) int[] a＝{1,3};　　　　　　　　(D) int [] a＝int [] {1,3};

(4) 以下多维数组声明语句中，不正确的是(　　)。

　　(A) int[,] a＝new int[2, 3];

　　(B) int[][] a＝{{1, 2, 3}};

　　(C) int[,] a＝new int[2,3]{{1,2,3},{4,5,6}};

　　(D) int[] [] a＝{new int[]{1,2,3},new int[]{2,3}};

(5) 若多维数组 a 有 4 行 3 列，那么数组中第 10 个元素的写法为(　　)。

　　(A) a[10]　　　　(B) a[2, 1]　　　　(C) a[3, 0]　　　　(D) a[4, 1]

(6) 以下赋值语句中，正确的有(　　)。

　　(A) short x＝50000;　　　　　　　(B) ushort y＝50000;

　　　　(C) long x＝1000；int y＝x；　　　　　　(D) char c＝97；

　　(7) 以下拆箱转换语句中，正确的是(　　)。

　　　　(A) object o；int i＝(int)o；

　　　　(B) object o＝10.5；int i＝(int)o；

　　　　(C) object o＝10.5；float f＝(float)o；

　　　　(D) object o＝10.5；float f＝((float)(double)o)；

　　(8) 设 double 型变量 x 和 y 的取值分别为 12.5 和 5.0，那么表达式 x/y＋(int)(x/y)－(int)x/y 的值为(　　)。

　　　　(A) 2.9　　　　　　(B) 2.5　　　　　　(C) 2.1　　　　　　(D) 2

　　(9) 设 bool 型变量 a 和 b 的取值分别为 true 和 false，那么表达式 a && (a||!b)和 a | (a &!b)的值分别为(　　)。

　　　　(A) true true　　　　(B) true false　　　　(C) false false　　　　(D) false true

　　(10) 设 int 型变量 x 的值为 9，那么表达式 x－－ ＋x－－＋x－－的值为(　　)。

　　　　(A) 27　　　　　　(B) 24　　　　　　(C) 21　　　　　　(D) 18

2. 问答题

(1) 简述值类型和引用类型的主要区别。

(2) 简述数据类型转换的几种方法。

3. 编程题

(1) 设计一个程序，输出所有的水仙花数。所谓水仙花数，是指一个 3 位整数，其各位数字的立方和等于该数的本身。例如，$153＝1^3＋5^3＋3^3$。

(2) 设计一个程序，输入 10 个数存入数组中，求最大值、最小值和平均值。

(3) 编写一个控制台应用，实现以下功能：根据输入的字符，输出通过、不通过和输入成绩无效。

① 无论输入 A、B、C、D，都输出通过。

② 输入 E，则输出不通过。

③ 输入其他，则输出"成绩无效"。

第3章

chapter 3

常用基础类与集合

课程练习

用 C♯ 开发软件的一大优势就是能获得.NET Framework 的各种支持,而.NET 的类库就是其中重要的软件开发资源,它继承了大部分 Windows API 函数的功能,还提供了更高级别的操作,如数据访问 XML 串行化和字符串与集合的处理。离开了这些类库,就很难编写实用的 C♯ 应用程序,即使是简单的控制台程序也要依赖于.NET 类库。

对于 C♯ 开发人员来说,熟悉常用的类库及其成员是十分重要的,能否熟练地掌握和使用类库是衡量程序员编程能力的一个很直观的标准。

本章主要内容如下。

(1) 常用基础类。

(2) 集合和接口。

3.1 常用基础类

3.1.1 .NET Framework 基础类库

.NET 的类库提供了各种类、接口、委托、结构和枚举,这些资源按照它们经常的应用领域分布在不同的命名空间中。我们在 1.5.3 节中介绍过 C♯ 中一些常用的命名空间,下面再对这些命名空间做进一步详细介绍。

1. System、System.Collections 和 System.Text

System 是.NET Framework 的核心类库,包含了运行 C♯ 程序必不可少的系统类,如基本数据类型、基本数学函数、字符串处理、异常处理类等。System.Collections 是有关集合的基本类库,包括实现栈的 Stack 类和 Hashtable 类等。System.Text 是有关文字字符的基本类库。

2. System.IO

System.IO 是输入输出的基础类库,包含了实现 C♯ 程序与操作系统、用户界面及其他 C♯ 程序做数据交换所使用的类,如基本输入输出流、文件输入输出流、二进制输入输出流、字符读写类流等。

3. System.Windows.Forms 和 System.Drawing

System.Windows.Forms 是用来构建 Windows 窗体的类库，而 System.Drawing 提供了基本的图形操作。这两个名字空间为图形用户界面提供了多方面的支持：低级绘图操作，比如 Graphics 类等；图形界面组件和布局管理，如 Form、Button 类等；以及用户界面交互控制和事件响应，如 MouseEventArgs 类。利用这些功能，可以很方便地编写出标准化的应用程序界面。

4. System.Web

System.Web 是用来实现运行与 Internet 相关开发的类库，它们组成了 ASP.NET 网络应用开发的基础类库。

5. System.Xml 和 System.Web.Services

System.Xml 是处理 Xml 的类库，而 System.Web.Services 是处理基于 Xml 的 Web 服务的类库。Xml 和 Web 服务是现代程序设计的一种趋势。

6. System.Data

System.Data 是关于数据及数据库程序设计的。.NET Framework 中处理数据库的技术被称为 ADO.NET。

7. System.Net 和 System.Net.Socket

System.Net 和 System.Net.Socket 是关于底层网络通信的。在此基础上，可以开发具有网络功能的程序，如 Telnet、FTP 邮件服务等。

8. 其他

C# 语言中还有其他许多名字空间及类库。如 System.Threading 是关于多线程的等。

在高版本的.NET Framework 中增加了一些新的基础类库，比如，在.NET 3.0/3.5 中，增加了支持 LINQ 数据访问技术的 System.Linq 和有关工作流开发的 System. Workflow 等。

由于.NET Framework 版本众多，涉及的类库十分庞大，所以本书中将介绍其中最重要的概念和类库及 C# 程序设计中最常用的技术。在实际程序设计过程中，要经常参考.NET Framework SDK 的文档。如果使用 Visual Studio IDE，还可以使用其中的帮助功能来查阅相关名字空间、类、属性、方法等的说明，有的还有简单的示例。

3.1.2　Math 类

Math 类提供了若干实现不同标准数学函数的方法。这些方法都是静态的方法（关于静态方法请参见 4.5.3 节），所以在使用时无须创建 Math 类对象，而直接用类名做前缀即可调用这些方法。表 3-1 列出了 Math 类的常用数学函数。

表 3-1　Math 类的常用数学函数

函　数　名	说　　　明
Abs()	返回数的绝对值
Sin(),Cos(),Tan()	标准三角函数
ASin(),ACos(),ATan(),ATan2()	标准反三角函数
Sinh(),Cosh(),Tanh()	标准双曲函数
Max(),Min()	最大值,最小值
Celling()	返回不小于指定数的最小整数
Floor()	返回不大于指定数的最大整数
Round()	返回指定数的四舍五入值
Truncate()	返回数字整数部分
Log(),Log10()	自然对数或以 10 为底的对数
Exp()	指数函数
Pow()	返回指定数的乘方
Sign()	返回指定数的符号值,负数为−1,零为 0,正数为 1
Sqrt()	返回指定数的平方根
IEEERemainder()	返回两数相除的余数,如 Math.IEEERemainder(13.5, 3),结果为 1.5

【实例 3-1】　Math 类用法实例。源代码如表 3-2 所示。

表 3-2　实例 3-1 源代码

行号	源　代　码
01	using System;
02	namespace 实例 3_1Math 类用法{
03	class Program{
04	static void Main(string[] args) {
05	Console.WriteLine("−12 的绝对值为:{0}", Math.Abs(−12));
06	Console.WriteLine("不小于−12.567 的最小整数为:{0}",
07	Math.Ceiling(−12.567));
08	Console.WriteLine("不大于−12.567 的最大整数为:{0}",
09	Math.Floor(−12.567));
10	Console.WriteLine("−12.567 保留为小数的四舍五入值为:{0}",
11	Math.Round(−12.567, 2));
12	Console.WriteLine("2 的指数函数为:{0}", Math.Exp(2));
13	Console.WriteLine("2 的次方为:{0}", Math.Pow(2, 3));
14	Console.WriteLine("13.5/3 余数为:{0}", Math.IEEERemainder(13.5, 3));
15	}
16	}
17	}

3.1.3 DateTime 和 TimeSpan 类

1. DateTime 类

3.1.3

使用 System 命名空间中定义的 DateTime 类可以完成日期与时间数据的处理工作。在一个日期时间变量中,可以使用 Year、Month、Day、Hour、Minute 和 Second 属性分别获取年、月、日、时、分、秒的数据信息。

2. TimeSpan 类

TimeSpan 类表示一个时间间隔。范围在 Int64.MinValue～Int64.MaxValue。

【**实例 3-2**】 DateTime 类和 TimeSpan 类用法实例。源代码如表 3-3 所示。

表 3-3 实例 3-2 源代码

行号	源 代 码
01	using System;
02	namespace 实例 3_2{
03	class Program {
04	static void Main(string[] args) {
05	//使用 DateTime 类创建一个 DateTime 对象 dt,并赋值 2022-9-8
06	DateTime dt＝new DateTime(2022,9,8);
07	//将对象 dt 以短日期格式显示出来
08	Console.WriteLine(dt.ToShortDateString());
09	Console.WriteLine("2022 年 9 月 8 日是本年度的第{0}天",dt.DayOfYear);
10	//输出对象 dt 的月份值
11	Console.WriteLine("月份：{0}", dt.Month.ToString());
12	//使用 TimeSpan 类创建一个 TimeSpan 对象 ts,并赋值
13	TimeSpan ts＝dt-DateTime.Now;//DateTime.Now 表示当前日期
14	Console.WriteLine("距离 2022 年国庆还有{0}天", ts.Days.ToString());
15	}
16	}
17	}

无论使用 DateTime 类所创建的对象 dt,还是使用 TimeSpan 类所创建的对象 ts 都具有许多属性与方法。例如,下面两个很实用的方法。

（1）IsLeapYear()方法。判断一个年份是否为闰年,如"DateTime.IsLeapYear(2016);"语句返回 true。

（2）DaysInMonth()方法。返回指定年份中某个月份的天数,如"DateTime.DaysInMonth(2015,2);"语句返回 28。

3.1.4

3.1.4 Random 类

Random 类用来产生随机数。Random 类的 Next()方法可产生一个 int 型随机数;Next(int maxValue)方法可产生一个小于所指定最大值的非负随机整数;NextDouble()

方法可产生一个 0～1.0 的随机数。

例如,下面一段代码能够使用 Random 类产生 10 个[0,100]的随机整数。

```
Random rd=new Random();
for(int i=0; i<10; i++)
{
    Console.Write("{0},",rd.Next(100));
}
```

3.1.5 String 类

3.1.5

字符串(String)是引用类型的一种,表示一个 Unicode 字符序列。一个字符串可存储约 231 个 Unicode 字符。

1. 字符串建立

字符串常量是用一对半角双引号("")表示。例如语句:

```
string str="Hello world!";
```

在字符串中如果包含了"\"字符,有以下两种处理方法。
第一种方法是采用转义字符。例如:

```
string str="c:\\windows \\OLP.DLL";
```

第二种方法是在字符串前面加上字符@,第二种方法中的@字符表示该字符串的所有字符是其原来的含义,而不解释为转义字符。例如:

```
string str=@"c:\windows\OLP.DLL";
```

2. 字符串的表示格式

使用 string.Format()方法或 Console.WriteLine()方法均可以将字符串表示为规定格式。但这两种方法是完全不同的:string.Format()方法返回一个字符串,而 Console.WriteLine()方法自动调用 string.Format()并将格式化后的字符串显示出来。这两种方法都要用到格式参数,格式参数的一般形式为:

```
{N[,M][:formatcode]}
```

其中,N 是以 0 为起始编号的、将被替换的参数号码。M 是一个可选整数,表示最小宽度值,若 M 为负数,则左对齐;若 M 为正,则右对齐;若 M 大于实际参数的长度,则用空格填充。formatcode 也是一个可选参数,其含义如表 3-4 所示。

此外,如果标准格式选项不能满足要求,则需要使用形象描述格式。形象描述格式采用多个形象描述字符来表示输出格式。表 3-5 给出了一些常用的形象描述字符。

表 3-4 标准格式选项

格式符	含　义	示例（int i＝19；double x＝19.7；）	结　果
C	按金额形式输出	Console.WriteLine("{0,8:C}",i);	￥19.00
D	按整数输出	Console.WriteLine("{0,8:D}",i);	19
E	科学记数格式	Console.WriteLine("{0:E}",i);	1.900000E＋001
F	小数点后位数固定	Console.WriteLine("{0,8:F3}",x);	19.700
G	使用 E 和 F 中合适的一种		
N	输出带有千位分隔符的数字	Console.WriteLine("{0,8:N3}", 19890);	19,890.000
P	百分数格式	Console.WriteLine("{0,5:P0}",0.78);	78％

表 3-5 常用形象描述字符

形象描述字符	含　义	示例（double x＝456.78）	结　果
0	数字或 0 占位符	Console.WriteLine("{0:0000.000}", x);	0456.7800
＃	数字占位符	Console.WriteLine("{0:＃＃＃＃.000}", x);	456.7800
.	小数点		
,	数字分隔符	Console.WriteLine("{0:＃,＃＃＃.000}", 3456.78);	3,456.780
％	百分号	Console.WriteLine("{0:0.00％}",0.78);	78.00％

【实例 3-3】 字符串输出格式。源代码如表 3-6 所示。

表 3-6 实例 3-3 源代码

行号	源　代　码
01	using System;
02	namespace 实例 3_3 字符串输出格式{
03	class Program {
04	static void Main(string[] args) {
05	double x＝3456.78;
06	string s0＝string.Format("{0,10:F3}", x);
07	string s1＝string.Format("{0:＃＃＃＃＃＃＃.0000}", x);
08	Console.WriteLine(s0);
09	Console.WriteLine(s1);
10	Console.WriteLine("{0,10:f3},{1,10:E}", x,x);
11	Console.ReadLine();
12	}
13	}
14	}

输出结果为：

```
3456.780
3456.7800
```

```
3456.780,3.456780E+003
请按任意键继续…
```

3. 常用的字符串操作方法

表 3-7 列举了常用的字符串操作方法。有的方法有多种重载(关于重载的概念参见 4.5.4 节)。

表 3-7 常用的字符串操作方法

方 法 名 称	方 法 格 式	功 能 说 明
比较两个字符串	string.Compare(string strA, string strB)	如果 strA 大于 strB,结果为 1; 如果 strA 小于 strB,结果为 −1; 如果 strA 等于 strB,结果为 0
	string.Compare(string strA, string strB, bool ignoreCase)	比较两个字符串时是否忽略大小写,true 表示忽略大小写,false 表示区分大小写
	string.Equals(string strA, string strB)	两串相等返回 true,否则返回 false
字符串是否为空	string.IsNullOrEmpty(string str)	判断 str 是否为空,返回 bool 值
查找	strS.IndexOf(char value)	返回字符 value 在字符串 strS 中首次出现的位置。注意,起始位置从 0 开始。返回结果为整数
	stS.IndexOf(string value)	返回字符串 value 在字符串 strS 中首次出现的位置。返回结果为整数
	strS.IndexOf(char value, int startIndex)	在字符串 strS 中从第 startIndex 个字符开始查找字符 value 首次出现的位置
	strS.LastIndexOf(string str)	返回字符串 str 在 strS 中最后一次出现的位置
插入	strS.Insert(int startIndex, string str)	在字符串 strS 的第 startIndex 位置插入字符串 str
删除	strS.Remove(int startIndex, int count)	在 strS 中删除从 startIndex 开始的 count 个字符串
替换	strS.Replace(string oldStr, string newStr)	将字符串 strS 中所有 oldStr 替换为 newStr
分离	stS.Split(char [] separator)	将字符串 strS 按照指定的字符进行分割,返回 string 型数组
	strS.ToCharArray()	将字符串 strS 分割成字符,返回 char 型数组
取子串	strS.Substring(int startIndex, int length)	从字符串 strS 的 startIndex 开始取 length 个字符

续表

方 法 名 称	方 法 格 式	功 能 说 明
大小写转换	strS.ToUpper()	将字符串 strS 全部转换为大写
	strS.ToLower()	将字符串 strS 全部转换为小写
去掉空格	strS.TrimStart()	删除字符串 strS 左端的空格
	strS.TrimEnd()	删除字符串 strS 右端的空格
	strS.Trim ()	删除字符串 strS 左右两端的空格
字符串是否含有数字	Char.IsNumber(string strS,int index)	判断字符串 strS 第 index 位置的字符是否是数字,是,返回 true 值;否,返回 false

说明:在表 3-7 中,通过类名 string 调用的方法是静态方法,通过字符串实例 strS 调用的方法是实例方法,在实际应用时要正确调用。

【实例 3-4】 假设有一字符串 strS＝"This Is An Apple.",使用字符串方法,完成下面的要求。源代码如表 3-8 所示。

(1) 取出字符串 strS 中的第 9 个字符,然后统计该字符在字符串 strS 中出现的次数。

(2) 统计字符串中单词的个数。

(3) 将字符串反序并全部转换为大写字符输出。

表 3-8 实例 3-4 源代码

行号	源 代 码
01	using System;
02	namespace 实例 3_4{
03	class Program {
04	static void Main(string[] args) {
05	string strS＝"This Is An Apple.";
06	if(!string.IsNullOrEmpty(strS)
07	{
08	char findChar＝Convert.ToChar (strS.Substring(8,1));//取出字符串中的第 9 个字符
09	int count＝GetCharCount(strS, findChar);　　　　//统计指定的字符出现的次数
10	string[] word＝strS.Split(' ');　　　　//将字符串 strS 按照空格分割成数组
11	int len＝word.Length;　　　　//统计单词的个数
12	string strSReverse＝MyReverse(strS).ToUpper ();　//将字符串反序,并转换为大写
13	Console.WriteLine ("\"This Is An Apple.\"共有{0}个单词,{1}出现了{2}次", len,
14	findChar ,count);
15	Console.WriteLine(strSReverse);
16	}
17	else
18	Console.WriteLine("字符串为空");
19	Console.ReadKey();
20	}

续表

行号	源 代 码
21	public static int GetCharCount(string strS, char findChar) {
22	int count＝0;
23	char[] c＝strS.ToCharArray();　　　　　　//将字符串分割成字符数组
24	for(int i＝c.Length－1; i＞＝0; i－－) {
25	if (c[i]＝＝findChar)
26	count＋＋;
27	}
28	return count;
29	}
30	public static string MyReverse(string strS) {
31	string strReverse＝"";
32	char[] c＝strS.ToCharArray();　　　　　　//将字符串分割成字符数组
33	for(int i＝c.Length－1; i＞＝0; i－－)　{
34	strReverse＋＝c[i].ToString();
35	}
36	return strReverse;
37	}
38	}
39	}

3.1.6　StringBuilder 类

前面介绍过,String 类的索引函数是只读的,其各种操作方法不是修改字符串本身,而是生成新的字符串。由于 String 的值一旦建立就不能修改,修改 String 的值实际上是返回一个包含新内容的新的 String 实例。显然,如果这种操作非常多,对内存的消耗是很大的。

例如,下面的代码并不能改变字符串 str 的内容。

```
string str="C#";
str+="实例教程";
str=str.Substring(4, 2);
```

准确地说,一旦创建了一个 String 对象,其内容就是不可变的,每次操作都是生成一个新字符串,而后将当前对象的引用指向新字符串,如图 3-1 所示。

图 3-1　字符串对象操作示意图

此过程中一共生成了 4 个字符串对象(包括常量对象"实例教程"),前 3 个字符串将脱离程序的控制范围(没有任何对象指向它们),等待 CLR 进行回收。对于很长的或是需要频繁操作的字符串,这样往往会消耗大量的系统资源。

.NET 类库专门提供了一个 StringBuilder 类(位于 System.Text 命名空间下),它对字符串进行动态管理,即允许直接修改字符串本身的内容,而不是每次操作都生成新字符串。使用 StringBuilder 类每次重新生成新字符串时不再生成一个新实例,而是在原来字符串占用的内存空间上处理,而且它可以动态地分配占用的内存空间大小。因此,在字符串处理操作比较多的情况下,使用 StringBuilder 类可以显著提高系统性能。

StringBuilder 与 String 类的用法有很多相似之处,包括通过 Length 属性来获取长度,通过索引函数(在 StringBuilder 中是可读写的)来访问字符,以及 Insert、Remove、Replace 这些子串操作方法。尽管这些方法的返回类型也为 StringBuilder,但并没有创建新的对象,返回值也就是调用这些方法的对象本身。通过 StringBuilder 类的 ToString 方法就可以获得其中的字符串。

StringBuilder 类还提供了 Capacity 和 MaxCapacity 属性,分别表示字符串的初始容量和最大容量。应尽量为 StringBuilder 对象指定合适的初始容量,如果过大就会占用不必要的内存空间,过小则会导致频繁的重新调整。如果某些操作使字符串超出了初始空间,那么 StringBuilder 对象会自动增加内存空间。该类特有的 3 个方法是 Append、AppendLine 和 AppendFormat,它们都用于在字符串的尾端追加新内容。表 3-9 列出了 StringBuilder 类特有的属性和方法。

表 3-9　StringBuilder 类特有的属性和方法

属　　性	描　　述
Capacity	StringBuilder 实例的初始容量,可读可写
MaxCapacity	StringBuilder 实例的最大容量,只读
方　　法	**描　　述**
Append	向 StringBuilder 实例的尾端追加字符串
AppendLine	向 StringBuilder 实例的尾端追加一行字符串
AppendFormat	按照指定的格式向 StringBuilder 实例的尾端追加字符串

例如在实例 3-4 中,字符串反序的方法 MyReverse 总共创建了 2 倍的 c.Length 个字符串实例。使用 StringBuilder 只在一个实例上进行操作,方法代码修改如下所示。

```
public static string MyReverse(string strS) {
    StringBuilder strReverse=new StringBuilder();
    char[] c=strS.ToCharArray();          //将字符串分割成字符数组
    for(int i=c.Length-1; i>=0; i--)
    {
        strReverse.Append(c[i]);
```

```
    }
    return strReverse.ToString();
}
```

3.1.7 Array 类

在.NET Framework 环境中,人们并不能直接创建 Array 类型的变量,但是所有的数组都可以隐式地转换为 Array 类型。这样一来,就可以在数组中使用 Array 类中定义的一系列属性和方法了。下面重点介绍这些属性、方法中经常用到的几个。

1. Rank 属性、Length 属性

Rank 属性用于获取数组的维数(又称为秩)。Length 属性用于获取数组所有维数中元素的总和。Rank 属性和 Length 属性只能用于数组对象。

2. GetLength()、GetLowerBound()、GetUpperBound ()方法

GetLength(dimension) 方法用于获取指定维中元素的个数。GetLowerBound (dimension)和 GetUpperBound (dimension)方法分别用于获取指定维的下界和上界。这 3 个方法也只能用于数组对象。

3. Sort()方法

Sort(array)方法用于对指定数组升序排序。

```
int[] nums={2, 7, 5, 3, 6};
Array.Sort(nums);
```

执行上面语句之后,数组 nums 中各数组元素已经按升序顺序进行了排列,各数组元素依次为 2,3,5,6,7。

4. Reverse ()方法

Reverse (array)用于对数组元素进行逆序,即首尾倒置。

```
int[] nums={2, 7, 5, 3, 6};
Array.Reverse(nums);
```

执行上面语句之后,数组 nums 中各数组元素依次为 6,3,5,7,2。

5. Copy()方法

Array.Copy(nums,destArray,destArray.Length)用于将源数组中的元素复制到目标数组中。该方法中可以省略第三个参数,表示所有元素。

```
int[] nums={2, 7, 5, 3, 6};
int [] arrb=new int [nums.Length];
```

```
Array.Copy(nums,arrb)
```

上面语句实现了将数组 nums 中各元素复制到数组 arrb 中。

6. IndexOf()方法

IndexOf(array,value,startindex)方法返回指定数组中、从指定位置开始、与 value 匹配的元素的位置,返回值类型为整型。该方法中可以省略第三个参数,表示从头开始查找。

```
int[] nums={2, 7, 5, 3, 6};
int n=Array.IndexOf(nums,5,0);
```

执行上面的语句之后,n 的值为 2。

7. BinarySearch 方法

BinarySearch (array,value)方法对已排序的数组使用二分查找法进行搜索。返回值类型为整型,表示值为 value 的元素在已排序数组中的位置。如果未找到返回一个负值。

```
int[] nums={2, 7, 5, 3, 6};
Array.Sort(nums);                        //排序,排序后 nums 中各元素为 2,3,5,6,7
int n=Array.BinarySearch(nums, 6);   //二分查找
```

执行上面的语句,n 的值为 3,表示值为 6 的元素在第 4 个位置。

8. Clear ()方法

Clear (array,index,length)方法将数组中的一系列元素置零、false 或 null,具体取决于元素类型。

```
int[] nums={2, 7, 5, 3, 6};
Array.Clear(nums,2,3);
```

执行上面的语句,数组 nums 中数组元素依次为:2,7,0,0,0。

3.1.8 并行计算

在.NET 4.0 之前开发并行程序非常困难。在.NET 4.0 中,C♯ 通过引入 Parallel 类,提供了对并行开发的支持。Parallel 类提供了 Parallel.For、Parallel.ForEach、Parallel.Invoke 等方法,其中 Parallel.Invoke 用于并行调用多个任务。下面通过 Parallel.For 应用实例展示 Parallel 类的基本用法。

【实例 3-5】 使用 Parallel 类进行并行计算。创建该实例的步骤如下。启动 VS 2022,依次选择"文件"→"新建"→"项目"→"控制台应用"命令,打开 Program.cs 文件,用下面代码替换原先代码,按 F5 键运行。实例源代码如表 3-10 所示。

表 3-10 实例 3-5 源代码

行号	源 代 码
01	using System；
02	using System.Threading；
03	using System.Threading.Tasks；
04	namespace ytu{
05	class myParallel{
06	static void Main(string[] args){
07	Normal()；
08	ParallelFor()；
09	Console.Read()；
10	}
11	public static void Normal(){
12	DateTime dt＝DateTime.Now；
13	for(int i＝0；i＜10；i＋＋){
14	for(var j＝0；j＜10；j＋＋) DoSomething()；
15	}
16	Console.WriteLine("Normal 方法耗时{0}"，
17	(DateTime.Now-dt).TotalMilliseconds.ToString())；
18	}
19	public static void ParallelFor(){
20	DateTime dt＝DateTime.Now；
21	Parallel.For(0，10，i＝＞
22	{
23	for(int j＝0；j＜10；j＋＋) DoSomething()；
24	})；
25	Console.WriteLine("ParallelFor 方法耗时{0}"，
26	(DateTime.Now-dt).TotalMilliseconds.ToString())；
27	}
28	public static void DoSomething(){
29	Thread.Sleep(100)；
30	}
31	}
32	}

运行结果如图 3-2 所示。

图 3-2 实例 3-5 并行计算运行结果

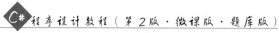

3.2 集 合

如果将紧密相关的数据组合到一个集合中，则能够更有效地处理这些紧密相关的数据。这是由于集合类（Collections）具有自动内存管理功能、支持枚举访问，某些集合类还具有排序和索引功能等。合理地使用集合可以简化代码数量，提高代码效率。

3.2.1 什么是集合

集合是一组组合在一起的类似的类型化对象。在.NET 中提供了专门用于存储大量元素的集合类（Collections）。这些集合通常可以分为表 3-11 所示的 3 种类型。

表 3-11 Collections 类的类型

类 型	描 述
常用集合	这些集合是数据集合的常见变体，如动态数组（ArrayList）、哈希表（Hashtable）、队列（Queue）、堆栈（Stack）、SortedList 等。常用集合有泛型和非泛型之分
位集合	这些集合中的元素均为位标志，它们的行为与其他集合稍有不同
专用集合	这些集合具有专门的用途，通常用于处理特定的元素类型，如 StringDictionary

C# 2.0 引入了泛型的概念之后（关于泛型的概念将在 4.11.1 节中介绍），表 3-11 中的常用集合就有了泛型集合与非泛型集合之分。.NET Framework 2.0 版类库提供一个名为 System.Collections.Generic 的命名空间，其中包含了基于泛型的集合类。非泛型集合与泛型集合主要区别如下。

（1）所有非泛型集合类都有一个共同的特征（除 BitArray 以外，它存储布尔值），那就是弱类型。换句话说，它们存储 System.Object 的实例。弱类型使集合能够存储任何类型的数据，因为所有数据类型都是直接或间接地从 System.Object 派生得来。但是，弱类型也意味着使用者需要对集合中的元素执行附加的处理，例如装箱、拆箱或转换，这些操作会影响集合的性能。

（2）与所有非泛型集合不同，泛型集合同时具备可重用性、类型安全和效率，这是非泛型集合无法具备的。

由于泛型集合与非泛型集合存在这种区别，C# 2.0 之后的应用程序在使用集合类时几乎都采用泛型集合类。掌握泛型集合类的使用是大家学习重点。因此，本节重点介绍动态数组（ArrayList）、哈希表（Hashtable）、队列（Queue）、堆栈（Stack）、SortedList 5 个常用的非泛型集合，以及 Icollection、Ienumerable 和 Ilis 3 个常用的接口。

3.2.2 ArrayList

我们知道，数组在用 new 创建后，其大小（Length）是不能改变的，而 ArrayList 中的数组元素的个数（Count）是可以改变的，元素可以随意添加、插入或移除，ArrayList 实际上是 C♯ 中的动态数组。

在 ArrayList 类型的数据中,成员都为 object 类型,这样就可以存放任意类型的数据了。定义 ArrayList 类型变量时,可以使用如下格式:

```
ArrayList  <数组名称>=new  Arraylist();
```

在定义 ArrayList 类型变量后,就可以使用一些方法和属性来操作数组。表 3-12 列出了 ArrayList 常用的属性与方法。

表 3-12 ArrayList 属性与方法

属 性	描 述	属 性	描 述
Capacity	ArrayList 的容量,容量是指 ArrayList 中可包含的元素数	Count	ArrayList 的元素个数,指 ArrayList 中实际包含的元素数
方 法	描 述	方 法	描 述
Add	向数组增加一个元素	AddRange	向数组增加一定范围内的元素
Clear	清除所有元素	Contains	判断某个元素是否在数组中
Insert	使用索引插入某个元素	Remove	删除某个元素
RemoveAt	使用索引来指定要删除条目的位置	ToArray	将 ArrayList 元素复制到指定数组中
IndexOf	查找某个元素的索引		

下面通过一个实例说明 ArrayList 类的使用。

【实例 3-6】 ArrayList 类用法实例。源代码如表 3-13 所示。

表 3-13 实例 3-6 源代码

行号	源 代 码
01	using System;
02	using System.Collections;
03	namespace 实例 3_6{
04	class Program{
05	static void Main(string[] args){
06	ArrayList myAL=new ArrayList();
07	myAL.Capacity=6; //当容量超过 6 时,其容量自动增加一倍
08	for(int i=0; i<10; i++) {
09	myAL.Add(i);
10	}
11	myAL.RemoveAt(2); //删除索引为 2 的数据,即第三个数据
12	myAL.Reverse();
13	foreach (int item in myAL)
14	Console.Write("{0},",item.ToString ());
15	Console.WriteLine("元素个数:{0}", myAL.Count);
16	Console.WriteLine("动态数组|容量:{0}", myAL.Capacity);
17	Console.ReadKey();
18	}
19	}
20	}

针对上面实例运行结果，对 ArrayList 类解释如下。

（1）注意区别 ArrayList 的容量（Capacity）和元素个数（Count）两个属性。容量是指 ArrayList 能装多少个元素，元素个数是指此时到底装了多少个元素。

（2）对于 ArrayList 类，当元素个数超过容量时，其容量会自动增加一倍。例如，在上面的例子中，设置 ArrayList 的容量为 2，然后往里面添加 3 个元素。此时元素个数超出其容量，所以容量自动增长为 4，容量仍然不足，再次自动增长为 8。

图 3-3　实例 3-6 运行结果

运行结果如图 3-3 所示。

ArrayList 尽管扩充了数组的功能，但是同数组相比，ArrayList 也有缺点：ArrayList 只能是一维的，而数组可以是多维的；ArrayList 下标必须从零开始，而数组下标可以不从零开始；另外数组执行效率也高于 ArrayList。

3.2.3　Hashtable

1. Hashtable 概述

3.2.3

Hashtable 通常被称为哈希表。在 Hashtable 类型的变量中的每一个元素都以"键（Key）-值（Value）"对的格式保存。Hashtable 中键（Key）唯一，不能有重复值，不能为空值，但值（Value）可以为空。简单地说，Hashtable 像一个字典，根据键可以查找到相应的值。

Hashtable 中的"键-值"对均为 object 类型，所以 Hashtable 可以支持任何类型的"键-值"对。当然，这一特性也将影响 Hashtable 的性能。为此，在 C♯ 2.0 之后，建议采用 Hashtable 的泛型版本：Dictionary<TKey,TValue>。

Hashtable 常用的属性与方法如表 3-14 所示。

表 3-14　Hashtable 常用的属性与方法

属　性	描　述	属　性	描　述
Count	表示哈希表中元素的个数	Keys	表示哈希表中所有键的集合
Values	表示哈希表中所有列的集合		
方　法	**描　述**	**方　法**	**描　述**
Add	向哈希表末尾增加一个元素	Clear	清除哈希表中所有元素
Contains	判断哈希表中是否包含该键	ContainsValue	判断哈希表中是否包含该值
Remove	删除哈希表中一个元素		

以下代码演示了 Hashtable 属性和方法的最基本用法：

```
Hashtable hst=new Hashtable();          //声明 Hashtable 对象
hst.Add("郭晓冬", 235);                  //添加元素(键和值)
if (!hst.Contains ("赵刚")) {
```

```
        hst.Add("赵刚", 143);
    }
    hst["郭晓冬"]=200;                    //修改元素
    hst["赵刚"]=(int)hst["赵刚"]+10;
    hst.Remove("赵刚");                    //移除元素
    foreach (DictionaryEntry item in hst)//输出元素
        Console.WriteLine("{0},{1}", item.Key, item.Value);
```

C♯中提供了 foreach 语句以对 Hashtable 进行遍历。由于 Hashtable 的元素是一个"键-值"对,因此需要使用 DictionaryEntry 类型来进行遍历。DictionaryEntry 类型在此处表示一个"键-值"对的集合。

2. Hashtable 实例

Hashtable 是以一种"键-值"对的形式存在的,因此要通过键来访问 Hashtable 中的值,即 Hashtable[key]。以下代码演示了 Hashtable 最基本的用法。

【实例 3-7】 车辆进出闸口自动刷卡扣费,Hashtable 用于检查是否重复读卡。

问题的提出:由于进出闸口读卡器距离很近,存在刷一次卡,被入口读卡器、出口读卡器同时读到的问题。解决办法是:由于哈希表的 key 为卡的 ID＋IP、value 为时间,这样,只要保证目标读卡器首先读到信号,其他读卡器再读到信号也会被当作重复读卡处理。

部分源代码如表 3-15 所示。

表 3-15 实例 3-7 部分源代码

行号	部分源代码
01	class Program{
02	static Hashtable hsTable1＝new Hashtable();
03	public static bool Repeat(string key, int interval) {
04	try {
05	if (!hsTable1.Contains(key)) //如果 key 未保存在哈希表中
06	{
07	hsTable1.Add(key, DateTime.Now);
08	return false;
09	}
10	//如果 key 已存在哈希表中,则两种情况:超过时限间隔的(可能是返回车辆)、
11	//重复读卡
12	//其中,重复读卡又可能是:同一读卡器、不同读卡器
13	TimeSpan ts＝DateTime.Now-Convert.ToDateTime(hsTable1[key]);
14	if (ts.TotalSeconds＞interval)
15	{
16	hsTable1[key]＝DateTime.Now;
17	return false;
18	}

续表

行号	部分源代码
19	//属于重复读卡
20	return true;
21	}
22	catch（Exception ex）　{　throw ex；　}
23	}
24	static void Main(string[] args)　{
25	Console.WriteLine(Repeat("KEY1", 3))；　　//interval 设置为 3s
26	System.Threading.Thread.Sleep(4000)；　　//使用线程延迟 4s
27	Console.WriteLine(Repeat("KEY1", 3))；
28	}
29	}

3. Hashtable 的优点

Hashtable 的基本原理是通过节点的关键码确定节点的存储位置，即给定节点的关键码 k，通过一定的函数关系 H（散列函数），得到函数值 $H(k)$，将此值解释为该节点的存储地址。因此，Hashtable 的优点主要在于其索引的方式：不是通过简单的索引号，而是采用一个键(key)。这样可以方便地查找 Hashtable 中的元素，而且查找速度非常快，在对速度要求比较高的场合可以考虑使用 Hashtable。

3.2.4　Queue 和 Stack

1. Queue 和 Stack 的概念

3.2.4

Queue(队列)和 Stack(栈)是两种重要的线性数据结构。队列遵循"先进先出"(First In First Out,FIFO)的原则，而栈则遵循"后进先出"(Last In First Out,LIFO)的原则。

队列的特性就是固定在一端输入数据（称为入队，Enqueue），另一端输出数据（称为出队，Dequeue）。队列中数据的插入必须在队头进行，删除数据必须在队尾进行，而不能直接在任何位置插入和删除数据。

栈只能在一端输入输出，它有一个固定的栈底和一个浮动的栈顶。栈顶可以理解为是一个永远指向栈最上面元素的指针。向栈中输入数据的操作称为"压栈"，被压入的数据保存在栈顶，并同时使栈顶指针上浮一格。从栈中输出数据的操作称为"弹栈"，被弹出的总是栈顶指针指向的位于栈顶的元素。如果栈顶指针指向了栈底，则说明当前的栈是空的。

当需要临时存储信息时（也就是说，可能想在检索了元素的值后放弃该元素），栈和队列都很有用。如果需要按照信息存储在集合中的顺序来访问这些信息，则应使用队列。如果需要以相反的顺序访问这些信息，则应使用栈。

2. Queue 操作

对 Queue 及其元素执行的操作主要有如下 3 种。

（1）Enqueue()：将一个元素添加到 Queue 的末尾。

（2）Dequeue()：从 Queue 的开始处移除最旧的元素。

（3）Peek()：从 Queue 的开始处返回最旧的元素，但不将其从 Queue 中移除。

【实例 3-8】 Queue 的操作。源代码如表 3-16 所示。输出结果如图 3-4 所示。

表 3-16　实例 3-8 源代码

行号	源　代　码
01	using System；
02	using System.Collections；
03	namespace 3_8{
04	class Program　{
05	static void Main(string[] args){
06	string[] months={"January"，"February"，"March"，"April"，"May"}；
07	Queue queue=new Queue()；
08	//使用 Enqueue()方法将一个元素添加到 Queue 的末尾
09	foreach (string item in months)
10	queue.Enqueue(item)；
11	Console.WriteLine("队列中元素个数是：{0}"，queue.Count)；
12	//使用 Dequeue()从 Queue 的开始处移除最旧的元素
13	while(queue.Count>0)
14	Console.WriteLine(queue.Dequeue())；
15	}
16	}
17	}

3. Stack 操作

对 Stack 及其元素执行的操作主要有如下 3 种。

（1）Push()：将指定对象压入栈中。

（2）Pop()：将最上面的元素从栈中取出，并返回这个对象。

（3）Peek()：返回栈顶元素，但不将此对象弹出。

【实例 3-9】 Stack 的操作。源代码如表 3-17 所示。运行结果如图 3-5 所示。

表 3-17　实例 3-9 源代码

行号	源　代　码
01	using System；
02	using System.Collections；
03	namespace Stack_Sample{
04	class Program　{
05	static void Main(string[] args){

续表

行号	源 代 码
06	string[] months＝{"January"，"February"，"March"，"April"，"May"};
07	Stack stack＝new Stack();
08	foreach (string item in months)
09	stack.Push(item); //入栈
10	while(stack.Count＞0)
11	Console.WriteLine(stack.Pop()); //出栈
12	}
13	}
14	}

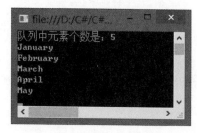

图 3-4 实例 3-8 运行结果

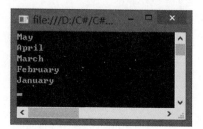

图 3-5 实例 3-9 运行结果

通过上面的实例可以看出：

（1）Stack 与 Queue 在用法上非常类似，但从二者的运行结果不难看出，Stack 与 Queue 对数据处理方式是截然不同的。

（2）连续输出 Queue 和 Stack 中的数据时，使用 while(queue.Count＞0) 和 while(stack.Count＞0)，不能使用 for 循环，因为 Count 属性的值在不断减少。

3.2.5 SortedList 类

SortedList 提供了类似于 ArrayList 和 Hashtable 的特性，可以将其理解为一种结合体。SortedList 的元素是"键-值"对，这点与 Hashtable 相似；而其提供了索引的方法，这点又与 ArrayList 类似。

1. SortedList 的概念

SortedList 表示"键-值"对的集合。使用两个数组存储其数据，一个保存关键字，另一个用于存放值。因此，列表中的一个表项由"关键字-值"对组成。SortedList 不允许出现重复的关键字，并且关键字也不允许是 null 引用。

SortedList 以关键字顺序维持数据项，并且能够根据关键字或者索引来检索它们。SortedList 的常用属性和方法与前面介绍的 Hashtable（参见 3.2.3 节）的属性和方法完全一样，在此不再赘述。

2. SortedList 元素的操作

SortedList 提供了集合类的常见方法用于添加、删除、修改、检索元素等。下面用一个实例进行演示，实例中涵盖了大部分操作。

【实例 3-10】 SortedList 元素操作。源代码如表 3-18 所示。

表 3-18　实例 3-10 源代码

行号	源　代　码
01	using System;
02	using System.Collections;
03	namespace 实例 3_10{
04	class Program {
05	static void Main(string[] args) {
06	SortedList sl＝new SortedList();
07	sl.Add("K1"，100);　　　　　　　　//添加元素(键和值)
08	sl.Add("K2"，200);
09	sl["K2"]＝201;　　　　　　　　　//修改元素
10	sl.Remove("K1");　　　　　　　//移除元素
11	if (!sl.ContainsKey("K1"))　　　//根据"键-值"检查元素是否存在
12	Console.WriteLine("K1 已被删除");
13	foreach (DictionaryEntry item in sl)　//遍历元素
14	Console.WriteLine("Key={0},Value={1}"，item.Key，item.Value);
15	}
16	}
17	}
18	

输出结果为：

```
K1 已被删除
Key=K2,Value=201
Key=K3,Value=300
请按任意键继续…
```

请大家注意上面代码中的 foreach 语句。与 Hashtable 相似，C♯ 中也提供了 foreach 语句以对 SortedList 进行遍历。同样由于 SortedList 的元素是一个"键-值"对，因此需要使用 DictionaryEntry 类型来进行遍历。

通过上面实例，也许大家感觉到，SortedList 操作与前面介绍的 Hashtable 操作几乎一样。尽管二者在对集合元素的操作非常相似，但 SortedList 在操作速度上比 Hashtable 慢，这是因为它需要找到新加入的项的索引位置，以便维持数据项的顺序。如果只希望通过关键字检索数据，则 Hashtable 比 SortedList 更有效。

3.2.6　集合空间接口

Icollection、Ilist 和 Ienumerable 是集合空间里最常用的接口，大多数集合类通常都实现了这些接口。

1. Icollection 接口

Icollection 接口是集合空间里最基础的接口，它定义了一个集合最基本的操作。所有集合类均实现了这个接口。它的属性与方法如表 3-19 所示。

表 3-19　Icollection 接口的属性与方法

属　　性	描　　述
IsSynchronized	获取一个值，指示对象的访问是否是同步（线程安全）的
Count	获取集合对象中包含的元素数
SyncRoot	获取可用于同步操作（线程安全）访问的对象
方　　法	描　　述
CopyTo	把集合中的元素复制到数组中

既然所有集合都实现了这个接口，那么任何集合类型的对象都可以通过 Count 属性来获取本集合所包含的元素个数；都可以使用 CopyTo 方法将本集合元素复制到数组中。

2. Ienumerable 接口

Ienumerable 接口主要用来返回可循环访问集合的枚举接口（Ienumerator）。Ienumerable 接口里只有一个 GetEnumerator() 方法，该方法由实现 Ienumerable 的类来实现。对于 Ienumerator 接口来说并不是由集合类直接实现的，而是由 GetEnumerator() 方法来得到的，通过这个枚举接口可以循环访问集合中的元素。它的属性如表 3-20 所示。

表 3-20　Ienumerable 接口的属性

属　　性	描　　述
Current	获取集合中的当前元素
MoveNext	将枚举数推进到集合的下一个元素
Reset	将枚举数设置为其初始位置，该位置位于集合中第一个元素之前

枚举接口也是集合空间中的一个基础接口，大部分集合类都实现了这个接口。枚举接口只允许读取集合中的数据，无法用于修改集合。在默认情况下，枚举被定位于集合的第一个元素前面，然后调用 MoveNext 方法使枚举向前移动，此时 Current 对象始终记录着当前元素。随着枚举的移动，通过 Current 对象便可遍历集合的所有元素。在移动的过程中可以通过 Reset 方法将枚举重新设置。在用枚举操作过程中如果对集合进行了修改（例如添加、修改或删除元素），那么枚举操作将出现异常。

3. Ilist 接口

Ilist 接口可以说是集合空间里面最重要的接口。凡是实现这个接口的集合类都提供索引的方式访问其元素。Ilist 不但定义了访问集合元素的索引器,而且还定义了添加、移除和修改等操作集合元素的方法。

　　另外,Ilist 接口继承自基础接口 Icollection 和 Ienumerable,所以只要实现 Ilist 接口的类就必须实现 Icollection 和 Ienumerable 接口。它的属性与方法如表 3-21 所示。

表 3-21　Ilist 接口的属性与方法

属　　性	描　　述	方　　法	描　　述
IsReadOnly	该值指示该集合元素是否为只读	Add	向集合添加元素
		Clear	清除集合的所有元素
IsFixedSize	该值指示该集合是否具有固定大小	Contains	判断该集合是否包含该元素
		IndexOf	从集合中查找该元素,返回索引值
Item	索引器,以索引的方式访问集合	Insert	在指定索引插入元素
		Remove	从集合删除一个元素
		RemoveAt	从集合按指定索引删除元素

本 章 小 结

　　在.NET 中提供了专门用于存储大量元素的集合类(Collections)。本章介绍了一些常用基础类和常用集合与接口的使用方法。每一个常用基础类和集合里都包含了若干个系统已经定义好的属性和方法,能否熟练地掌握和使用类库是衡量程序员编程能力的一个很直观的标准。

　　对于常用基础类,需要分清哪些类提供的方法是静态方法,哪些类提供的方法是实例方法,比如,Math 类和 Array 类提供的都是静态方法,因此通过 Math 类名和 Array 类名直接调用静态方法。String 类既提供了静态方法,又提供了实例方法,因此静态方法通过 String 类名直接调用静态方法,实例方法则需要先声明一个 String 类实例,然后通过该实例调用方法。掌握这些属性和方法的使用,将大大提高编程效率。

　　对于集合和接口,系统也提供了一系列的方法和属性,使用这些属性和方法的方式同基础类是一样的。

习　　题

1. 简答题

(1) 比较 Array 与 ArrayList 的异同点。

(2) 比较 Queue 和 Stack 的异同点。

(3) 在什么情况下使用 StringBuilder 类操作字符串? StringBuilder 类有什么优点?

（4）简述 Hashtable 的特点。

2. 编程题

使用 C# 基础类库，设计一个二代身份证第 18 位校验码算法。按照 ISO 7064:1983.MOD11-2 算法要求，二代身份证第 18 位校验码算法如下。

（1）将身份证前 17 位分别乘以不同系数。从第 1 位到 17 位系数分别为 7、9、10、5、8、4、2、1、6、3、7、9、10、5、8、4、2。

（2）将 17 位数字和系数相乘的结果累加。

（3）将累加结果除以 11,看余数。

（4）余数只能是 0、1、2、3、4、5、6、7、8、9、10。

（5）上面余数分别对应身份证最后一位的号码：1、0、x、9、8、7、6、5、4、3、2。

第4章

面向对象程序设计

课程练习

C#是面向对象的程序设计语言。面向对象编程的主要思想是将数据以及处理这些数据的相应方法封装到类中。类支持继承，派生的类可以对基类进行继承和扩展。面向对象的软件开发技术是当今计算机技术发展的重要成果和趋势之一。本章主要介绍面向对象程序设计中的基本概念及用C#编写面向对象程序的基本方法。

本章主要内容如下。

（1）类与对象。

（2）类的字段、属性和方法。

（3）继承。

（4）委托与事件。

（5）接口。

（6）结构与枚举。

（7）新特性。

（8）并行计算。

4.1 面向对象的基本概念

面向对象程序设计（Object-Oriented Programming）是一种把面向对象的思想应用于软件开发过程中，指导开发活动的系统方法。它是建立在"对象"概念的基础上，以对象为中心，以类和继承为构造机制来认识、理解、刻画客观世界并设计和构建相应的软件系统。在面向对象程序设计中，包括了类、对象、继承、封装、多态等基本概念。

1. 对象

对象（object）是由数据和允许的操作组成的封装体，是现实世界中的某个实体在计算机逻辑中的映射和体现，与客观实体有直接对应关系。

对象可以是现实生活中的一个物理对象，也可以是某一类概念的实例。比如一辆汽车、一个人、一本书，乃至一种语言、一个图形、一种管理方式都可以作为一个对象。

在面向对象程序设计技术中，对象是具有属性和操作（方法）的实体。比如对于一辆汽车，它的重量、颜色、品牌等是它的属性，行驶、鸣笛等这些可以执行的操作是它的方法。

2. 类和对象

类(class)是一组具有相同数据结构和相同操作的对象的集合。类是对一系列具有相同性质的对象的抽象，是对对象共同特征的描述。比如每一辆汽车是一个对象，所有的汽车共同特征、行为的抽象就形成了汽车这个类。

类和对象的关系是：类是对象的模板，而对象则是类的具体化，是类的实例。在一个类中，每个对象都可以使用类中提供的方法。从类定义中产生对象，必须有建立实例的操作，C♯中的 new 操作符可用于建立一个类的实例。

3. 面向对象的基本特征

面向对象具有封装、继承和多态 3 个基本特征。

1) 封装

封装(encapsulation)就是信息隐藏。封装提供了外界与对象交互的控制机制，设计可以公开外界需要直接操作的属性和行为，而把其他的属性和行为隐藏在对象内部。这样可以让软件程序模块化，而且可以避免外界错误地使用属性和行为。在 C♯ 中，类是支持对象封装的工具，对象则是封装的基本单元。

2) 继承

继承(inheritance)是面向对象程序设计的一块基石，通过它可以创建分等级层次的类。例如，创建一个汽车的通用类，它定义了汽车的一般属性（如车轮、方向盘、发动机、车门）和操作（如前进、倒退、刹车、转弯等）。可以通过继承的方法从这个类派生出新的子类，如卡车、轿车、客车等，它们都是汽车类的子类，每个子类还可增加自己一些特有的内容。

继承是父类和子类之间共享数据和方法的机制，通常把父类称为基类，子类称为派生类。一个基类可以有任意数目的派生类，从基类派生出的类还可以被派生，一组通过继承相联系的类就构成了类的树状结构。

如果一个类有两个或两个以上的直接基类，这样的继承结构被称为多重继承或多继承。在现实世界中这种模型屡见不鲜，例如，沙发床既有沙发的功能，又有床的功能。沙发床同时继承沙发和床的特征。C♯通过接口来实现多重继承。接口可以从多个基接口继承。

3) 多态

多态(polymorphy)是指对于同一个类的对象，在不同的场合能够表现出不同的行为和特征。多态有两种：一种是静态多态；另一种是动态多态。当在同一个类中直接调用一个对象的方法时，系统在编译过程中会根据传递的参数个数、参数类型及返回值的类型等信息决定实现何种操作，这就是静态绑定。如果在一个有着继承关系的类层次结构中间接调用一个对象的操作（调用经过基类的操作），只有到系统运行时，才能根据实际情况决定实现哪种操作，这就是所谓的动态绑定。

4.2

4.2　类和对象

　　类是 C♯ 的基础,每个类通过属性和方法及其他一些成员来表达事物的状态和行为。事实上,编写 C♯ 程序的主要任务就是定义各种类及类中的各种成员。使用类的好处在于,它有利于程序的模块化设计和开发,可以隐藏内部的实现细节,并能增强程序代码的重用性。

4.2.1　类的声明

　　类是一种数据结构,它可以包含数据成员(常数和字段)、函数成员(方法、属性、索引器、运算符、实例构造函数、静态构造函数和析构函数)等。

1. 声明类

类使用 class 关键字声明,其声明格式为:

```
[<类修饰符>]class <类名>[: 基类]
{
    //类成员
}[;]
```

　　其中类名必须是合法的 C♯ 标识符,它将作为新定义的类的标识符。类的成员定义是可选的。类定义最后的分号“;”也是可选的。

2. 类的修饰符

类的修饰符有多个,C♯ 支持的类修饰符及其含义如表 4-1 所示。

表 4-1　类的修饰符及其含义

修饰符	描　　　述
new	新建类,表示由基类中继承而来、隐藏了由基类中继承而来的与基类中同名的成员
public	公有类,表示外界可以不受限制地访问
private	私有类,表示只能被这个类的成员访问该类。省略类修饰符,则默认为 private
internal	内部类,表示仅有本程序能够访问该类
protected	保护类,表示只能被这个类的成员或派生类成员访问
abstract	抽象类,该类的含义是抽象成员,因此不能被实例化,只能用来做其他类的基类
sealed	密封类,说明该类不能作为其他类的基类,不能再派生新的类

　　以上类修饰符可以两个或多个组合起来使用,但需要注意下面两点。

　　(1) 在使用 public、protected、internal 和 private 这些类修饰符时,要注意这些类修饰符不仅表示所定义类的访问特性,而且还表明类中成员声明时的访问特性,并且它们的可用性也会对派生类造成影响。

（2）抽象类修饰符 abstract 和密封类修饰符 sealed 都是受限类修饰符。具有抽象类修饰符的类只能作为其他类的基类，不能直接使用。具有密封类修饰符的类不能作为其他类的基类，可以由其他类继承而来但不能再派生其他类。一个类不能同时既使用抽象类修饰符又使用密封类修饰符。

3. 类的示例

下面是一个类的定义示例：

```
public class Student: Person          //类头
{                                     //一对花括号之间是类体
    private string id;                //类成员
    private float score;
    public Student(string s, float d) //类的构造函数
    {
        id=s;
        score=d;
    }
    public void ShowStudentMsg()      //类的方法
    {
        Console.WriteLine("ID:{0} Score:{1}", id, score);
    }
}
```

这里声明了一个 Student 类，该类的父类为 Person 类。处在花括号内部的是类体。类体中包含 id、score 两个私有数据成员，Student 和 ShowStudentMsg 两个公有函数成员，其中 Student 函数为类的构造函数。

4.2.2　类成员

1. 类成员概述

类的定义包括类头和类体，其中类体用一对花括号{}括起来，类体用于定义该类的成员。在 C# 中，按照类成员的来源可以把类成员分成类本身声明的成员和从基类继承的成员。按照类成员是否为函数将其分为两种：一种不以函数形式体现，称为成员变量（包括常量、字段和类）；另一种是以函数形式体现，称为成员函数（方法、属性、事件、索引器、运算符、实例构造函数、析构函数和静态构造函数等）。成员函数一般包括可执行代码，执行时完成一定的操作。表 4-2 列出了类的成员。

表 4-2　类的成员

类成员	功 能 描 述
常量	代表与该类相关的常数值
方法	实现由该类执行的计算和操作

续表

类成员	功 能 描 述
索引器	允许编程人员在访问数组时,通过索引器访问类的多个实例
属性	用于定义一些命名特性,通过它来读取和写入相关的特性
事件	由类产生的通知,用于说明发生了什么事情
字段	即该类的变量,又称域
运算符	定义类的实例能使用的运算符
构造函数	在类被实例化时首先执行的函数,主要是完成对象的初始化操作
析构函数	在对象被销毁之前最后执行的函数,主要是完成对象结束时的收尾工作
静态构造函数	用于规定在初始化该类自身时需要做些什么

定义类成员时需要注意以下原则。

(1) 由于构造函数规定为和类名相同,析构函数名规定为类名前加一个"～"符号,所以其他成员名就不能命名为和类同名或是类名前加波浪线。

(2) 类中的常量、变量、属性、事件或类型不能与其他类成员同名。

(3) 类中的方法名不能和类中其他成员同名。

2. 类成员的可访问性

可以访问某个成员时,就说该成员是可访问的,否则,该成员就是不可访问的。可以使用访问修饰符 public、protected、internal 或 private 声明类成员的可访问性,如表 4-3 所示。

表 4-3 类成员的可访问性

访问修饰符	可访问性描述
public	允许类的使用者从外部进行访问。这是限制最少的一种访问方式,它的优点是使用灵活,缺点是外界有可能会破坏对象成员值的合理性
private	不允许外界访问,也不允许派生类访问。如果没有显式指定类成员访问修饰符,默认类型为 private 修饰符
protected	不允许外界访问,但允许这个类的派生类访问
internal	允许同一个命名空间中的类访问
readonly	该成员的值只能读,不能写。也就是说,除了赋予初始值外,在程序的任何一个部分将无法更改这个成员的值

定义类成员访问修饰符时需要注意以下原则。

(1) 对于成员或类型只能有一个访问修饰符(protected internal 组合除外)。

(2) 如果在成员声明中未指定访问修饰符,则使用默认的修饰符。除了接口和枚举默认修饰符是 public,其余类成员默认修饰符都是 private。

【**实例 4-1**】 下面代码示意了类成员访问修饰符的用法。源代码如表 4-4 所示。

表 4-4 实例 4-1 源代码

行号	源 代 码
01	class Person //定义人类
02	{
03	public string name； //公有成员名字
04	int age； //私有成员年龄
05	protected string sex； //保护成员性别
06	public void ShowPersonMsg()
07	{ //方法体 }
08	Public static void A()
09	{ //方法体 }
10	}
11	class Student：Person //定义学生类
12	{
13	int score； //私有成员成绩
14	public void ShowStudentMsg()
15	{
16	ShowPersonMsg()； //正确，允许使用父类的方法
17	name="William"； //正确，允许访问父类的公有成员
18	sex="man"； //正确，允许访问父类的保护成员
19	}
20	}
21	class Teacher
22	{
23	public string department； //公有成员系
24	private float salary； //私有成员工资
25	public void ShowTeacherMsg()
26	{
27	department="计算机"； //正确，允许访问自身成员
28	salary=6741.9f； //正确，允许访问自身成员
29	Person.A()； //正确，访问公共的静态成员
30	Person p1=new Person()；
31	p1.name="张三"； //正确，允许访问 p1 的公有成员
32	p1.ShowPersonMsg()；
33	//p1.age=21； //错误，不允许访问 p1 的私有成员
34	Console.WriteLine("{0},{1},{2}",p1.name ,department ,salary)；
35	}
36	}

3. 静态成员与实例成员

C# 的类定义中可以包含两种成员：静态成员和非静态成员（即实例成员）。使用了 static 修饰符的成员为静态成员，反之则是实例成员。static 修饰符可用于字段、方法、属性、运算符、事件和构造函数，但不能用于索引器、析构函数或类型。对应的就有静态字段与非静态字段（实例字段）、静态方法与非静态方法（实例方法）、静态构造函数与非静态构造函数(实例构造函数)等。

　　静态成员与实例成员的区别是:类的静态成员属于类所有,为这个类的所有实例所共享,无论这个类创建了多少个副本,一个静态成员在内存中只占有一块区域。静态成员通过类名即可使用;静态字段和静态方法是实际编程中最常用的两个静态成员。而实例成员属于用该类创建的实例,每创建一个类的实例都在内存中为非静态成员开辟了一块存储区域,实例成员要通过对象名使用。

　　静态成员的访问格式如下:

```
类名.静态成员名
```

　　例如,实例 4-1 第 29 行就是通过类名 Person 访问类的静态成员。第 31 行和第 32 行就是通过实例 p1 访问 Person 类的实例成员。

4.2.3　对象创建与访问

1. 创建对象

　　创建类的对象又称为类的实例化,创建对象后可以访问对象成员。创建对象需要使用 new 关键字,这样才能为对象在内存中分配保存数据的空间。创建对象的格式如下:

```
类名 对象名=new 构造函数([参数类表]);
```

　　例如:

```
Person p1;                      //声明一个 Person 类对象 p1,并未创建
p1=new Person();                //实例化 p1,为 p1 分配内存空间
Person p1=new Person();         //声明对象 p1 并实例化
```

2. 访问对象

　　访问对象实质是访问对象成员,对对象成员的访问使用"."运算符。例如实例 4-1:

```
Person p1=new Person();
p1.name="张三";
p1.ShowPersonMsg();
```

　　上面代码首先创建了对象 p1,然后为相应的数据成员赋值,最后调用方法成员 ShowPersonMsg()输出信息。

4.2.4　构造函数和析构函数

1. 构造函数

　　当定义了一个类之后,就可以通过 new 运算符将其实例化,产生一个对象。为了能规范安全地使用这个对象,C♯ 提供了对对象进行初始化的方法,这就是构造函数

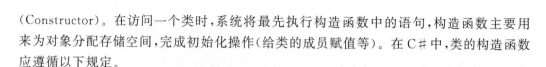
(Constructor)。在访问一个类时，系统将最先执行构造函数中的语句，构造函数主要用来为对象分配存储空间，完成初始化操作（给类的成员赋值等）。在 C♯ 中，类的构造函数应遵循以下规定。

（1）构造函数的名称与类的名称一样。

（2）一个类可以有多个构造函数。

（3）如果在类中没有显式地定义一个构造函数，编译器也会为其生成一个默认的构造函数，并使用默认值初始化对象的字段。例如，int 类型的变量将初始化为 0，string 类型的变量将初始化为 null。

（4）构造函数不能声明返回类型，也不能使用 void 关键字。

（5）如果只定义了带参数的构造函数，则在创建对象时必须指定相应的参数。如果此时采用不带参数的构造函数创建对象，编译时系统将给出"不包含采用 0 参数的构造函数"的错误提示。

（6）一般情况下，构造函数总是 public 类型。类的构造函数有 3 种类型，如表 4-5 所示。

表 4-5　构造函数的类型

构造函数的类型	描　　述
实例（public）	用于创建并初始化类的实例
私有（private）	在类之外不可访问的特殊类型实例构造函数。无法用私有构造函数来实例化类。它通常用在只包含静态成员的类中。如果不对构造函数使用访问修饰符，则在默认情况下它仍为私有构造函数
静态（static）	（1）如果使用了关键字 static 来定义构造函数，那么该构造函数就属于类而不是类的实例所有，被称为静态构造函数。 （2）在程序中第一次用到某个类时，类的静态构造函数自动被调用，而且是仅此一次。无法直接调用静态构造函数。 （3）静态构造函数主要用于对类的静态字段进行初始化，它不能使用任何访问限制修饰符。不存在静态析构函数

【实例 4-2】　该实例在实例 4-1 的基础上示范了构造函数的使用。实例中 Person 类同时提供了不带参数和带参数两种构造函数。源代码如表 4-6 所示。

表 4-6　实例 4-2 源代码

行号	源　代　码
01	using System;
02	namespace 实例 4_2{
03	class Program {
04	static void Main(string[] args) {
05	Person p1 = new Person();　　　　　　　　　//调用无参构造函数
06	Console.Write("调用无参构造函数：");
07	p1.ShowPersonMsg();
08	Person p2 = new Person("王克", 28, "男");　　//调用有参构造函数
09	Console.Write("调用有参构造函数：");

续表

行号	源　代　码
10	p2.ShowPersonMsg();
11	Console.ReadKey();
12	}
13	}
14	class Person {　　　　　　　　　　　　　//定义人类
15	public string name;　　　　　　　//公有成员名字
16	int age;　　　　　　　　　　//私有成员年龄
17	protected string sex;　　　　　　//保护成员性别
18	public Person() { }　　　　　　//无参构造函数
19	public Person(stringname, int age,string sex) {　//有参构造函数
20	this.name = name;
21	this.age = age;
22	this.sex =sex;
23	}
24	public void ShowPersonMsg() {
25	Console.WriteLine("姓名：{0}，年龄：{1}，性别：{2}", name, age,sex);
26	}
27	}
28	}

程序输出结果如图 4-1 所示。

图 4-1　实例 4-2 输出结果

分析上面代码,不难看出:

(1) 调用无参构造函数时,name 取默认值 null,age 取默认值 0。调用有参构造函数时,name 值取"王克",age 值取 28,sex 值取"男"。

(2) 无参构造函数与默认构造函数是两回事。如果没有显式地定义任何构造函数,则系统默认生成一个无参构造函数。如果已经显式地定义了有参构造函数,又需要调用无参构造函数,则必须显式地定义无参构造函数。

(3) 构造函数是从类的外部给类成员赋值的方法之一。

2. 析构函数

C♯中提供了析构函数(Destructor),专门用于释放对象占用的系统资源。C♯中规定,类的析构函数是与所在类同名的方法,析构函数的名称是在构造函数名称前加"～"符号。

下面的语句就为 Student 类定义了一个没有任何执行代码的析构函数:

```
~Student() {}
```

使用析构函数时需要注意的问题如下。

（1）析构函数的名称与类名相同，但在名称前面需加一个"～"符号。

（2）析构函数不能使用任何访问限制修饰符。析构函数不接受任何参数，也不返回任何值。

（3）析构函数的代码中通常只进行销毁对象的工作，而不应执行其他操作。

（4）析构函数不能是继承而来的，也不能显式地调用。

如果类中没有显式地定义析构函数，编译器也会为其生成一个默认的析构函数，其执行代码为空。事实上，在C#语言中使用析构函数的机会很少，通常只用于一些需要释放资源的场合，如删除临时文件、断开与数据库的连接等。在.NET中，释放对象的工作是由垃圾收集器而不是开发人员来完成的。

4.3 字　段

类中的变量成员，或称为字段，就是在类中直接定义的变量，用于保存类的简单信息。使用变量成员时必须很小心，以防止这些变量成员被赋予了错误的值而导致软件运行错误，这些错误往往不易被发现，而且结果很严重。

在实际应用中，如果没有特殊的要求，我们应将变量定义为private，然后使用属性来访问它们的数据，这样一来，代码更便于维护，用户对数据进行检查也更容易。

1. 字段的声明格式

字段的声明格式如下：

```
[字段修饰符] 字段类型 字段名列表;
```

例如，实例4-2中字段声明语句：

```
public string name;
int age;
protected string sex;
```

2. 关于字段的几点说明

（1）字段在使用时一般设置为私有的，以提高数据的封装程度。然后用属性或构造函数实现字段与外界的交流。

（2）加static修饰的字段是静态字段；不加static修饰的字段是实例字段。静态字段只能通过类来访问（访问方式：类名.字段名），非静态字段只能通过对象来访问。

（3）加readonly修饰符的字段是只读字段，对它的赋值只能在声明的同时进行，或者通过类的构造函数实现。其他情况下，对只读字段只能读不能写。

（4）只读字段虽与常量有共同之处，但const成员的值要求在编译时能计算。如果这个值要到运行时才能给出，又希望这个值一旦赋给就不能改变，就可以把它定义成只读字段。

4.4 属   性

4.4

属性(Property)也是一种类成员，分为读取和写入两个操作。与前面介绍的字段相比，属性更能充分体现对象的封装性：不直接操作类的数据内容，而是通过访问器(get 语句和 set 语句)进行访问，借助于 get 语句和 set 语句对属性的值进行读写。这种机制可以控制对数据的访问方式，设置数据可接受的值域。

4.4.1 属性定义

1. 属性定义格式

```
[访问修饰符] 属性类型 属性名
{
    get{ }
    set{ }
}
```

2. 属性定义示例

```
class Person
{
    private string name;          // 私有字段 name
    public string Name            //公有属性 Name
    {
        get{return name; }
        set{name=value; }
    }
}
```

关于属性定义，请大家理解和注意以下问题。

(1) 关于属性修饰符：凡是类成员能够使用的修饰符，都可以用于属性。尽管属性修饰符有这么多种，但实际最常用的是 public。如果省略属性的修饰符，则默认为 private。

(2) get 语句和 set 语句称为属性访问器(accessor)。get 访问器的返回类型必须与属性类型相同，或者可以隐式转换为属性类型。

(3) 如果既有 get 访问器，又有 set 访问器，则表示可读写属性；如果只有 get 访问器，则表示只读属性；如果只有 set 访问器，则表示只写属性。

(4) 给属性赋值时使用 set 访问器，set 访问器始终使用 value 设置属性值。获取属性值时使用 get 访问器，get 通过 return 返回属性值。

（5）.NET Framework 3.0 及更高版本可以用自动属性写得更简单，它能自动地生成带有 get 或 set 操作的私有域，代码可读性更好。自动实现的属性如下面代码所示。

```
class Person
{
    private string name;
    public string Name {  get;  set;  }
}
```

4.4.2　属性访问

属性的访问方法同字段的访问方法完全一样：若属性是静态成员，通过"类名.属性名"访问；若属性是非静态成员，通过"对象名.属性名"访问。

```
Person p1=new Person();
P1.Name="王小明";
Console.WriteLine("{0},你好!",p1.Name);
```

对属性的访问，实际上是调用相应的 set 或 get 访问器。如上面的代码中，第二个语句表示对 p1 对象的 Name 属性进行设置，相当于调用 set_Name 方法；而第三个语句表示对 p1 对象的 Name 属性进行获取，相当于调用 get_Name 方法。

很显然，如果属性是 public，就能够实现从类的外部给类成员赋值。

4.4.3　属性与字段的比较

属性与字段都可以用来表示事物的状态，从使用的角度上看，它们比较相似。但它们还是存在一定的差别。

（1）属性可以实现只读或只写，而字段不可。

（2）属性的 set 方法可以对用户指定的值（value）进行有效性检查，从而保证只有正确的状态值才会得到设置，而字段不能。

（3）属性的 get 方法不仅可以返回字段变量的值，还可以返回一些经过计算或处理过的数据。

（4）由于属性在实现时实际上是方法的实现，所以可以具有方法的一些优点，如可以定义抽象属性等。

由此可见，在 C# 中，属性更好地表达了事物的状态的设置和获取。所以，在 C# 中，对属性与字段的使用一般采取以下原则。

（1）若在类的内部记录事物的状态信息，则用字段变量。

（2）字段变量一般用 private 修饰，以防止对外使用，提高数据的封装程度。

（3）对外公布事物的状态信息，则使用属性。

【实例 4-3】　属性的应用。源代码如表 4-7 所示。

表 4-7 实例 4-3 源代码

行号	源　代　码
01	namespace 实例 4_3{
02	class Program {
03	static void Main(string[] args) {
04	CircleArea cl＝new CircleArea();
05	cl.Radius＝double.Parse(Console.ReadLine ());
06	Console.WriteLine (cl.GetArea ());
07	Console.ReadKey();
08	}
09	}
10	class CircleArea {
11	private double radius;
12	const double PI＝3.14;
13	public double Radius {
14	get {return radius;}
15	set {　　　　　　　　　　//set方法验证数据的有效性
16	if(value＞0) {
17	radius＝value;
18	}
19	else {
20	Console.WriteLine("overflow error!");
21	}
22	}
23	}
24	public double GetArea() {
25	return PI * radius * radius;
26	}
27	}
28	}

　　上面实例中的属性能够对从类的外部获得的数据进行有效性检查,如果数据大于 0,则正确显示;如果数据超出范围,则显示"overflow error!"。

4.5　方　　法

4.5.1　方法的定义

　　方法表示类的动态行为,即类所具有的功能和操作。C♯中的方法与其他语言中的函数或过程类似,是用来完成某种操作的代码块。

1. 方法的定义格式

```
[方法修饰符] 返回值类型 方法名([形式参数列表])        //方法头
{
    //方法体;
}
```

例如,实例 4-3 中定义的 GetArea 方法,返回类型为 double 类型。

```
public double GetArea()
{
    return PI * radius * radius;
}
```

2. 方法的使用规则

对于方法定义格式应注意下述规则。

(1) 方法修饰符主要有 new、public、protected、internal、private、static、virtual、sealed、override、abstract 和 extern。其中 new、public、protected、internal、private、static、virtual、sealed 在前面类和类成员的修饰符已介绍过,其含义基本一样。方法修饰符可以省略,省略则默认为 public。最常用的修饰符是 public、private 和 static。

(2) 如果方法有返回值,则在方法体中必须有 return 语句,return 语句后跟返回值的表达式,返回值的数据类型必须与方法的返回类型相同。若没有返回值,则返回类型使用 void 表示。

(3) 使用修饰符 static 的方法是静态方法,否则是非静态(实例)方法。静态方法通过类名调用,实例方法通过创建的实例调用。

(4) 如果修饰符为 virtual,则称这个方法为虚方法。虚方法主要用于方法重写。关于方法的重写后面会详细介绍。

4.5.2 方法的参数类型

4.5.2

C#中方法的参数有 4 种类型。
(1) 值参数,不含任何修饰符。
(2) 引用参数,以 ref 修饰符声明。
(3) 输出参数,以 out 修饰符声明。
(4) 数组型参数,以 params 修饰符声明。

1. 值参数

不含任何修饰符声明的参数为值参数,它表明把实参表达式的值复制到形参中。值参数是在方法被调用时开辟新的内存区域,并用实参值初始化。当方法返回时,值参数被销毁。由于值参数是通过复制实参的值来初始化形参,因此对形参的修改不会影响内存中实参的值,可以保证实参值的安全。

2. 引用参数(ref)

在形式参数和实际参数前均加上关键字 ref,用 ref 修饰符声明的参数为引用参数。当利用引用参数向方法传递形参时,编译程序将把实际值在内存中的地址传递给方法。因此,如果在方法体内,对引用参数进行修改,就会直接影响相应实参的值。

在方法中,用作实参的变量必须在传给被调用的方法之前初始化。

【**实例 4-4**】　引用参数使用实例。源代码如表 4-8 所示。

表 4-8　实例 4-4 源代码

行号	源　代　码
01	namespace 实例 4_4{
02	class SwapClass{
03	public static void Swap(ref int x, ref int y) {　　　//static 方法,通过类名调用
04	x=x^y;　　　　　　　　　　　　　　　　//利用异或运算的特点
05	y=x^-y;
06	x=x^y;
07	}
08	}
09	class MyClass{
10	public static void Main() {
11	int a=13, b=19;　　　　　　　　　　　//初始化 a,b
12	Console.WriteLine("a={0},b={1}", a, b);
13	SwapClass.Swap(ref a, ref b);　　//引用参数 a,b 已经初始化,且前面加关键字 ref
14	Console.WriteLine("a={0},b={1}", a, b);
15	}
16	}
17	}

该实例中,在 SwapClass 类中定义了一个 Swap 方法,该方法参数为两个整型的引用参数。该方法利用引用参数实现了两个变量值交换的目的。

3. 输出参数(out)

在形参和实参前均加上关键字 out,用 out 修饰符定义的参数称为输出参数。与引用参数类似,输出参数也不开辟新的内存区域。但输出参数与引用参数的区别在于,输出参数调用方法之前,无须对变量进行初始化。

如果希望函数返回多个值,可使用 out 输出参数。out 修饰符后应跟随与形参的类型相同的类型声明。在方法返回后,传递的变量被认为经过了初始化。

【**实例 4-5**】　输出参数实例。该实例的 Calculate 方法用于实现两个整数求和以及求差。该方法有 4 个整型参数,其中第一和第二个参数是值参数,第三和第四个参数为输出参数。源代码如表 4-9 所示。

表 4-9　实例 4-5 源代码

行号	源　代　码
01	using System；
02	namespace 实例 4_5{
03	class CalculateClass{
04	public static void Calculate (int x，int y，out int add，out int sub) {
05	add＝x＋y；
06	sub＝x－y；
07	}
08	}
09	class MyClass{
10	public static void Main() {
11	int a＝13，b＝19，c ，d；　　　　　　　//未初始化 c 和 d
12	CalculateClass. Calculate (a，b，out c，out d)；
13	Console.WriteLine("a＋b＝{0}，a－b＝{1}"，c,d)；
14	}
15	}
16	}

实例运行结果：

```
a+b=32,a-b=-6
请按任意键继续…
```

4. 数组型参数

一般而言，调用方法时其实参必须与形参在类型和数量上相匹配。但有时人们更希望能够给方法传递任意个数的参数，C#提供了用 params 修饰符来指定一个参数可变长的参数表。用 params 修饰符的参数称为数组型参数。在方法的参数列表中只允许出现一个参数数组，而且参数数组必须放在整个参数列表的最后，同时参数数组不允许是多维数组，比如 string[]可以作为数组型参数，而 string[][]和 string[,]则不能。

【实例 4-6】　求一数组元素中的最大值、最小值和所有元素的和。该实例中 GetMaxMin-Array()方法中有 3 个参数，其中 2 个为输出参数，最后 1 个为数组参数，方法的返回值是整型，返回数组元素的和。请大家注意数组参数调用，实例中给出了两种方式：直接给出几个常数、一个已存在的数组。源代码如表 4-10 所示。

表 4-10　实例 4-6 源代码

行号	源　代　码
01	using System；
02	namespace 实例 4_6{
03	class MyClass {
04	public static int GetMaxMinSum(out int max, out int min, params int[] a) {
05	max＝min＝a[0]；
06	int sum＝0；

续表

行号	源 代 码
07	for(int i=0; i<a.Length; i++) {
08	if (a[i]>max) max=a[i];
09	if (a[i]<min) min=a[i];
10	sum+=a[i];
11	}
12	Return sum;
13	}
14	}
15	class Program{
16	static void Main(string[] args) {
17	int max, min,total;
18	total=MyClass.GetMaxMinSum (out max, out min, 23, 7, 48, 19);
19	Console.WriteLine("max={0},min={1},sum={2}", max, min,total);
20	int[] a={12, 73, 128, 45, 80, 56};
21	total=MyClass.GetMaxMinSum(out max, out min, a);
22	Console.WriteLine("max={0},min={1},sum={2}", max, min,total);
23	}
24	}
25	}

实例运行结果：

```
max=48,min=7,sum=97
max=128,min=12,sum=394
请按任意键继续…
```

在使用数组参数时要注意以下几点。

（1）一个方法中只能声明一个 params 参数，且 params 参数放在参数列表的最后。

（2）实参的数据类型必须兼容于参数数组中元素的类型。

（3）不能将 params 修饰符与 ref 和 out 修饰符组合起来使用。

（4）使用 params 参数，可以将相同类型的、数量可变的多个参数传递给方法。实参数组名后无须加上[]。

4.5.3 静态方法与实例方法

方法有静态方法和非静态方法（实例方法）两种。使用 static 修饰符的方法称为静态方法，没有使用 static 修饰符的方法称为非静态方法。静态方法只能对类中的静态成员操作，而实例方法可以访问类中的静态成员和实例成员。

【实例 4-7】 下面一段代码演示了静态方法和实例方法。源代码如表 4-11 所示。

表 4-11 实例 4-7 源代码

行号	源 代 码
01	namespace 实例 4_7{
02	class TestClass {
03	int x;
04	public static int y;
05	public static void A(){ //静态方法
06	//x=12; //不可以访问实例字段
07	y=9; //可以访问静态字段
08	//B(); //不可以访问实例方法
09	}
10	public void B(){ //实例方法
11	x=34; //可以访问实例字段
12	y=-12; //可以访问静态字段
13	A(); //可以访问静态方法
14	}
15	}
16	class Program {
17	static void Main(string[] args) {
18	TestClass test=new TestClass();
19	test.B(); //通过实例调用实例方法
20	MyClass.A(); //通过类名调用静态方法
21	MyClass.y=8; //通过类名访问静态字段
22	}
23	}
24	}

静态方法和非静态方法的区别如下。

（1）静态方法不属于类的某一个具体对象（实例），而是属于类所有，因此，通过类名调用静态方法。

（2）非静态方法可以访问类中的任何成员，而静态方法只能访问类中的静态成员。

4.5.4 方法重载

4.5.4

类中两个以上的方法（包括继承而来的方法）名称相同，但方法签名不同，这种情况称为方法重载。方法签名是指调用方法所需要的方法名称、参数个数、参数类型和修饰符，但不包括返回类型和参数名称。如下面两个语句所定义的方法，其签名是完全相同的：

```
public void Test(int a,int b){}
public int Test(int x,int y) {}
```

【实例 4-8】 方法重载实例。源代码如表 4-12 所示。

表 4-12　实例 4-8 源代码

行号	源　代　码
01	using System;
02	namespace 实例 4_8{
03	class MyClass {
04	public int Add(int x，int y) {return x＋y;}
05	public double Add(double x，double y) {return x＋y;}
06	public string Add(string x，string y) {return x＋y;}
07	}
08	class Program 　{
09	static void Main(string[] args)
10	{
11	MyClass c＝new MyClass();
12	Console.WriteLine(c.Add(12，45));
13	Console.WriteLine(c.Add(12.3，89.5));
14	Console.WriteLine(c.Add("My name is "，"annoy"));
15	}
16	}
17	}

运行结果如图 4-2 所示。

图 4-2　实例 4-8 运行结果

在上面的实例中，MyClass 类中有 3 个参数类型不同但名称相同的 Add() 方法，这就形成了方法重载。在调用 Add() 方法时，编译器会根据调用时给出的实参类型调用相应的方法，这就是编译时实现的多态。多态是面向对象编程语言的特性之一，重载是多态的形式之一，在 C# 中，最常用的重载就是方法重载。

重载不仅可以存在于一个类中，还常见于有继承关系的类层次结构中。关于继承将在 4.6 节中介绍。下面定义了一个由 MyClass 派生出来的 SubMyClass 类。SubMyClass 类中定义的 Add() 方法与父类中定义的 Add() 方法，构成了 Add() 方法的 4 个重载。

```
class SubMyClass:MyClass
{
    public float Add(float x, float y) {return x+y;}
}
```

如果派生类与基类有相同名称或签名的成员，那么在派生类中就隐藏了基类成员，这种情况下，编译器会发出一个警告信息。如果派生类是有意隐藏基类成员，可在派生类成员声明中加 new 修饰符，这样可取消警告信息。

4.5.5 this 关键字

在普通方法中，this 表示调用这个方法的对象。在构造函数中，this 表示新创建的对象。this 关键字通常有以下几种常见用法。

1. 使用 this 解决局部变量与域同名的问题

使用 this 可以解决局部变量（方法中的变量）或参数变量与域变量同名的问题。例如，在构造函数中，经常这样用：

```
class Employee{
    private string name,sex;
    int age;
    public Employee (string name,int age)
    {
        this.name=name;           //this. name 表示域变量,name 表示的是参数变量
        this.age=age;
    }
}
```

2. 在构造函数中用 this 调用另一构造函数

在构造函数中，可以用 this 来调用另一构造函数。例如：

```
class Employee {
    private string name,sex;
    int age;
    public Employee (string name,int age)
    {
        this.name=name;
        this.age=age;
    }
    //调用另一构造函数初始化 name 和 age
    public Employee (string name,int age,string sex):this(name,age) {
        this.sex=sex;
    }
}
```

3. this 可以指代类本身的实例

例如下面的代码：

```
class Employee{
    public string Name {get; set;}
    public string Salary {get; set;}
```

```
    public void Save()  {
        DataStorage.Store(this);
    }
}
class DataStorage {
    public static void Store(Employee employee) {
        …//方法体
    }
}
```

4. 使用 this 来访问对象字段或方法

在方法或构造函数中,使用 this 来访问对象的字段或方法。例如:

```
class MyClass {
int max=10;
for(int i=0; i<this.max; i++) {/ * 循环体 * /}
```

this 的这种用法并不是必需的,大家只要知道存在这种用法即可。

使用 this 时,要注意 this 指的是调用"对象"本身,不是指本"类定义"中看见的变量或方法。因此,就不难理解以下几点注意事项。

(1) 通过 this 不仅可以引用该类中定义的字段和方法,还可以引用该类的父类中定义的字段和方法。

(2) 由于 this 指的是对象,所以不能通过 this 来引用静态变量或静态类方法。同时,在 static 方法中,不能使用 this 关键字。

(3) 实例中的参数、字段宜采用不同命名规范代替 this。只有在必要时才使用 this。

4.6　类 的 继 承

4.6

4.6.1　继承的概念

继承(Inheritance)是面向对象编程中一个重要的特性。被继承的类称为基类(BaseClass)、父类或超类,继承其他类的类叫作派生类(SubClass)或子类。继承也是实现代码复用的重要手段。继承使得在原有类的基础之上,对原有的程序进行扩展,从而提高程序开发的速度,实现代码的复用。

类的继承符合人们认识世界时形成的概念体系。现实世界中的许多实体之间不是相互孤立的,一些实体往往具有共同的特征,也存在内在的差别。人们往往采用层次结构来描述这些实体之间的相似之处和不同之处。

图 4-3 示意了图形的继承关系。图形(Shape)处于体系的最高层,其表现的是实体最一般、最普遍的特征,而下层相对于上层,总是在上层所具有特征的基础上又增加了一些新的特征。

人类认识的这一特点,正是面向对象程序设计中继承技术的出发点。当一个类从另

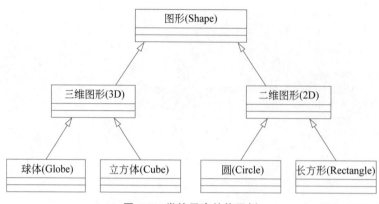

图 4-3　类的层次结构示例

一个类派生出来时,派生类就自然具有了基类数据成员、属性成员和方法成员等,在派生类的定义中,只需书写基类定义中所不具有的代码即可。因此,继承主要有如下两大功能。

（1）通过继承实现代码复用最大化的目的,避免了大量代码的重写工作。

（2）对一系列功能相同或相似的类的结构和功能进行规范,实现代码结构标准化的目的。

4.6.2　派生子类

1. 派生类的声明

C#中的继承是在定义类时实现的。在定义类时使用冒号":"指明新定义类的父类,就在两个类之间建立了继承关系。其基本格式如下:

```
class SubClass:BaseClass
{
    ...
}
```

例如,下面两段代码分别定义了 Person 类和 Student 类,Student 类由 Person 类派生而来。

```
class Person
{
    public string Name {get; set;}
    public void Walk() {/* 方法体 */}
    public void Sleep() {/* 方法体 */}
}
class Student: Person
{
    public float Specialty {get; set;}
    public void Experiment () {/* 方法体 */}
}
```

2. 继承应用实例

下面用一个完整的实例来说明派生子类问题。

实例中,我们先创建一个 Person 类,让 Person 类拥有 Name、Birthday 属性、Walk()和 Sleep()方法。接下来创建学生类(Student 类)和教师类(Teacher 类),Teacher 和 Student 这两个类有很多相同点,如 Teacher 和 Student 都需要一个姓名,都有出生日期,都具有行走(Walk)、睡觉(Sleep)等行为,这种特性正好符合继承的条件。让 Teacher 和 Student 都继承这个类,并且在 Teacher 和 Student 这两个派生类中各自增加一些新的属性和方法。Person、Teacher 和 Student 3 个类之间关系图如图 4-4 所示。

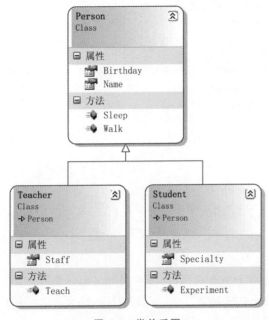

图 4-4 类关系图

【实例 4-9】 类的继承。源代码如表 4-13 所示。

表 4-13 实例 4-9 源代码

行号	源 代 码
01	using System;
02	namespace 实例 4_9{
03	class Person {
04	public string Name {get; set;}
05	public DateTime Birthday {get; set;}
06	public void Walk() {/ * 方法体 * /}
07	public void Sleep() {/ * 方法体 * /}
08	}
09	class Student: Person {
10	public string Specialty {get; set;} //专业

续表

行号	源 代 码
11	public void Experiment() {Console.WriteLine("实验进行中…");}　　//实验
12	}
13	class Teacher：Person {
14	public int Staff {get; set;}
15	public void Teach() {/ * 方法体 * /}　　　　　　　　//讲课
16	}
17	class Program {
18	static void Main(string[] args) {
19	Student st＝new Student();
20	st.Name="郭忠良";
21	st.Birthday＝DateTime.Parse("1980-9-26");
22	st.Specialty="软件工程";
23	Console.WriteLine("{0},{1},{2}",
24	st.Name，st.Birthday.ToShortDateString()，st.Specialty);
25	st.Experiment();
26	Console.ReadLine();
27	}
28	}
29	}

实例运行结果：

```
郭忠良,1980-09-26,软件工程
实验进行中…
```

关于类的继承，请大家注意以下几点。

（1）派生类只能继承于一个基类，即派生类的父类只能有一个，这种继承被称为单继承。与此相对，如果一个类有多个父类，则被称为多继承。C#中不允许多继承，多继承功能是通过接口方式实现的。关于这一点大家可参见 4.9 节。

（2）继承是可传递的。如果 C 从 B 中派生，B 又从 A 中派生，那么 C 不仅继承了 B 中声明的成员，同样也继承了 A 中的成员。

（3）派生类应当是对基类的扩展。派生类可以添加新的成员，但不能除去已经继承的成员的定义。

（4）如果缺省冒号及父类名，则该类为 Object 的子类。实际上，C#中所有的类都是通过直接或间接地继承 Object 得到的，或者说，所有的类都是 Object 的子类。

（5）子类自动地从父类那里继承所有字段、属性、方法、索引等成员作为自己的成员，而且这种继承与基类中成员的访问方式无关。基类中成员的访问方式只能决定派生类能否访问它们，即可见性。

（6）除了继承父类的成员外，子类还可以添加新的成员、隐藏或修改父类的成员。最常见的是方法的继承、添加、重载、覆盖与隐藏。

① 方法的继承。父类的方法也可以被子类自动继承。例如，上面的 Student 自动继承 Person 的 Walk() 和 Sleep() 方法。

② 方法的添加。子类可以新加一些方法,例如,在类 Student 中,添加了一个进行实验(Experiment)的新方法。

③ 定义与父类同名的方法。子类可以定义与父类同名的方法,有以下 3 种可能的情况:

- 重载。方法的重载就是定义与父类同名、但签名不同的方法。事实上重载的概念不仅用于在同类中同名方法重载,还用于子类与父类同名方法的重载。

- 隐藏。定义与父类同名且签名也相同的方法,这种情况被称为方法隐藏。出现这种情况,需要在子类的方法前面加一个修饰符 new。否则,编译器会给出"如果是有意隐藏,请使用关键字 new"的警告信息。

- 重写。定义与父类同名且签名也相同的方法,但父类的方法前用 virtual 或 abstract 进行了修饰,子类的同名方法前用 override 进行了修饰,这种情况被称为方法的重写或覆盖。父类中的方法根据所用的修饰符,分别称为虚方法(virtual)、抽象方法(abstract)。

4.7　类的多态

4.7

面向对象程序设计中的另外一个重要概念是多态(polymorphism)。当派生类从基类继承时,它会获得基类的所有方法、字段、属性和事件。若要更改基类的数据和行为,即实现多态,可以有多种方式,比如前面介绍的方法重载就是多态的体现。本节介绍的重写虚成员、成员隐藏也是实现多态的重要途径。

方法重载、成员隐藏都属于早期绑定,即编译时的多态;重写虚成员属于晚期绑定,即运行时多态。编译时的多态为人们提供了运行速度快的特点,而运行时的多态则带来了高度灵活和抽象的特点。

4.7.1　方法的隐藏

如果在派生类中定义了一个与基类具有完全相同签名的方法,则派生类中的方法就会隐藏基类中的同名方法。如果派生类与基类的方法同名,则编译时给出一个警告,要求在同名的派生类方法前加上关键字 new。例如:

```
public class BaseClass{
    public void DoWork() {Console.WriteLine("父类方法");  }
}
public class DerivedClass: BaseClass{
    public new void DoWork() {Console.WriteLine("子类方法");}
}
```

上面的代码中,DerivedClass 的基类是 BaseClass,该类本应继承基类 BaseClass 的 DoWork 方法,但是在 DerivedClass 子类中使用 new 关键字重新声明了签名相同的 DoWork 方法,因此,子类就隐藏了基类的同名方法。如果有下面的调用,将调用

DerivedClass 子类自己的方法，而不是从基类继承的方法。

```
class Program
{
    static void Main(string[] args)
    {
        BaseClass bc=new BaseClass();
        bc.DoWork();                     //调用基类的 DoWork 方法
        DerivedClass dc=new DerivedClass();
        dc.DoWork();                     //调用子类的 DoWork 方法
        Console.ReadKey();
    }
}
```

4.7.2　虚方法的重写

要使基类中的方法可以在派生类中被重写，需要在基类方法声明中加上关键字 abstract 或 virtual，在基类方法声明中加上关键字 abstract 称为抽象方法，在基类方法声明中加上关键字 virtual 称为虚方法。在派生类中重写的方法声明中需要加上关键字 override，基类与派生类中的方法签名必须完全一致。对于基类的虚方法，其派生类可以不必重写（覆盖）。

当方法声明中包含 virtual 修饰符时，该方法就被称为虚方法。当没有 virtual 修饰符时，方法被称为非虚方法，虚方法定义中不能包含 static、abstract 等修饰符。非虚方法的执行是不变的，不管方法是被基类的实例调用，还是被派生类的实例调用，执行都是相同的。相反，虚方法的执行可以被派生类改变，具体实现是在派生类中重新定义此虚方法实现的。重新定义虚方法时，要求方法的签名必须与基类中的虚方法完全一致，而且要在方法声明中加上 override 关键字。

在下面的代码中，定义了两个类 A、B（A 派生 B），类 A 中定义了一个虚方法 VirtualMethod()，类 B 中使用 override 重写了 VirtualMethod ()方法。因此，最后执行结果是调用了派生类 B 中的 VirtualMethod()方法。

```
class A {
    //基类中定义虚方法
    public virtual void VirtualMethod() {Console.WriteLine("基类方法");}
}
class B:A{
    //派生类中重写虚方法
    public override void VirtualMethod() {Console.WriteLine("派生类方法");}
}
class Program{
    static void Main(string[] args) {
        B b=new B();
```

```
        b.VirtualMethod();              //结果执行派生类中的方法
    }
}
```

4.7.3　抽象方法的重写与抽象类

1. 抽象方法

一个方法声明中如果加上 abstract 修饰符，人们称该方法为抽象方法（abstract method）。抽象方法不提供具体的方法实现代码，而要求派生类中的非抽象方法提供自己的实现（重写需要关键字 override）。只能在抽象类中声明抽象方法，抽象方法不能使用 static、virtual 修饰符，而且方法不能有任何可执行代码，哪怕只是一对花括号中间加一个分号。

例如，"交通工具"的"鸣笛"这个方法实际上是没有什么意义的。下面的代码是将"鸣笛"（Whistle）定义为抽象方法，然后在派生类中通过方法重写提供实现。

```
abstract class Vehicle                    //抽象汽车类
{
    public abstract void Whistle ();      //抽象方法必须包含在抽象类中
};
class Car:Vehicle                         //轿车类
{
    public override void Whistle (){      //重写基类的抽象方法
        Console.WriteLine("The car is speaking:Di-di!");    //抽象方法实现
    }
}
```

2. 抽象类

有时创建一个类并不与具体的事物相联系，而只是表达一种抽象的概念，C#中抽象类（abstract class）的作用是为它的派生类提供一个公共的界面。抽象类使用 abstract 修饰符。

关于抽象类的使用有以下几点规定。

(1) 抽象类只能作为其他类的基类，它不能直接被实例化。

(2) 抽象类不能同时又是密封类。

(3) 抽象方法一定属于抽象类，但抽象类中却并不一定非要包含抽象方法。

(4) 如果一个非抽象类从抽象类中派生，则其必须通过重载来实现所有继承而来的抽象方法。

下面的示例中，抽象类 A 提供了一个抽象方法 F()。类 B 从抽象类 A 中继承并且又提供了一个方法 G()。因为 B 是抽象类，所以 B 中并没有包含对抽象方法 F() 的实现，仅定义了一个非抽象方法 G()。类 C 从类 B 中继承，但 C 是非抽象的，因此，C 中必须重写抽象方法 F()，并且提供对 F() 的具体实现。

```
abstract class A
{
    public abstract void F();
}
abstract class B: A
{
    public void G() {}
}
class C: B
{
    public override void F()
    {
        …//A 类中抽象方法 F() 的具体实现代码
    }
}
```

至此，我们介绍了虚方法的重写和抽象方法的重写，最后，请大家注意下面两点。

（1）虚方法和抽象方法的区别：抽象方法是不完整的，没有具体实现，不能被执行；而虚方法是完整的方法，是可以执行的。

（2）重写和隐藏的区别：如果基类中存在一个 virtual 成员，派生类的同名成员没有用 override，就等价于使用了默认的 new 关键字，这样就产生了一个新的成员，并且隐藏了（而不是重写了）基类的同名的虚成员，这样的程序仍然能够编译和运行，但编译时系统会提出警告。

4.7.4　密封类

1. 密封类概述

密封类（sealed class）是不允许其他类继承的类。密封类在声明中使用 sealed 修饰符，这样就可以防止该类被其他类继承。如 C# 系统预定义的 int 类、string 类等，都是密封类。

被定义为 sealed 的类通常是一些有固定作用、用来完成某种标准功能的类。此外，有时定义密封类是为了提高性能，由于密封类不存在被继承的问题，因而也不存在虚方法调用问题，这样程序运行时，就可以对密封类的方法调用进行优化。

如果试图将一个密封类作为其他类的基类，C# 将提示出错。理所当然，密封类不能同时又是抽象类，因为抽象总是希望被继承的。例如，下面类的定义，在编译时将提示"无法从密封类型 string 派生"错误。

```
Public sealed class MyClass1{           //声明了密封类
    //…
}
class MyClass2: MyClass1{                //错误,密封类不允许被继承
    //…
}
```

2. 密封方法

C♯还允许将一个非密封类定义中的某个方法声明为密封方法,以防止在派生类中对该方法的重写。例如:

```
class A{
    public virtual void SMethod() {}
}
class B:A{
    public sealed override void SMethod(){}
}
class C:B
{
    //编译时出现错误:继承成员 SMethod()是密封的,无法进行重写
    public override void SMethod(){}
}
```

类 B 对基类 A 中的虚方法 SMethod()进行了重写,且使用了 sealed 修饰符,使得该方法成为一个密封方法。这样在 B 的派生类 C 中该方法将不能被重写。

4.7.5　base 关键字

前面介绍了 this 关键字,C♯中还有一个关键字 base,base 指父类。下面介绍 base 关键字的两种用法:使用 base 访问父类成员和使用 base 调用父类的构造函数。

1. 使用 base 访问父类成员

子类自动地继承父类的成员,有时需要明确地指明调用的是父类的成员,此时就要用关键字 base。

例如,下面定义的两个类说明了如何使用 base 访问父类的成员。由于子类 B 中隐藏了父类 A 中的 MyMethod()方法,因此,在子类 B 中如果想调用父类中 MyMethod()方法,必须在方法前面加关键字 base,以表明此处调用的是父类中的 MyMethod()方法,而不是子类本身中的 MyMethod()方法。

```
class A{
    public string MyMethod(){return "父类方法";}
}
class B:A{
    public new string MyMethod(){return "子类方法";}
    public void Disp(){
        Console.WriteLine(this.MyMethod());     //调用子类方法,this 可以省略
        Console.WriteLine(base.MyMethod());     //由 base 关键字说明此处调用父类方法
    }
}
```

通过上面的代码可以看出，在成员隐藏的情况下（如方法隐藏、属性隐藏、字段隐藏等），借助 base 关键字就可以访问父类中被隐藏的成员。

2. 调用父类的构造函数

从严格意义上说，构造函数是不能继承的。比如，父类 Person 有一个构造函数 Person(string，Name)，不能说子类 Student 也自动有一个构造函数 Student(string Name)。但是，这并不意味着子类不能调用父类的构造函数。子类在自己的构造函数中，可以用 base() 来调用父类的构造函数，必要时还要带上相应的参数。下面的代码演示了如何使用 base 关键字调用父类的构造函数。

```
class Person {
    protected string name;
    protected DateTime birthday;
    public Person(string Name, DateTime Birthday) {
        name=Name;
        birthday=Birthday;
    }
}
class Student:Person {
    private int classID;
    public Student(string Name, DateTime Birthday, int ClassID)
        : base(Name, Birthday)
    {
        this.classID=ClassID;
    }
}
```

注意上面代码中，在 base(Name，Birthday)处，base() 必须放在构造函数{}的前面，并且用一个冒号"："。

3. 使用 base 的注意事项

（1）通过 base 不仅可以访问直接父类中定义的成员，还可以访问间接父类中定义的成员。

（2）在构造函数中调用父类的构造函数时，base()指的是直接父类的构造函数，而不是指间接的构造函数，这是因为构造函数是不能继承的。

（3）由于 base 指的是对象，所以它不能在 static 环境中使用，包括静态字段、静态方法等。

【实例 4-10】 类的综合应用。创建一个 WindowsForm 应用程序，在此实例中实现了自定义一个按钮，运用了类的继承、构造函数、this、base、override 等知识点。源代码如表 4-14 所示。

表 4-14 实例 4-10 源代码

行号	源 代 码
01	using System;
02	using System.Collections.Generic;
03	using System.Text;
04	using System.Windows.Forms;
05	using System.Drawing;
06	namespace 实例 4_10{
07	public partial class Form1：Form {
08	private void Form1_Load(object sender，EventArgs e) {
09	CryButton cb＝new CryButton(); //声明类的实例
10	cb.Location＝new Point(50，50);
11	this.Controls.Add(cb); //将实例(按钮)加到当前窗体
12	cb.Click＋＝new EventHandler(cb_Click);
13	}
14	void cb_Click(object sender，EventArgs e) { //自定义方法
15	this.Text＝"自定义按钮";
16	}
17	}
18	public class CryButton：Button {
19	public CryButton() { //构造函数
20	this.Width＝100;
21	this.Height＝100;
22	}
23	protected override void OnPaint(PaintEventArgs pevent) { // 重写父类的虚方法
24	//base.OnPaint(pevent); //直接调用父类的虚方法
25	Graphics g＝pevent.Graphics;
26	g.Clear(SystemColors.Control);
27	SolidBrush brush＝new SolidBrush(Color.Red);
28	g.FillEllipse(brush, new Rectangle(0, 0, 100, 100));
29	}
30	}
31	}

具体步骤如下。

（1）创建一个类库。

（2）继承 Button 类。

（3）添加一个空的构造函数。

（4）重写 OnPaint。

4.8 委托与事件

委托(delegate)与事件(event)是 C♯语言中独特的概念。简单地说，委托与 C++ 中的"函数指针"作用相似，但委托是"函数指针"在 C♯中的更好实现，而事件则是"回调函数"在 C♯中的更好实现。

4.8.1 委托

1. 委托的概念

4.8.1

在讲解委托的概念之前,为了帮助大家理解、掌握委托这个新的语言成分,先给出两个引例。引例 1 是个非常简单的程序,MyClass 类中有一个静态的 A 方法,而引例 2 则要用一个"委托"来代表 A 方法,或者说将 A 方法委托给它的"代表"。引例源代码如表 4-15 所示。

表 4-15 引例 1 和引例 2 源代码

行号	引 例 1	引 例 2
01	using System;	using System;
02	public class MyClass	public class MyClass {
03	{	public static void A(string name){
04	public static void A(string name){	Console. WriteLine("Hi,"+name);
05	Console. WriteLine("Hi,"+name);	}
06	}	}
07	}	public delegate void mydel(string name);
08	public class Program	public class Program{
09	{	public static void Main() {
10	public static void Main() {	mydel d=new mydel(MyClass.A);
11	MyClass.A("Jack");	d("Jack");
12	}	}
13	}	}

引例 1 和引例 2 的执行结果是完全一样的。在引例 2 中使用关键字 delegate 声明了一个委托类实例 mydel,并用 mydel 声明、创建了委托对象 d,其中 A 方法是创建 d 时的参数,委托对象 d 封装了 A 方法,调用委托对象 d,其效果和调用 A 方法一样。

委托(delegate)属于引用类型。委托既可以引用静态方法也可以引用实例方法。委托是完全地面向对象且使用安全的类型。委托最大的特点是,它不知道或不关心自己引用的对象的类,任何对象中的方法都可以通过委托动态地调用,而仅仅要求方法的参数类型和返回类型与委托的参数类型和返回类型相匹配而已。这使得委托完全适合"匿名"调用。

委托主要用于.NET Framework 中的事件处理和回调(CallBack)机制。

2. 委托的声明与使用

C#中委托的使用步骤如下。

(1)在类内定义方法。例如,上面引例中语句块"public static void A(){…}"就定义了一个方法。

(2)在任何类的外部声明一个委托,委托的参数形式及返回类型一定要和委托的方法的参数形式和返回类型一致。声明一个委托的格式:

> ［修饰符］delegate 返回类型 委托名(参数列表)；

其中,允许使用的修饰符有 new、public、internal、protected 和 private。

上面引例中语句"public delegate void mydel(string name);"就是声明了一个委托 mydel。

(3) 创建委托对象。创建委托对象就是实例化一个委托,其格式为:

> 委托名 委托对象=new 委托名(关联方法名)；

其中,关联方法名是被委托封装的方法,该方法可以是静态方法也可以是实例方法。委托对象封装一个方法时并不管该方法属于什么类,只要该方法的参数列表和返回类型满足条件即可。上面引例中语句"mydel d＝new mydel(MyClass.A);"就创建一个委托对象 d。

(4) 调用委托。调用委托是通过委托对象调用包含在其中的各个方法。调用委托需要用委托对象名和实参列表,与调用一般方法的格式没有差别。例如,引例中语句"d("Jack");"就通过委托对象调用包含在其中的方法。

委托封装了方法,委托中包含的是方法的引用。委托允许在执行时传入方法名,动态地决定要调用的方法,调用委托时才知道委托中包含的方法名。

3. 委托的多播

相对于上面的一次委托只调用一个方法,一次委托也可以调用多个方法,这称为委托多播。一般是通过"＋"或"－"运算符实现多播的增加或减少。下面是一个多播的实例。

【实例 4-11】　委托多播。源代码如表 4-16 所示。

表 4-16　实例 4-11 源代码

行号	源　代　码
01	using System;
02	namespace 实例 4_11{
03	delegate void Delegt(int x, int y);
04	public class MyClass {
05	public static void Sum(int a, int b){Console.WriteLine(a＋b);}
06	}
07	public class Test {
08	public void Sub(int a, int b){Console.WriteLine(a－b);}
09	}
10	class Program {
11	static void Main(string[] args) {
12	Delegt d＝new Delegt (MyClass.Sum);
13	Test t＝new Test();
14	d＋＝new Delegt (t.Sub);
15	d(2, 3);
16	}
17	}
18	}

程序运行结果：

```
5
-1
请按任意键继续…
```

上述代码中，第 03 行声明了一个委托类型 Delegt，在 Main 方法中创建了一个委托对象 d，并依次将它与 Sum()方法和 Sub()方法关联，这样委托 d 中就有了两个方法。因此，第 15 行语句"d(2, 3);"就会依次调用 Sum()方法和 Sub()方法。

4. 委托实例

【实例 4-12】 定义骑自行车的方法 DriveBicycle()和骑摩托车的方法 DriveMotorcycle()，这两个方法能够实现某人到达某地的骑行方式，通过委托实现某人乘（自行车或者摩托车）到达某地。源代码如表 4-17 所示。

表 4-17 实例 4-12 源代码

行号	源 代 码
01	using System；
02	namespace 实例 4_12{
03	delegate string go2(string people，string place)；
04	class MyClass {
05	public static string DriveBicycle(string driver，string destination) {
06	return driver＋" goto "＋destination＋" by Bicycle"；
07	}
08	public static string DriveMotorcycle(string driver，string destination) {
09	return driver＋" goto "＋destination＋" by Motorcycle"；
10	}
11	}
12	class Program {
13	static void Main(string[] args) {
14	go2 d＝new go2(MyClass.DriveMotorcycle)；
15	Console.WriteLine(d("Jack"，"school"))；
16	Console.ReadKey()；
17	}
18	}

分析上面的委托实例，再次说明委托封装了方法，它不知道或不关心自己引用的对象的类，任何对象中的方法都可以通过委托动态地调用。

程序运行结果：

```
Jack goto school by Motorcycle
请按任意键继续…
```

4.8.2　事件

1. 事件的概念

对于初学者来讲,事件是一个比较难掌握的概念。为了帮助大家理解、掌握事件的概念,图 4-5 给出了我们最熟悉的足球赛的引例。足球赛是一个对象,有开始、结束、取消等方法。天空也是一个对象,有晴天、下雨、刮风等方法。当天空下雨时,足球赛要取消,因此下雨对于足球赛来讲就是事件。

图 4-5　事件的概念

所谓事件,就是指当对象发生某些事情时,向其他对象提供通知的一种方法。事件有两个角色:一个是事件的发送方(比如,引例中天空),另一个是事件的接收方(比如,引例中足球赛)。事件发送方是指触发事件的对象,事件接收方是在某种事件发生时被通知的对象。

在 C♯ 中,事件是借助委托实现的。委托是一种编程技术,而事件机制是委托技术的一个应用。通过委托把事件与处理这些事件的方法进行绑定。通过指定处理事件的方法,委托允许其他类向指定类注册事件通知。当事件发生时,委托将调用绑定的方法。

2. 事件实例

【实例 4-13】　下雨对足球赛、交通警察等而言就是事件,用事件处理机制实现当发生下雨事件时,足球赛暂停、交通警察给出友情提示的事件处理。源代码如表 4-18 所示。

表 4-18　实例 4-13 源代码

行号	源　代　码
01	using System;
02	namespace 实例 4_13{
03	public delegate void RainHandler();　　　　//声明委托 RainHandler
04	class Sky {
05	public event RainHandler Rain;　　　　//委托(RainHandler)与事件绑定(Rain)
06	public void OnRain() {Rain();}　　　　//定义下雨(OnRain)时触发事件(Rain)
07	}
08	class FootballPlay {
09	public static void Cancel() {
10	Console.WriteLine("启动取消比赛流程…");
11	}
12	}
13	class Police{
14	public static void Notify() {
15	Console.WriteLine("下雨天请谨慎驾驶…");

行号	源 代 码	
16	`    }`	
17	`class Program{`	
18	`    static void Main(string[] args) {`	
19	`        Sky sky=new Sky();`	
20	`        sky.Rain+=new RainHandler(FootballPlay.Cancel);`	//注册足球赛暂停
21	`        sky.Rain+=new RainHandler(Police.Notify);`	//注册警察提示
22	`        sky.OnRain();`	//启动下雨
23	`        Console.Read();`	
24	`    }`	
25	`  }`	
26	`}`	

上面代码中,第 03 行声明了一个委托实例 RainHandler,该委托实例用于封装方法。第 05 行定义了事件 Rain,并将委托(RainHandler)与事件(Rain)绑定。第 6 行定义了下雨(OnRain)时触发的事件(Rain)。第 20 行将事件、委托以及委托封装的方法三者进行了绑定,这行代码可以理解为:当发生事件 Rain 时,通过委托 RainHandler 调用方法。第 22 行启动下雨方法 OnRain,从而触发下雨事件 Rain,根据前面的事件注册,事件 Rain 通过委托 RainHandler 调用了 Cancel 方法和 Notify 方法。实例的运行结果是:

```
启动取消比赛流程…
下雨天请谨慎驾驶…
请按任意键继续…
```

3. 事件和事件处理的机制

结合上述实例,我们可以将事件的过程大致分为以下几步。

(1) 定义事件处理方法。即事件发生后,委托需要封装的方法。例如,实例代码中第 09 行的 Cancel()方法完成了事件处理的定义。

(2) 创建或声明一个委托实例。例如,代码中第 03 行定义了一个委托 RainHandler()。

(3) 创建一个定义事件的类(Sky 类),该类至少包含:

① 与委托关联的事件。例如,实例代码中第 05 行定义了事件 Rain,并将委托(RainHandler)与事件(Rain)绑定。

② 定义事件的触发方法。例如,代码中第 06 行定义了下雨(OnRain)时触发的事件(Rain)。

(4) 事件注册(又称订阅事件)。使用+=运算符和-=运算符将一个或多个方法与事件关联。例如,实例中第 20 行"sky.Rain += new RainHandler(FootballPlay.Cancel);"实现了将方法与事件的关联。

(5) 使用事件。实例中第 22 行演示了如何使用前面所定义的事件。

4. 事件的声明、注册和移除

（1）事件的声明格式如下：

```
[修饰符]  event 委托类型 事件名;
```

其中：
① 修饰符可以是 abstract、new、override、static、virtual、extern 和 4 个访问控制符之一。
② 委托类型是封装了事件处理方法的委托类型。
例如，实例中第 05 行定义了一个 Rain 事件：

```
public event RainHandler Rain;
```

事件不是对象，而是对象的成员，所以事件的声明应该在类、结构或者接口中声明。
（2）事件的注册和移除格式。
① 事件的注册是指把委托和事件发送方关联起来。事件注册的格式如下：

```
事件名+=委托对象名;
```

或

```
事件名+=new 委托类型名(方法名);
```

② 如果要移除委托与事件的关联，就要把委托移出，事件移除的格式如下：

```
事件名-=委托对象名;
```

例如，实例中第 20 行就是一个事件注册的语句：

```
sky.Rain+=new RainHandler(FootballPlay.Cancel);
```

5. 事件与委托的作用

通过上面的实例分析，不难得出关于事件与委托的如下几点结论。
（1）事件是指当对象发生某些事情时，向其他对象提供通知的一种方法。事件是在一个类中定义，在其他类中引用。
（2）事件体现了低耦合原则。触发事件只需要在类的外部进行事件注册，然后执行触发事件的一个方法即可，无须与发生事件的类有太多的关联。
（3）事件的实现采用了委托机制。委托是在灵活性与安全性之间找的一个平衡点，委托是动态调用方法，调用的方法既可以是静态方法，也可以是实例方法。
（4）委托一般用在事件处理，用在跨线程调用上，用在 Windows 窗体应用中后面窗体向前面窗体传递参数。
（5）为什么要执行委托，而不直接执行委托所调用的方法？原因是：委托一般和事件组合使用，委托不关心方法所在的类，用事件调用方法的时候，是从类内自动触发执行的，如果用方法直接执行是没办法做到的。

6. Windows 窗体事件的实现原理

事件是委托最典型的应用，Windows 窗体与控件中的事件都是由委托来实现的。下面以 Button 的 Click 事件为例说明事件的实现。我们先来看看系统提前做了哪些工作。

（1）定义了 EventHandler 委托。在 System 程序集中定义了名为 EventHandler 的委托对象，我们在后面的 Windows 应用和 Web 应用编程中会用到 EventHandler 委托。定义如下：

```
public delegate void EventHandler(object sender, EventArgs e);
```

（2）定义了 Button 类，Button 类继承于 ButtonBase 类，而 ButtonBase 类继承于 Control 类，在 Control 类中定义了 Click 事件，定义如下：

```
Public event EventHandler Click;
```

（3）当我们在窗体上添加一个 Button 类的实例 button1，并设置了 button1 的 Click 事件后，系统自动添加了 button1_Click 事件的注册，定义如下：

```
this.button1.Click+=new System.EventHandler(this.button1_Click);
```

上面事件注册委托的方法是 button1_Click 方法。

所以对于编程人员来讲，只需要按照委托（EventHandler）所封装的方法格式写出具体实现即可。当在 button1 上双击，系统会自动产生默认的方法事件代码结构，方法格式如下：

```
private void button1_Click(object sender, EventArgs e)
{
    …//方法体，编程人员自己完成
}
```

执行程序时，当操作人员在 button1 上单击，就触发了 Click 事件，程序就会通过委托调用 button1_Click 方法里包含的代码。

4.9 接　口

4.9

接口（interface）定义了一个协定，实现接口的类或结构必须遵守该协定。与类一样，接口可以定义方法、属性、事件和索引成员，但接口不提供这些成员的实现，实现是在"继承"这个接口的各个类中完成的。接口把方法的定义和对它的实现分离开来。实现接口的任何类都必须提供在接口中所定义的成员的实现。

在 C# 程序中，使用接口的一个重要作用是同一个类可以实现多个接口，以实现"多重继承"的目的。另外，通过接口可以使处于不同层次，甚至互不相关的类具有相同的行为。例如，在图 4-6 中，接口 IFlyable 具有 Takeoff()、Fly()、Land() 等方法，它可以被 Airplane(飞机)、Bird(鸟)、Superman(超人) 等类来实现，而这些类并没有继承关系。

图 4-6　接口的实现

接口的用处具体体现在如下几方面。

（1）通过接口可以实现不相关类的相同行为，而不需要考虑这些类之间的层次关系。

（2）通过接口可以指明多个类需要实现的方法。

（3）通过接口可以了解对象的交互界面，而不需了解对象所对应的类。

4.9.1　接口定义

1. 接口定义的格式

定义接口使用 interface 关键字，格式为：

```
[访问修饰符] interface 接口名[:基接口]1
{接口体}
```

2. 定义接口需要注意的限制

（1）接口体定义与类相似。在接口体中可以定义零至多个成员。接口的成员可以是方法、属性、事件和索引，但不能是常数、字段、运算符、实例构造函数、析构函数或类型，也不能是任何种类的静态成员，接口中的成员都没有实现体。

（2）接口本身可以带访问修饰符，如 public、internal。但是，接口体中不能使用除 new 外的任何修饰符，即接口成员不能用 abstract、public、protected、internal、private、virtual、override 或 static 来修饰。

（3）接口可以定义类构造函数，但不能定义实例构造函数。

按照编码惯例，接口的名字一般都以大写字母 I 开始。例如，下面的代码定义了一个前面提到的 IFlyable 接口：

```
public interface IFlyable
{
    void Takeoff();
    void Fly();
    void Land();
}
```

4.9.2　接口实现

接口的声明仅仅给出了方法定义，相当于程序开发早期的一组协议。具体地实现接口所规定的功能，则需在某个类或结构中，为接口中的方法定义实在的方法体，这称为接口实现。

1. 类对接口实现

接口可以由类来实现，也可以由结构来实现（有关结构会在 4.9 节介绍），其实现方法类似。用类来实现接口，格式如下：

```
class 类名:[父类],接口 1,接口 2,…,接口 n
{
    …//类体
}
```

使用类实现接口时要注意以下问题。

（1）当一个类实现多个接口时，接口之间用逗号分隔。

（2）类的基列表同时包含基类和接口时，列表中首先出现的是基类。

（3）如果一个类实现了某个接口，则要求一定能在该类中找到与该接口的各个成员相对应的成员，也能找到该接口所有的父接口的所有成员。当然，这样的成员可以是在本类中定义的，也可以是从本类的父类中继承过来的。

（4）一个抽象类实现接口时，也要求为所有成员提供实现程序，抽象类可以把接口方法映射到抽象方法中。

（5）一个类只能有一个父类，但是它可以同时实现若干接口。一个类实现多个接口时，如果把接口理解成特殊的类，那么这个类利用接口实际上就获得了多个父类，即实现了多重继承。

【实例 4-14】 下面是一个由类来实现接口的例子。实例源代码如表 4-19 所示。

表 4-19　实例 4-14 源代码

行号	源　代　码
01	using System;
02	namespace 实例 4_14{
03	public interface IPerson {void eat(); void sleep();}　　　　//定义了接口
04	public class Student: IPerson {　　　　　　　　　　//Student 类继承了接口 IPerson
05	public void eat()
06	{
07	Console.WriteLine("去学生餐厅 eat");
08	}
09	public void sleep()
10	{
11	Console.WriteLine("回学生公寓 sleep");

续表

行号	源　代　码
12	` ` ` ` ` ` ` ` ` ` ` ` ` ` ` ` ` ` `}`
13	` ` ` ` ` `}`
14	` ` ` ` `class Program {`
15	` ` ` ` ` ` ` ` `static void Main(string[] args) {`
16	` ` ` ` ` ` ` ` ` ` ` ` `Student stu＝new Student();`
17	` ` ` ` ` ` ` ` ` ` ` ` `stu.eat ();`
18	` ` ` ` ` ` ` ` ` ` ` ` `stu.sleep ();`
19	` ` ` ` ` ` ` ` ` ` ` ` `Console.ReadKey();`
20	` ` ` ` ` ` ` ` `}`
21	` ` ` ` `}`
22	`}`

上述代码中,IPerson 接口中包含了两个方法。Student 类继承了 IPerson 接口,并实现了这个接口中的所有方法。上面实例的运行结果如下:

```
去学生餐厅 eat
回学生公寓 sleep
```

2. 显式接口成员实现

有时候,多个接口有相同签名的方法(或其他成员),如果这些相同签名方法在各个接口中的含义并不相同,则要求类在实现各个接口时,要显式地指明实现的是哪一个接口中的方法。这种情况叫作显式接口成员实现。

例如,定义一个 Animal(动物)类要实现 IBird 和 IDuck 两个接口,而这两个接口都有 Fly()方法,由于这两个方法的含义可能不同,所以用一个 Fly ()方法不能满足这两个要求,解决的办法就是显式地实现不同接口中的不同成员。

要进行显式接口成员实现,只需在接口的成员名前面加点号".",并前缀上接口名即可。如下面的代码所示。

```
public interface IBird {string Fly();}
public interface IDuck {string Fly();}
public class Animal: IBird, IDuck {
    string IBird.Fly() {
        return "鸟飞走";
    }
    string IDuck.Fly() {
        return "鸭子飞走";
    }
}
```

显式的接口成员实现有一个重要特点是不能使用 abstract、virtual、override 或 static 修饰符,也不能使用 public 等修饰符,这就意味着它隐含是 private 的。

显式的接口成员在被调用时,必须通过接口来调用,不能通过类实例来调用。对于上面的代码可以使用以下方式进行调用：

```
class Program {
    static void Main(string[] args) {
        IBird animal=new Animal();
        Console.WriteLine(animal.Fly());
    }
}
```

因为显式接口成员执行体和其他成员有着不同的访问方式，所以显式接口成员不能通过类实例来调用，从这个意义上说它们是私有的；但它们又可以通过接口的实例访问，从这个意义上说，它们又是公共的。显式接口成员实现主要用于以下两种场合。

（1）因为显式接口成员执行体不能通过类的实例进行访问，这就可以从公有接口中把接口的实现部分单独分离开。如果一个类只在内部使用该接口，而类的使用者不会直接用到该接口时，这种显式接口成员实现就可以起到作用。

（2）显式接口成员实现避免了接口成员之间因为同名而发生混淆。如果一个类希望对名称和返回类型相同的接口成员采用不同的实现方式，就必须要使用到显式接口成员实现。

4.9.3　接口与抽象类比较

（1）抽象类主要用于为紧密相关对象提供通用功能；接口最适合为不相关类提供通用功能。

（2）抽象类是一种不能实例化的类，抽象类中的方法既可以无方法体，也可以定义方法体，从而它可以用来封装类的通用功能。接口是一个完全抽象的成员集合，这个成员集合只为相关操作定义一个规则，接口中不定义任何与实现相关的内容，接口的实现完全留给类设计者去完成。

（3）使用抽象类的好处是：通过更新父类，所有派生类都将自动进行相应更新。而接口在创建后就不能再更改了，如果需要修改接口，则必须创建新的接口。

4.10　结构与枚举

4.10

在C#中，除类、接口之外，结构（struct）与枚举（enum）是另外两种重要的数据类型。结构与枚举都属于用户自定义的数据类型。

4.10.1　结构的声明与实例化

结构是一种对数据及功能进行封装的数据结构，是比类更简单的对象。结构与类相似，可以包含各种成员，比如，构造函数、常数、域、方法、属性、索引、事件、运算符和嵌套类型等各种成员。结构也可以实现接口。

结构和类之间有本质的差别：结构是值类型（ValueTypes）而不是引用类型，且结构不支持继承。同所有的值类型一样,结构是存储于栈中的,而不像引用类型那样存在于堆中。结构不能包含无参数构造函数,所以结构的构造函数必须是有参数的。

1. 结构的声明格式

```
[修饰符] struct 结构名[:基接口列表]
{
    … //结构体
}
```

其中,修饰符是可选项,允许使用的修饰符有 new、public、internal、protected 和 private。

注意:上述格式中没有对类或者结构的继承,即结构不能继承类,也不能继承另一个结构,而且不能作为一个类的基。但是,结构可实现接口,而且实现方式与类实现接口的方式完全相同。

2. 结构的实例化格式

结构的实例化格式如下:

```
结构名 结构实例=new 结构构造函数;
```

使用 new 运算符创建结构对象时,将调用适当的构造函数。结构成员的值必须由有参构造函数初始化。

【实例 4-15】　建立一个存储二维平面点(Point)坐标的结构。源代码如表 4-20 所示。

表 4-20　实例 4-15 源代码

行号	源 代 码
01	using System;
02	namespace 实例 4_15{
03	struct Point{
04	public int x, y;
05	public Point(int x, int y)
06	{
07	this.x=x;
08	this.y=y;
09	}
10	}
11	class Test{
12	static void Main() {
13	Point point=new Point(23, 67);
14	Console.WriteLine("x={0},y={1}", point.x, point.y);
15	}
16	}
17	}

程序运行结果如下：

```
x=23,y=67
请按任意键继续…
```

4.10.2　枚举

枚举是指程序中某个变量具有一组确定的值，通过"枚举"可以将其值一一列出来。枚举类型同前面结构类型一样，也是用户自定义的数据类型，是一种允许用符号代表数据的值类型。比如，使用枚举类型，就可以将一年的四季分别用符号 Spring、Summer、Autumn 和 Winter 来表示，写成：

```
enum Season
{
    Spring,Summer,Autumn,Winter
}
```

上面语句声明了一个枚举类型 Season，表示 4 种可能的情况：Spring、Summer、Autumn 和 Winter，对应 4 个值实际上是 4 个整数 0、1、2、3。但与整数相比，使用枚举类型有助于程序的可读性和维护。

1. 枚举定义

定义枚举类型时必须使用 enum 关键字，其一般语法形式如下：

```
enum 枚举名[:基本类型]
{
    枚举成员列表 [=常数表达式],
}
```

说明如下。

（1）枚举名必须是 C# 中合法的标识符。

（2）每个枚举类型都有一个相应的整数类型，称为枚举类型的基本类型。如果没有显式地声明基本类型，则默认为 int。注意，不能用 char 作为基本类型。

（3）一个枚举成员的数值，既可以使用等号"="显式地赋值，也可以不显式地赋值，而使用隐式赋值。隐式赋值按以下规则来确定值。

① 对第一个枚举成员，如果没有显式赋值，它的数值为 0。

② 对其他枚举成员，如果没有显式赋值，它的值等于前一枚举成员的值加 1。例如：

```
enum Color
{
    Red,Green=10,Blue
}
```

其中,Red 的值为 0,Green 的值为 10,Blue 的值为 11。

（4）枚举成员前面不能显式地使用修饰符。每个枚举成员隐含都是 const 的,其值不能改变；每个成员隐含都是 public 的,其访问控制不受限制；每个成员隐含都是 static 的,直接用枚举类型名进行访问。

2. 枚举实例

【实例 4-16】　使用枚举来表示交通灯可能的颜色。源代码如表 4-21 所示。

表 4-21　实例 4-16 源代码

行号	源　代　码
01	using System;
02	namespace 实例 4_16{
03	enum Color{Red,Yellow,Green}
04	class TrafficLight{
05	public static void WhatInfo(Color color){
06	switch(color){
07	case Color.Red:
08	Console.WriteLine("Stop!");break;
09	case Color.Yellow:
10	Console.WriteLine("Warning!");break;
11	case Color.Green:
12	Console .WriteLine("Go!"); break;
13	}
14	}
15	}
16	class Test{
17	static void Main(){
18	Color c＝Color.Red;
19	Console.WriteLine(c.ToString());
20	TrafficLight.WhatInfo(c);
21	}
22	}
23	}

上述源程序中,第 03 行定义了一个枚举类型 Color,后面第 07、09、11 行引用了枚举类型 Color。

程序运行结果如下：

```
Red
Stop!
请按任意键继续…
```

如果将源程序做如下修改，程序运行结果不变。请大家思考一下其中原因。

...	...
05	switch((int)color){
06	case 0:
07	Console.WriteLine("Stop!");break;
08	case 1:
09	Console.WriteLine("Warning!");break;
10	case 2:
11	Console.WriteLine("Go!"); break;
...	...

3. 枚举量的运算

对于枚举类型，可以使用整数类型的大部分运算符，包括＝＝、! ＝、＜、＞、＜＝、＞＝、＋、－、^、&、|、~、＋＋、－－、sizeof。

由于每个枚举类型定义了一个独立的类型，枚举类型和整数类型之间的转换要使用强制类型转换。有一个特例：常数 0 可以隐式地转成任何枚举类型。

特别值得注意的是，枚举类型可以与字符串互相转化。

枚举类型的 ToString() 方法能得到一个字符串，这个字符串是相对应的枚举成员的名字。例如，上面实例中的第 19 行"Console.WriteLine(c.ToString())"输出一个字符串"Red"。

类 System.Enum 的 Parse() 方法可以将枚举常数字符串转换成等效的枚举对象。上面实例中的第 18 行可以使用如下语句替换，效果完全一样。

```
Color c=(Color)Enum.Parse(typeof(Color),"Red");
```

4.11   C# 新特性

微软公司自 2005 年推出 C#2.0 之后，C#2.0 及以上版本在语法层面、CLR、基础类库、编译器等方面均做了许多改进。主要体现在如下几方面。

(1) C#2.0 引入新技术：泛型、分部类型、匿名方法、静态类、可空类型等。

(2) C#3.0 新特性：隐式类型、自动实现的属性、匿名类型、扩展方法与 Lambda 表达式等。

(3) C#4.0 随 Visual Studio 2010 一起发布，主要引入的新特性：动态绑定、可选参数、命名参数、泛型协变和逆变、嵌入的互操作类型。

(4) C#5.0 随 Visual Studio 2012 一起发布，主要引入的新特性：适用于异步编程的

async 和 await 模型。

（5）C♯6.0 随 Visual Studio 2015 一起发布，主要新特性：静态导入、异常筛选器、自动属性初始化表达式、Expressionbodied 成员、Null 传播器、字符串内插、nameof 运算符。

（6）C♯7.0 随 Visual Studio 2017 一起发布，主要新特性：out 变量、元组和析构函数、模式匹配、本地函数、已扩展 expressionbodied 成员、ref 局部变量、引用返回。

（7）C♯8.0 随 Visual Studio 2019 一起发布，面向.NET Core 的第一个版本。一些功能依赖于新的 CLR 功能，而其他功能依赖于仅在.NET Core 中添加的库类型。C♯8.0 主要新特性：Readonly 成员、默认接口方法、switch 表达式、属性模式、元组模式、位置模式、Using 声明、静态本地函数、可为空引用类型、异步流、索引和范围、Null 合并赋值、stackalloc 表达式、ref 结构类型、$ 字符串内插。

（8）C♯9 随.NET 5 一起发布。它是面向.NET 5 版本的任何程序集的默认语言版本，主要新特性：记录、仅限 Init 的资源库、顶级语句、模式匹配增强功能、性能和互操作性（本机大小的整数、函数指针、禁止发出 localsinit 标志）、调整和完成功能（目标类型的 new 表达式、static 匿名函数、目标类型的条件表达式、协变返回类型、扩展 GetEnumerator 支持 foreach 循环、Lambda 弃元参数、本地函数的属性）、支持代码生成器（模块初始值设定项、分部方法的新功能）。

（9）C♯10 随 Visual Studio 2022 一起发布，主要新特性：记录结构、结构类型的改进、内插字符串处理程序、global using 指令、文件范围的命名空间声明、扩展属性模式、对 Lambda 表达式的改进、可使用 const 内插字符串、记录类型可密封 ToString()、改进型明确赋值、在同一析构中可同时进行赋值和声明、可在方法上使用 AsyncMethodBuilder 属性、CallerArgumentExpression 属性、增强的 ♯line pragma。

本书主要介绍如何使用.NET Framework 构建各类应用，因此书中仅简要介绍一些与.NET Framework 相关的新特性。

4.11.1 泛型

C♯语言中使用的数据都必须带有类型，这种程序语言被称为强类型语言。在程序中经常会用到某些通用算法，用 C♯这种强类型语言编写算法时需要为每一种数据类型都提供一个相同的算法，显然这并不是一个很好的方法，但是，C♯提供的泛型技术很好地解决了这一问题。C♯ 2.0 引入的泛型技术，使开发人员能够实现程度很高的代码重用，获得更高的集合类性能。

例如，下面引例中，左边代码 MyCalss 是一个泛型类，方法 GetMax 是该泛型类的一个方法，该方法可以接受任何类型的数据并返回两个数中的数值较大者。右边代码声明了泛型类的实例，并调用泛型类的方法。

4.11.1

这是一个使用了泛型技术
的类,注意类名后<T>

实例化时,
<int>取代<T>

```
class MyClass<T>where T:IComparable
{
    public T GetMax(T x,T y)
    {
        if (x.CompareTo(y)>=0)
            return x;
        else
            return y;
    }
}
```

```
MyClass<int> mc=new MyClass<int>();
mc.GetMax(12,-38);
```

1. 什么是泛型

通过上面的引例可以看出,泛型技术是在定义一个类时,使用一种类型占位符<T>(当然也可以使用别的符号)作为参数化类型的标识符,而不需要指定特定的数据类型。当实例化这个类时,再指定具体的数据类型。编译器在编译时就会根据指定的具体数据类型代替类型占位符建立一个针对这种类型的类。

所谓泛型,是通过参数化类型(即占位符)来实现在同一份代码上操作多种数据类型。关于泛型概念的理解还需要注意以下几点。

(1) 泛型不是一种特殊的类型,它只是带有"占位符"的类、结构、接口、方法或者委托。

(2) 占位符是必须指定的。占位符可以是一个或多个。在前面的代码中,Stack<T>指定了这个泛型类的占位符是 T,指定后就可以认为有了 T 这么一个数据类型,然后这个 T 类型既可以作为参数的数据类型,又可以作为方法的返回类型,还可以作为局部变量、数组的数据类型。

(3) 引入泛型技术之后,定义一个类、接口、方法等数据结构时不指定具体类型,但实现这些数据结构时一定要指定具体类型,定义时使用<>来指定类型占位符,实现时也使用<>来指定具体类型。

2. 泛型的使用

1) 泛型类

同一般类不同,泛型类封装了不属于具体数据类型的数据或操作。泛型类的定义与一般类相似,只是要使用泛型类型声明。之后,泛型类型就可以在类中用作一个字段成员或者方法的参数类型。

泛型类定义一般格式为:

```
［类修饰符］类名<泛型类型列表>:［基类］［,基接口］
{
```

```
    …//类体
}
```

下面实例中通过一个泛型的链表类来说明泛型类的使用。

【**实例 4-17**】 定义一个交换两个数据的泛型类。源代码如表 4-22 所示。

表 4-22 实例 4-17 源代码

行号	源 代 码
01	using System;
02	namespace 实例 4_17{
03	class MySwap＜T＞{
04	public void Swap(ref T x，ref T y) {
05	T temp;
06	temp＝x；x＝y；y＝temp;
07	}
08	}
09	class Program {
10	static void Main(string[] args) {
11	double a＝12，b＝5;
12	MySwap＜double＞ ms＝new MySwap＜double＞();
13	ms.Swap(ref a，ref b);
14	Console.WriteLine("交换之后：a＝{0},b＝{1}", a, b);
15	Console.ReadKey();
16	}
17	}
18	}

上述实例代码中，第 03 行定义了泛型类 MySwap＜T＞，泛型类型占位符为＜T＞。第 12 行声明了泛型类 MySwap 的一个实例 ms，指定了数据类型为 double：

```
MySwap<double>ms=new MySwap<double>();
```

2）泛型结构

结构是值类型，通常可以定义结构类型表示一些简单的对象。但这些结构体通常都存储一种类型的数据。引入泛型技术之后，就可以定义一个可以保存任何数据类型的泛型结构体。

泛型结构定义一般格式为：

```
struct 结构名<泛型类型列表>
{
    …//结构体
}
```

下面实例定义了一个泛型结构体 Point。该结构体的 x、y 可以保存任何数值类型的坐标数据。

【**实例 4-18**】 泛型结构应用实例。源代码如表 4-23 所示。

表 4-23   实例 4-18 源代码

行号	源 代 码
01	using System；
02	namespace 实例 4_18{
03	//定义泛型结构体
04	struct Point<T>{
05	public T x；
06	public T y；
07	}
08	class Program{
09	static void Main(string[] args){
10	//测试泛型结构体
11	Point<double> p=new Point<double>();
12	p.x=67.8；
13	p.y=19.6；
14	Console.WriteLine("x={0},y={1}",p.x,p.y)；
15	}
16	}
17	}

上述代码中，第 04 行至第 07 行定义了一个 Point 型的泛型结构体。程序运行结果：

```
x=67.8,y=19.6
请按任意键继续…
```

3）泛型方法

类型参数还可以作用于单独的方法，这就是泛型方法。在 C# 中，如果一个类型中只有少数方法用到了类型参数，这时，不必将整个类型都定义成为泛型，而是可以将类型参数只限制在成员方法的定义中，这就是泛型方法。例如，将实例 4-17 中的 Swap 方法修改成泛型方法，代码定义如下：

```
class MyClass{
    public static void Swap<T>(ref T a, ref T b)
    {
        T c;
        c=a;
        a=b;
        b=c;
    }
}
```

从上述示例代码中可以看出，定义泛型方法时，类型参数包含在方法名之后的符号 "<>"中，类型参数可以作为方法的参数类型、返回类型，以及方法执行代码中的局部变量类型。

在调用泛型方法时，只需要将方法中的类型参数替换为具体类型，例如，上面泛型方法调用语句为：

```
MyClass.Swap<int>(ref a, ref b);
```

4）泛型集合

System.Collections 中的数据结构全部都是基于 Object 的，基于 Object 的方案性能较差和缺少类型安全。.NET 2.0 在 System.Collections.Generic 命名空间中引入了一组泛型集合。例如，泛型的 Stack<T>类和泛型的 Queue<T>类。

泛型集合大部分都位于系统命名空间 System.Collections.Generic 中，其中也有一些位于命名空间 System.Collections.ObjectModel 中，泛型集合除了可以提供非泛型集合的所有功能外，还提供许多非泛型集合没有的功能。另外新的泛型接口也代替了以前的非泛型接口。表 4-24 和表 4-25 分别列出了泛型集合和非泛型集合、泛型接口和非泛型接口对照表。

表 4-24   泛型集合和非泛型集合对照表

泛型集合类	非泛型集合类	说　　明
List<T>	ArrayList	数组列表
Dictionary<K,T>	Hashtable	存储键值元素的哈希表
Queue<T>	Queue	队列
Stack<T>	Stack	堆栈
SortedList <K,T>	SortedList	排序哈希表
LinkedList<T>		新增的一个通用链表集合

表 4-25   泛型接口和非泛型接口对照表

泛　型　接　口	非泛型接口	说　　明
ICollection<T>	ICollection	集合基接口
IEnumerable<T>	IEnumerable	公开枚举器的接口
IEnumerator<T>	IEnumerator	枚举器接口
IDictionary<K,T>	IDictionary	"键-值"对集合访问接口
IList<T>	IList	访问列表集合的接口

5）泛型约束

很多时候人们定义的泛型并不能适合任何类型。对此，编译器在编译泛型代码时会对它进行分析，并检查该泛型类型是否是适用全部类型的，如果不是适用全部类型编译器将报错，比如下面泛型排序算法：

```
public static void Sort<T>(T s)
{
    s.Sort();
}
```

这个泛型算法编译器在编译时会报如下错误：

问题在于这个泛型方法假设了任何类型都有 Sort 方法，这显然是不可能的，所以编译器不允许也不能编译上述代码。在这种情况下，将需要把泛型类型指定为面向某一些类型而不是全部类型，这就是 C# 中泛型约束要做的工作。泛型约束使用 where 关键字来指定。

下面实例说明了如何给上面的泛型方法加上约束。

【实例 4-19】 泛型约束应用实例。源代码如表 4-26 所示。

表 4-26　实例 4-21 源代码

行号	源　代　码
01	using System；
02	using System.Collections；
03	namespace 实例 4_19{
04	class Program{
05	static void Main(string[] args){
06	ArrayList ls＝new ArrayList()；
07	int[] a＝{12,45,16,26}；
08	ls.AddRange(a)；
09	MyClass.Sort＜ArrayList＞(ls)；
10	foreach (int item in ls)
11	Console.WriteLine(item)；
12	}
13	}
14	class MyClass{
15	public static void Sort＜T＞(T s) where T：ArrayList//泛型约束,T 适合于 ArrayList 集合
16	{
17	s.Sort()；
18	}
19	}
20	}

上面实例中，使用 where 关键字来给 Sort 泛型方法添加了约束，约束了 T 类型的范围。当指定了这个泛型约束后就是告诉编译器将来调用这个方法是满足约束的类型或此类型的子类型对象，比如这里，就是约束使用这个泛型方法的可以是 ArrayList 类对象，也可以是 ArrayList 子类的对象，除此之外若企图使用该方法处理其他任何类型的对象，编译器都会报错。

在定义泛型类、泛型方法、泛型结构等泛型应用时，.NET 为人们提供了 5 种常用的约束。对于任何泛型的定义，可以对其应用多个约束。表 4-27 列出了这 5 种常用的泛型约束。

表 4-27　常用的泛型约束

约　　束	说　　明
T：struct	约束泛型类型必须是值类型
T：class	约束泛型类型必须是引用类型,包括任何类、接口、委托或数组类型
T：类名	约束泛型类型必须是指定的类或其派生类
T：接口名称	约束泛型类型必须是指定的接口或其实现类
T：U	约束 T 类型,必须是另外一个泛型 U 类型

6）default 关键字

现在我们再来看一下前面的泛型 Stack＜T＞类,在该类中存在一个 public T Pop()方法。下面是 Pop()方法的实现代码：

```
public T Pop()  {
    m_StackPointer--;
    if(m_StackPointer>=0)
        return m_Items[m_StackPointer];
    else
        return default(T);
}
```

在定义方法时,返回值类型 T 是未知的。以下写法均是错误的：
- return null;
- return 0;

Pop()方法的返回值类型为泛型 T。如果不希望在堆栈为空时 Pop()方法引发异常,则需要返回堆栈中存储的类型的默认值。可是 T 类型在方法定义时并不知道,如果是值类型（如整型、枚举和结构）,则应返回 0；如果是引用类型（如 string、object）,则可简单地返回 null。为了解决这个问题,可以使用 default 关键字。在泛型中,根据泛型类型是引用类型还是值类型,通过 default 关键字,将 null 赋予引用类型,将 0 赋予值类型。

4.11.2　分部类型

1. 分部类型的定义

有时候一个类型（类、结构、接口）中可能包含大量的代码,这样使用、管理起来很不方便。为此,C♯中提供了分部类型（Partial Type）的概念,分部类型允许人们将一个类型（类、结构、接口）的定义拆分为多个代码片段,而这些片段又可以存放在不同的 cs 文件中。这样定义的类、结构、接口分别称为分部类（Partial Class）、分部结构（Partial Struct）、分部接口（Partial Interface）,分部类型是这三者的统称。

下面的代码示意了一个一般类和分部类的定义。

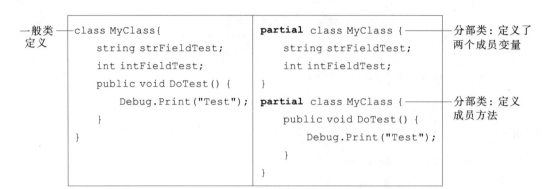

左面代码定义了一个 MyClass 类和两个成员变量、一个成员方法，这是一个一般类的定义。右边代码将 MyClass 类分成了两部分，每一部分类名相同，且都有一个 partial 关键字，这样一种方法所定义的类就是分部类。

2. 什么情况下使用分部类型

分部类型适合以下情况。

第一种，类型特别大，不宜放在一个文件中实现。例如，在设计一个较大项目时，使一个类分布于多个独立文件中既便于管理，又可以让多位程序员同时对该类进行处理。

第二种，一个类型中一部分代码为自动化工具生成的代码，不宜与我们自己编写的代码混合在一起。Visual Studio 2022 窗体设计器就使用分部类将它自动生成的代码放在一个分部类里，用户自定义代码放在另一个分部类里。例如，新建一个 Windows 应用程序，在资源管理器窗口可以看到系统默认创建的两个文件：Form1.Designer.cs 和 Form1.cs。

第一个文件 Form1.Designer.cs 为 Visual Studio 2022 窗体设计器自动生成的代码：

```
partial class Form1 {
    ///<summary>
    ///必需的设计器变量
    ///</summary>
    …
    #region Windows 窗体设计器生成的代码
    ///<summary>
    ///设计器支持所需的方法
    ///使用代码编辑器修改此方法的内容
    ///</summary>
    …
    #endregion
}
```

第二个文件 Form1.cs 为用户编写代码：

```
public partial class Form1: Form{
```

```
public Form1()
{
    InitializeComponent();
}
private void Form1_Load(object sender, EventArgs e)
{ }
…
}
```

使用分部类将这些代码放在两个不同的文件中可以使类看起来比较简洁，方便操作。

3. 注意问题

(1) 分部类型在使用上有以下限制。

① 分部类型仅适用于类、结构或接口，不支持委托和枚举。

② 同一个类型所有部分都必须使用 partial 关键字。

③ 使用分部类型时，一个类型的各个部分必须位于相同的命名空间中。

④ 分部类各个部分必须具有相同的访问修饰符，如 public、private 等。

⑤ 分部类型的各个部分必须被同时编译。

(2) 对于分部类型的理解，还要注意以下事项。

① 关键字 partial 是一个上下文关键字，只有和 class、struct、interface 放在一起时才有分部类型的含义。

② 局部类型的各个部分一般是放在不同的.cs 文件中，但 C♯ 编译器也允许将它们放在同一个.cs 文件。

③ 在分部类型中，如果将任意部分声明为抽象的，则整个类型都被视为抽象的。如果将任意部分声明为密封的，则整个类型都被视为密封的。

④ 如果将任意部分声明为基类型，则整个类型都将继承该类。指定基类的所有部分必须一致，但忽略基类的部分仍继承该基类型。

⑤ 各个部分可以指定不同的基接口，最终类型将实现所有分部声明所列出的全部接口。

⑥ 在某一分部定义中声明的任何类、结构或接口成员可供所有其他部分使用。

⑦ 分部类型是一个纯语言层的编译处理，不影响任何执行机制。事实上，C♯ 编译器在编译的时候仍会将各个部分合并成一个完整的类型（类、结构、接口）。

4. 应用实例

【实例 4-20】 下面给出一个分部类的实例，以说明分部类型的使用。该实例包含两个文件.cs 文件：Class1.cs 和 Program.cs。在 Class1.cs 中定义了分部类，Program.cs 仅是对分部类调用。表 4-28 为 Class1.cs 源代码和 Program.cs 源代码。

表 4-28　实例 4-20 源代码

行号	源　代　码
01	using System;
02	using System.Diagnostics;
03	//Class1.cs 源代码
04	namespace 实例 4_20{
05	public interface FirstInterface {
06	void TestMethod1();
07	void TestMethod2();
08	}
09	public interface SecondInterface {void NewTestMethod();}
10	partial class PartialTest：FirstInterface {
11	string strFieldTest;
12	public void TestMethod1() {}
13	public string FieldTest {set {this.strFieldTest=value;}}
14	}
15	partial class PartialTest：SecondInterface {
16	public void TestMethod2() {}
17	public void NewTestMethod() {Console.WriteLine (this.strFieldTest);}
18	}
19	}
20	//Program.cs 源代码
21	namespace 实例 4_20{
22	class Program {
23	static void Main(string[] args){
24	PartialTest pt=new PartialTest();
25	pt.FieldTest="分部测试";　　　　//给分部类的属性赋值
26	pt.NewTestMethod();　　　　//调用另一个分部类的方法
27	Console.ReadKey();
28	}
29	}
30	}

　　由上面的代码不难看出，Class1.cs 和 Program.cs 在同一个命名空间下。在 Class1.cs 代码中先定义了两个接口 FirstInterface、SecondInterface，接口 FirstInterface 包含两个方法，这两个方法在后面两个分部类中是分别实现的。代码中第 24 行声明了分部类 PartialTest 的实例 pt，第 25 行给其中一个分部类的属性赋值，第 26 行调用另一个分部类的方法。

4.11.3　匿名方法

1. 什么是匿名方法

　　匿名方法将代码块作为参数来传递，在本应使用委托的任何地方，使用代码块来取代，将代码直接与委托实例相关联，从而使得委托实例化工作更加直观和方便。由于使用匿名方法,不必创建单独的方法,因此减少了实例化委托所需的编码系统开销。下面的代码块示意了这种情况,左边显示了在委托中使用匿名方法,右边为传统的命名方法。

```
delegate void MyDelegate(int x, int y);    │ delegate void MyDelegate(int x, int y);
class Program                              │ public class MyClass{
{                                          │    public void Sum(int a, int b)
  static void Main(string[] args)          │    { Console.WriteLine(a+b);}
  {                                        │ }
    MyDelegate d=delegate(int a,int b)     │ class Program{
    { Console.WriteLine(a+b);};            │    static void Main(string[] args) {
    d(2, 3);                               │      MyClass c=new MyClass();
  }                                        │      MyDelegate d=new MyDelegate(c.Sum);
}                                          │      d(2, 3);
                                           │    }
         要将代码块传递为委托参数,创        │ }
         建匿名方法则是唯一的方法            │
                                           │      在 2.0 之前的 C# 版本中,声明
                                           │      委托的唯一方法是使用命名方法
```

由上面的代码不难看出,匿名方法允许人们以“内联”的方式来编写代码,将代码直接与委托实例相关联,从而使得委托实例化工作更加直观和方便。

2. 注意问题

C# 2.0 中匿名方法仅仅是通过编译器的一层额外处理,来简化委托实例化的工作。使用匿名方法时,应注意参数列表、返回值和外部变量的问题。

1) 参数列表

匿名方法可以在 delegate 关键字后面跟一个参数列表(可以不指定,但不能为空),后面的代码块则可以访问这些参数。例如:

```
button1.Click+=delegate (object sender, EventArgs e) {
              MessageBox.Show(((Button)sender).Text);};
```

注意:“参数列表为空”与“不指定参数列表”的区别。

```
button1.Click+=delegate(){…}         //错误,参数列表为空
button1.Click+=delegate{…}           //正确,不指定参数
```

2) 返回值

如果委托类型的返回值类型为 void,匿名方法里不能返回任何值。如果委托类型的返回值类型不为 void,匿名方法里返回的值类型必须和委托类型的返回值兼容。

3) 外部变量

一些局部变量和参数有可能被匿名方法所使用,它们被称为匿名方法的外部变量或捕获变量。例如,下面代码段中的 n 即是一个外部变量:

```
int n=0;
```

```
MyDelegate d=delegate() {System.Console.WriteLine("Copy #:{0}",++n); };
```

与局部变量不同，外部变量的生命周期一直持续到引用该匿名方法的委托符合垃圾回收的条件为止。对 n 的引用是在创建该委托时捕获的。

4.11.4　静态类

1. 什么是静态类

静态类是只用于包含静态成员的类型，它既不能被实例化，也不能被继承。它相当于一个 Sealed abstract 类。下面代码段就是一个简单的静态类：

```
static class MyClass{
    private const int data=123;
    public static void Foo() {
        //…
    }
}
```

在上面代码中，可以将类声明为 static 的，以表明它仅包含静态成员，而不能使用 new 关键字创建静态类的实例。静态类在加载包含该类的程序或命名空间时由.NET 框架公共语言运行库（CLR）自动加载。

2. 静态类的作用

静态类的作用可以用一句话概括：静态类主要用于提供全局函数、全局变量。
使用静态类的优点在于：编译器能够执行检查以确保不会创建此类的实例。
那么人们什么时候才会用到静态类呢？在实际开发过程中，人们经常会把独立的、不随实例化而改变的方法声明为静态，以减少调用开销和方便调用。例如，最常用的 Console 类就是一个静态类，并且其中全部方法都被声明为静态的，包括 WriteLine 方法。System 命名空间下的 Math 类也是一种静态类，人们可以方便地使用它所提供的各种数学函数（方法），而不用实例化它。

3. 几个注意问题

关于静态类使用，需要注意如下几个问题。
（1）静态类仅包含静态成员，不能有任何实例成员。
（2）静态类是密封的，不能被实例化，不能被继承。因此，在定义静态类时不能再使用 sealed 或 abstract 修饰符。
（3）静态类的成员不能使用 protected 或 protected internal 访问限制修饰符。
（4）静态类不能有实例构造函数。但仍可声明静态构造函数以分配初始值或设置某个静态状态。
（5）静态类不能指定任何接口实现。
（6）静态类默认继承自 System.Object 根类，不能显式指定任何其他基类。

4.11.5　可空类型

1. 什么是可空类型

从 C♯ 2.0 开始引入了可空类型（NullLabel Type）的概念，即每一个值类型都对应一个可空类型。可空类型是 System.NullLabel＜T＞ 结构的实例。可空类型可以表示其基础值类型正常范围内的值，再加上一个 null 值。例如：

NullLabel＜Int32＞（读作可空的 Int32），可以被赋值为－2 147 483 648～2 147 483 647 的任意值，也可以被赋值为 null 值。

NullLabel＜bool＞ 可以被赋值为 true，或 false，或 null。

空是 null，不等于 0，也不等于空串。

2. 可空类型定义

可空类型的定义语法有两种。

格式 1：

```
NullLabel<数据类型>  变量标识符=null;
```

格式 2：

```
数据类型? 变量标识符=null;
```

下面两个语句都定义了一个可空类型的整型变量 num，这两个语句的功能完全等价：

```
Nulllable<int>num=null;
int? num=null;
```

再如，下面可空类型变量的定义均是合法的：

```
int? i=10;
double? d1=3.14;
bool? flag=null;
char? letter='a';
int? []arr=new int? [10];
```

3. 可空类型的作用

可空类型是很有用的一个特性，在处理数据库和其他包含可能未赋值的元素的数据类型时，允许将 null 赋值给数值类型的功能就显得特别有用。比如，在 SQL Server 中，数据库中的日期类型字段可以为 null，但早期的 C♯1.0/1.2 是不允许为空的。为此，人们常常需要人为地赋予一个无任何意义的值，如 1900-1-1 等。现在不需要这样做了，C♯ 日期也可以为 null：

```
DateTime? d=null;            //可空的日期型
```

4. 双问号运算符

可空类型使用"??"运算符分配默认值。当前值为空的可空类型被赋值给非空类型时应采用"??"运算符获得默认值。例如：

```
int? x=null;
int y=x ?? -1;
```

上面两条语句中，第一条语句定义了一个可空类型变量 x，第二条语句中将 x−1 表达式值赋给变量 y。问题在于，由于 x 为空，x−1 是无意义的，因此第二条语句中采用"??"运算符让 x 获取默认值 0，此时整个表达式值为−1。

5. 应用实例

【实例 4-21】 下面是可空类型的使用示例。源代码如表 4-29 所示。

表 4-29 实例 4-21 源代码

行号	源 代 码
01	using System;
02	namespace 实例 4_21{
03	class Program {
04	static void Main(string[] args){
05	**int? num＝null;** //定义了一个可空类型的整型变量 num
06	//num＝10;
07	if (num.HasValue)
08	Console.WriteLine("num＝"＋num.Value);
09	else
10	Console.WriteLine("num＝Null");
11	**int y＝num.GetValueOrDefault();** //声明一个整型变量 y，将 y 设置为默认值 0
12	**y＝num ?? −1;**
13	Console.WriteLine(y.ToString());
14	}
15	}
16	}

上面的代码第 12 行，?? 运算符的作用是：若 num 为空，则 y 为−1；不为空，则将 num 的值给 y。该语句与下面语句等价：

```
if(num.HasValue)
    y=(int)num;
else
    y=-1;
```

上面实例的输出结果如下：

```
num=Null
-1
请按任意键继续…
```

4.11.6　隐式类型

C♯ 3.0 中引入了一个新的关键字叫作 var。使用这个特性声明一个局部变量,它的具体类型是通过初始化表达式来推断。例如,下面变量的声明隐藏了具体的数据类型,但都是正确的:

```
var d=23.56;
var s="C Sharp";
var a=new[] {1,2,3,4};
var obj=new myType();
var dic=new Dictionary<int,myType>();
```

编译器会生成 CIL 中间代码,就如同编译了下面的代码:

```
double d=23.56;
string s="C Sharp";
int[] a=new[] {1,2,3,4};
myType obj=new myType();
Dictionary<int,myType>dic=new Dictionary<int,myType>();
```

关于隐式类型的几点说明如下。

(1) var 为关键字,不是一种类型。

(2) 编译器是从右边的赋值语句来自动推断隐式类型中的变量类型,因此隐式类型并没有改变 C♯ 强类型语言特性。

(3) 初始化语句必须为表达式,且编译时可以推断类型。

(4) 数组也可以作为隐式类型。注意隐式类型数组的声明格式:在 var 后面没有跟[]。

(5) var 声明的仅限于局部变量,亦可以用于 foreach、using 等语句中。

4.11.7　自动实现的属性

如下面代码所示,左边的代码简单地定义了一个拥有两个属性的类。现在使用 VS 2022 中的 C♯ 编译器,就可以用右边的自动属性写得更简单,它能自动地生成带有 get/set 操作的私有域。代码可读性更好并且简洁,这个特性和 LINQ 没有关系。

```
public class Point{
    private int _x, _y;
    public int X{
        get {return _x;}
        set {_x=value;}
    }
    public int Y{
        get {return _y;}
        set {_y=value;}
    }
}
```

```
public class Point
{
    public int X {get; set;}
    public int Y {get; set;}
}
```

4.11.8　匿名类型

这个语言特性让人们可以定义内嵌的类型，而不需要显式地定义一个类型。换句话说，假设我们没有定义 Point 类，却要使用一个 Point 对象（即类型是匿名的），可以使用上面提到的对象初始化语法，但不用指定类型名：

```
var p=new {X=0, Y=2};
```

（1）可以使用 new 关键字调用匿名初始化器创建一个匿名类型的对象。

（2）匿名类型直接继承自 System.Object。

（3）匿名类型的成员是编译器根据初始化器推断而来的一些读写属性。

（4）在 VS 2022 中，你仍然可以使用智能感应。所以如果你继续使用变量 p，就会得到这个匿名类型的属性列表。

4.11.9　扩展方法

C# 允许在 string、int、DataRow 和 DataTable 等类型的基础上增加一个或多个方法，使用时不需要修改或编译类型本身的代码，这就是扩展方法。扩展方法允许人们在不改变源代码的情况下扩展（即添加）现有类型中的实例方法，而无须继承它或者重新编译。

比如，使用扩展方法给字符串增加一个字符 a。

```
Static class Program {                    //必须是静态类才可以添加扩展方法
    static void Main(string[] args){
        string str="ytu";
        Console.WriteLine(str.Add());     //调用扩展方法,必须用对象来调用
        Console.ReadKey();
    }
        //声明扩展方法,扩展方法必须是静态的
        //Add 有三个参数,this 必须有,string 表示要扩展的类型,stringName 表示对
        //象名
        //三个参数 this 和扩展的类型必不可少,对象名可以自己随意取,
        //如果需要传递参数,再增加一个变量即可
    public static string Add(this string stringName) {
        return stringName+"a";
    }
}
```

【实例 4-22】　扩展方法的实例。实例运行后，要求输入成绩。如果输入的成绩大于或等于 0，将显示"有效的成绩"，否则将显示"无效的成绩"。源代码如表 4-30 所示。

表 4-30 实例 4-22 源代码

行号	源 代 码
01	using System;
02	namespace 实例 4_22{
03	public static class MyExtensions {
04	public static bool IsValidZIP(this int score) {
05	if (score>=0) {
06	return true;
07	}
08	return false;
09	}
10	}
11	class Program {
12	static void Main(string[] args) {
13	Console.Write("请输入成绩:");
14	int score=Convert.ToInt32 (Console.ReadLine());
15	if (score.IsValidZIP())
16	Console.WriteLine("有效的成绩");
17	else
18	Console.WriteLine("无效的成绩");
19	Console.ReadKey();
20	}
21	}
22	}

在没有扩展方法之前,如果想要验证一下输入的 score 是不是合法的成绩,可以编写一个方法,输入为一个整型数字,并且返回 true 或者 false。现在,使用扩展方法,我们就可以像第 15 行代码所示的那样直接调用 IsValidZIP()方法。

值得提出的是,后面的 LINQ 大量使用了 System.Linq 命名空间中的扩展方法,例如 where()、orderby()、select()、sum()、average()等。

对扩展方法理解还需要注意以下几点。

(1) 扩展方法是一种编译时技术,注意与反射等运行时技术进行区别。

(2) 在实际编程中慎重使用扩展方法,不宜滥用。

(3) 扩展方法只能扩展,不能修改删除。

(4) 扩展方法的优先级:现有实例方法优先级最高,其次为最近的 namespace 下的静态类的静态方法,最后为较远的 namespace 下的静态类的静态方法。

4.11.10 Lambda 表达式

1. Lambda 表达式格式

Lambda 表达式声明格式如下:

```
(参数列表)=>表达式或者语句块
```

其中,参数列表可以有一个或者多个参数,或者无参数。参数类型可以隐式或者显式。例如:

- (x,y)=>x * y；　　　　　　//多参数,隐式类型=>表达式
- x=>x * 10；　　　　　　　//单参数,隐式类型=>表达式
- x=>{return x * 10;}；　　　//单参数,隐式类型=>语句块
- (int x)=>x * 10；　　　　　//单参数,显式类型=>表达式
- (int x)=>{return x * 10;}；//单参数,显式类型=>语句块
- ()=>Console.WriteLine()；//无参数

2. Lambda 表达式应用

匿名方法允许在需要委托的地方写一个代码块。匿名方法提供了函数式程序语言的能力,语法显得很简洁。而 Lambda 表达式提供了一个更简洁的语法来写匿名方法。试比较下面左右两边的代码,左边代码使用匿名方法,右边代码使用 Lambda 表达式。

```
delegate int delegt(int x,int y);
class Program {
  static void Main(string[] args) {
    delegt myDelegate = delegate (int a,
    int b)
    {
        return a+b;
    };
    int sum=myDelegate(5, 8);
    Console.WriteLine(sum);
  }
}
```

```
delegate int delegt(int x,int y);
class Program {
  static void Main(string[] args) {
    delegt myDelegate = (int a,int b)=>
    a+b;

    int sum=myDelegate(5, 8);
    Console.WriteLine(sum);
  }
}
```

在使用 Lambda 表达式时还需注意以下几点。

(1) Lambda 表达式的参数类型可以忽略,因为可以根据使用的上下文进行推断。

(2) Lambda 表达式的主体(body)可以是表达式,也可以是语句块。

(3) Lambda 表达式传入的实参将参与类型推断以及方法重载辨析。

(4) Lambda 表达式和表达式体可以被转换为表达式树。

(5) Lambda 表达式 L 可以被转换为委托类型 D,需要满足以下条件: L 和 D 拥有相同的参数个数、参数类型;D 的返回类型与 L 相同,无论 L 是表达式还是语句块。

4.11.11　动态绑定

C#4.0 引入了一个新概念,叫动态绑定(Dynamic Binding)。所谓绑定,就是对类型、成员和操作的解析过程。动态绑定意味着与编译器无关,而与运行时有关。

C#4.0 之前的变量声明,在编译时已经决定其类型,虽然 C#3.0 提供了 var 关键字来声明隐式类型,但 dynamic 和 var 是两回事。dynamic 是类型未知,因此,不管什么类型的表达式,全都可以赋值给 dynamic 类型的变量来接收;但 var 只是一种长类型名称的

简写,它仍然是原来的类型。下面语句中,定义了 d 为动态类型变量,由于它的类型实际是未知的,所以你可以随意为其重新赋值为其他类型的变量,但是这一点 var 做不到。

```
dynamic d=230;
d="test";
d=1.46;
```

dynamic 类型的实现是基于 IDynamicObject 接口和 DynamicObject 抽象类。dynamic 类型简化了对 COM API(例如 Office Automation API)、动态 API(例如 IronPython 库)和 HTML 文档对象模型(DOM)的访问。在 C♯ 3.0 及之前,如果你不知道一个变量的类型,而要去调用它的一个方法,一般会用到反射。

下面简要介绍自定义绑定、语言绑定、动态转换及动态表达式中的静态类型等用法。

1. 自定义绑定(Custom Binding)

自定义绑定发生在所有实现了 System.Dynamic.IDynamicMetaObjectProvider 接口的类型上。因为在 C♯ 4.0 的动态类型世界里,实现了 System.Dynamic.IDynamicMetaObjectProvider 接口的类型意味着对该类的实例的操作都会在运行时进行,如表 4-31 示例代码所示,运行结果如图 4-7 所示。

表 4-31　自定义绑定示例代码

行号	源　代　码
01	using System;
02	using System.Dynamic;
03	namespace CustomBinding{
04	public class SomeType : DynamicObject{
05	public override bool TryInvokeMember(InvokeMemberBinder binder,
06	object[]args, out object result)
07	{
08	Console.WriteLine(binder.Name + "method is calling.");
09	result = null;
10	return true;
11	}
12	}
13	public class Program {
14	static void Main() {
15	dynamic d = newSomeType();
16	d.DoOneThing();
17	d.DoOtherThing();
18	}
19	}
20	}

代码运行结果如图 4-7 所示。由于 DynamicObject 类实现了 IDynamicMetaObjectProvider 接口,所以 SomeType 就是自定义绑定类型。从表 4-31 所示代码中可以看出,SomeType 类并没有定义 DoOneThing()方法与 DoOtherThing()方法,但由于方法绑定是在运行时进行的,因此编译这段代码时就不会在编译时得到任何错误信息。

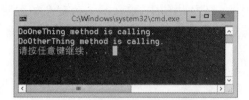

图 4-7　自定义绑定示例运行结果

2. 语言绑定（Language Binding）

语言绑定发生在没有实现 IDynamicMetaObjectProvider 接口的 dynamic 对象上。语言绑定是个非常有用的功能，从表 4-32 所示的语言绑定示例代码可以看出，它与泛型算法有异曲同工之妙。

表 4-32　语言绑定示例代码

行号	源　代　码
01	using System;
02	usingSystem.Dynamic;
03	namespace LanguageBinding{
04	public class Program {
05	static void Main()
06	{
07	int x = 1, y = 6;
08	int result = Compute(x, y);
09	Console.WriteLine(result);
10	}
11	static dynamic Compute(dynamic x, dynamic y) {
12	return (x + y) / 2;
13	}
14	}
15	}

3. 动态转换（Dynamic Conversions）

动态（dynamic）类型与其他类型之间可以相互隐式转换。如果转换不成功，运行时会抛出一个 RuntimeBinderException 异常。下面代码演示了动态转换，其中赋值操作都不需要显示转换。

```
int i =5;
dynamic d =i;
int j =d;
long l =d;            //运行时知道 d 是 int 类型,int 类型可以隐式转换成 long 类型
```

4. 动态表达式中的静态类型

一般说来，动态类型在动态绑定中使用，但有时候，动态类型却能在静态方法中使

用,表 4-33 的示例代码演示了这种用法,运行结果如图 4-8 所示。

表 4-33　动态表达式的静态类型示例

行号	源　代　码
01	using System;
02	public class Program {
03	static void Test(int i, string s) { Console.WriteLine("int and string"); }
04	static void Test(string s,int i) { Console.WriteLine("string and int"); }
05	static void Main() {
06	int i = 10;
07	dynamic d = "hello";
08	Test(i, d);
09	}
10	}

图 4-8　动态表达式的静态类型示例运行结果

4.11.12　可选参数

4.11.12

C♯4.0 引入了可选参数概念。可选参数可以理解成两种情况:一种情况是参数如果没被指定,则采用默认值;另外一种情况就是如果给了参数的值,则采用给的值,不用默认值。示例代码如表 4-34 的所示。

表 4-34　可选参数示例代码

行号	源　代　码
01	using System;
02	public class Program{
03	//在调用函数时若不指定 b 的值,则默认为 1
04	publicint Add(int a, int b = 1){
05	return a + b;
06	}
07	static void Main() {
08	Programprogram = new Program();
09	int m = program.Add(10);　　　　//默认 b=1
10	int n = program.Add(10, 20);　　//b=20
11	}
12	}

4.11.13　命名参数

C♯4.0 引入了命名参数概念。前面可选参数解决了参数默认值问题,而命名参数用于解决参数的顺序问题。通常是按照方法定义时参数顺序来决定方法被调用时候的参数顺序，但可以用命名参数方式改变参数顺序。表 4-35 所示代码示意了命名参数用法。

表 4-35　命名参数示例代码

行号	源 代 码
01	using System;
02	public class Program{
03	publicint GetMinNum(int x，int y) {
04	if (x ＜ y)
05	{
06	return x；
07	}
08	return y；
09	}
10	static void Main() {
11	Programprogram = new Program();
12	int m ＝ 5；
13	int n ＝ 30；
14	//注意 x 和 y 的位置的互换
15	int result ＝ program.GetMinNum(y：n，x：m)；
16	}
17	}

4.11.14　异步编程 async 和 await 模型

4.11.14

C#5.0 随 Visual Studio 2012 一起发布，主要引入的新特性为适用于异步编程的 async 和 await 模型。之前为了让用户界面保持及时响应，可以直接使用异步委托或是 System.Threading 命名空间中的成员，但 System.Threading.Tasks 命名空间提供了一种更加简洁的方法——使用 Task 类。Task 类可以轻松地在次线程中调用方法，可以作为异步委托的简单替代品。关于 async 和 await 的详细用法，可以参考 MSDN 的 Task 类。async 和 await 在 Windows 窗体编程中的运用参见 6.10 节。

用 async 和 await 进行异步编程，简单点说，就是用 async 修饰一个方法，表明这个方法是异步的，声明的方法返回类型只能为 void、Task 或 Task＜TResult＞。方法内部必须含有 await 修饰，如果方法内部没有 await 关键字修饰的表达式，哪怕方法被 async 修饰，执行的时候也是同步执行的。

表 4-36 借助一个简单的示例对利用 async 和 await 实现异步编程进行介绍。

表 4-36　async 和 await 示例代码

行号	源 代 码
01	using System;
02	using System.Threading;
03	using System.Threading.Tasks;
04	namespace ConsoleApp1{
05	internal class Program {

续表

行号	源　代　码
06	static void Main(string[]args){
07	test01();
08	Console.ReadKey();
09	}
10	staticasync void test01(){
11	Console.WriteLine("test01 start thread is" +
12	Thread.CurrentThread.ManagedThreadId);
13	await Methed01();
14	Console.WriteLine("test01 end thread is" +
15	Thread.CurrentThread.ManagedThreadId);
16	}
17	staticasync Task Methed01(){
18	Console.WriteLine("Methed01 start thread is" +
19	Thread.CurrentThread.ManagedThreadId);
20	awaitTask.Run(() =>
21	{
22	Console.WriteLine("Methed01 Task start thread is" +
23	Thread.CurrentThread.ManagedThreadId);
24	Thread.Sleep(5 * 1000);
25	Console.WriteLine("Methed01 Task end thread is" +
26	Thread.CurrentThread.ManagedThreadId);
27	});
28	}
29	}
30	}

表 4-36 代码运行结果如图 4-9 所示。对示例解释如下。

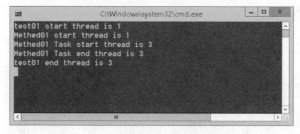

图 4-9　async 和 await 示例运行结果

（1）首先从 main 方法进入，线程是 1，然后进入 test01 方法，此时是以同步的方式运行的，所以输出线程 id 为 1。

（2）然后遇到第一个 await。await 代表等待，后面方法会有异步操作，此时

test01endthreadis 所在行不会执行。注意，异步操作不是在这里开始。

（3）进入 Method01 方法，但此时仍是同步方式，输出线程 id 依然为 1。

（4）第二个 await，后面为 Task.Run() 方法，此时才开始异步操作。从线程池中获取新的线程来执行该段代码，原有调用线程返回向下执行或者挂起（释放）。从这里开始到后面的代码都是由该子线程执行，从输出结果可以看出这点。

（5）总体来讲，还以同步方式实现异步编程，主要区别是多线程，不是单一线程。

4.11.15　自动属性初始化表达式

属性有 set 和 get 方法。C# 6.0 之前，需要通过字段成员来初始化属性。C# 6.0 提供更灵活的方式，可以在定义属性的时候直接为它赋值。

（1）C# 6.0 之前通过构造函数初始化属性。表 4-37 所示示例代码中，创建了 2 个属性，并在构造函数中赋值，运行结果如图 4-10 所示。

表 4-37　构造函数实现属性初始化示例代码

行号	源　代　码
01	using System;
02	namespaceytu{
03	public class Program {
04	static void Main(string[]args)　{
05	Employeeemp = new Employee();
06	Console.WriteLine("EmployeeId is: " + emp.EmployeeId);
07	Console.WriteLine("Name is: " + emp.FullName);
08	Console.ReadLine();
09	}
10	}
11	public class Employee　{
12	publicGuid EmployeeId { get; set; }
13	public stringFullName { get; set; }
14	public Employee() {
15	EmployeeId = Guid.NewGuid();
16	FullName = string.Format("{0}", "赵健");
17	}
18	}
19	}

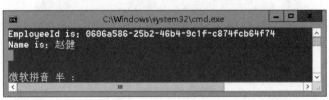

图 4-10　构造函数实现属性初始化示例运行结果

（2）C# 6.0 可以在属性后面直接指定属性的值。表 4-38 示例代码演示了 C# 6.0 自动属性初始化表达式功能，在定义属性时直接初始化。运行结果跟构造函数实现属性初始化相同。

表 4-38　自动属性初始化表达式示例代码

行号	源 代 码
01	using System;
02	namespaceytu{
03	public class Program {
04	static void Main(string[]args)　{
05	Employeeemp ＝ new Employee();
06	Console.WriteLine("EmployeeId is：" ＋ emp.EmployeeId);
07	Console.WriteLine("Name is：" ＋ emp.FullName);
08	Console.ReadLine();
09	}
10	}
11	public class Employee {
12	publicGuid EmployeeId { get; set; } ＝ Guid.NewGuid();
13	public string Name { get { returnstring.Format("{0}", "赵健"); } }
14	}
15	}

4.11.16　out 变量

C♯7.0 之前使用 out 变量必须在使用前先声明。C♯7.0 提供了一种更简洁的语法，使用时进行内联声明。表 4-39 示例代码演示了这种语法。

表 4-39　out 变量声明示例代码

行号	源 代 码
01	using System;
02	namespaceytu {
03	public class Program {
04	static void Main(string[]args) {
05	var input ＝ Console.ReadLine();
06	if (int.TryParse(input, out var result)) {
07	Console.WriteLine("您输入的数字是：{0}", result);
08	}
09	else　{
10	Console.WriteLine("无法解析输入...");
11	}
12	}
13	}
14	}

4.11.17　元组类型

元组功能提供了简洁的语法来将多个数据元素构成一个轻型数据结构。若要定义元组类型，需要指定其所有数据成员的类型，也可以指定字段名称。表 4-40 示例代码演示了如何声明元组变量，以及初始化并访问其数据成员。运行结果如图 4-11 所示。

表 4-40　元组类型示例代码

行号	源　代　码
01	using System;
02	namespaceytu{
03	public class Program {
04	static void Main(string[]args) {
05	(double,int) t1 = (4.5, 3);
06	Console.WriteLine($ "Tuple with elements：{t1.Item1}and{t1.Item2}");
07	(double Sum,int Count) t2 = (4.5, 3);
08	Console.WriteLine($ "{t2.Count},{t2.Sum}");
09	var t = (1, 2, 3, 4, 5, 6, 7, 8, 9, 10);
10	Console.WriteLine(t.Item6);
11	}
12	}
13	}

图 4-11　元组类型示例运行结果

4.11.18　内插字符串

4.11.18

　　C#8.0引入了内插字符串语法。$ 特殊字符将字符串文本标识为内插字符串。内插字符串是可能包含内插表达式的字符串文本。将内插字符串解析为结果字符串时，带有内插表达式的项会替换为表达式结果的字符串表示形式。

　　若要将字符串标识为内插字符串，可在该字符串前面加上 $ 符号。字符串字面量开头的 $ 和 " 之间不能有任何空格。若要连接多个内插字符串，请将 $ 特殊字符添加到每个字符串字面量。内插表达式结构如表 4-41 所示。

表 4-41　内插表达式结构

元　　素	描　　述
interpolationExpression	生成需要设置格式的结果的表达。null 的字符串表示形式为 String.Empty
alignment	常数表达式，它的值定义表达式结果的字符串表示形式中的最小字符数。如果值为正，则字符串表示形式为右对齐；如果值为负，则为左对齐
formatString	受表达式结果类型支持的格式字符串

　　内插字符串为格式化字符串提供了一种可读性和便捷性更高的方式，比字符串复合

格式设置更容易阅读。表 4-42 示例代码使用了这两种功能产生相同的输出结果,运行结果如图 4-12 所示。

表 4-42   内插字符串示例代码

行号	源 代 码
01	using System;
02	namespace ConsoleApp1{
03	internal class Program {
04	static void Main(string[]args) {
05	string name = "Mark";
06	var date = DateTime.Now;
07	//字符串复合格式设置
08	Console.WriteLine("Hi,{0}!Today is {1},it's {2:HH:mm} now.",
09	name,date.DayOfWeek, date);
10	//字符串内插
11	Console.WriteLine($ "Hi,{name}!Today is " +
12	$ "{date.DayOfWeek},it's {date:HH:mm} now.");
13	Console.ReadKey();
14	}
15	}
16	}

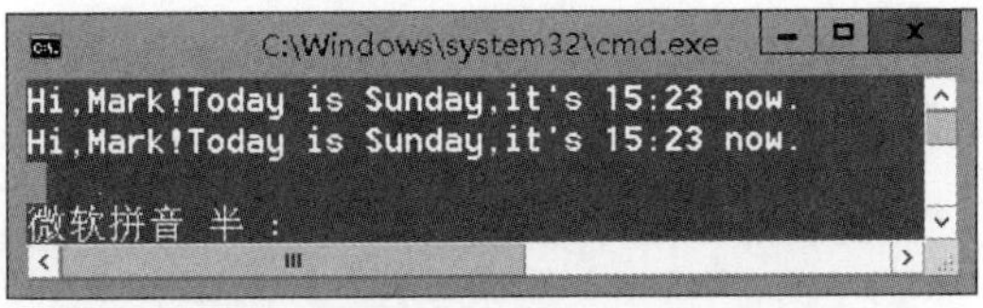

图 4-12   内插字符串示例运行结果

表 4-43 示例代码演示了内插表达式结构设置,运行结果如图 4-13 所示。

表 4-43   内插表达式结构设置示例代码

行号	源 代 码
01	using System;
02	namespaceytu{
03	internal class Program {
04	static void Main(string[]args){
05	Console.WriteLine($ "|{"Left",−10}|{"Right",10}|");
06	const int FieldWidthRightAligned = 20;
07	//默认格式显示 PI 值
08	Console.WriteLine($ "{Math.PI,FieldWidthRightAligned}");
09	//显示保留三位小数 PI 值
10	Console.WriteLine($ "{Math.PI,FieldWidthRightAligned:F3}");
11	}
12	}
13	}

图 4-13　内插表达式结构设置示例运行结果

4.11.19　C# 8.0 之后的常用特性

1. 默认接口方法

接口是用来约束行为的，在 C#8.0 之前，接口中只能进行方法的定义，下面的代码会报编译错误。C#8.0 之后可以正常使用下面的代码，也就是说可以对接口中的方法提供默认实现。接口默认方法最大的好处是，当在接口中进行方法扩展时，之前的实现类可以不受影响，而在 C#8.0 之前，接口中如果要添加方法，所有的实现类需要进行新增接口方法的实现，否则编译失败。

```
public interface IUser
{
    string GetName() =>"oec2003";
}
```

2. 索引与范围

1）索引

使用^操作符：^1 指向最后一个元素，^2 指向倒数第二个元素：

```
char[] vowels =new char[] {'a','e','i','o','u'};
char lastElement =vowels [^1];                    // 'u'
char secondToLast =vowels [^2];                   // 'o'
```

2）范围运算符

范围运算符(..)指定某一索引范围的开头和末尾作为其操作数，左闭右开。任一操作数都可以是序列开头或末尾的索引，如以下语句所示。

```
char[] vowels =new char[] {'a','e','i','o','u'};
char[] firstTwo =vowels [..2];          // 'a', 'e'
char[] lastThree =vowels [2..];         // 'i', 'o', 'u'
char[] middleOne =vowels [2..3];        // 'i'
char[] lastTwo =vowels [^2..];          // 'o', 'u'
```

3）Index 类型与 Range 类型

主要借助于 Index 类型和 Range 类型实现索引与范围。下面代码演示了 Range 类型用法。

```
char[] vowels =new char[] {'a','e','i','o','u'};
Range firstTwoRange =0..2;
char[] firstTwo =vowels [firstTwoRange];          // 'a', 'e'
```

3. using 声明

如果省略了 using 后面的{ }，以及声明语句块，就变为了 using declaration，当执行落到所包含的语句块之外时，该资源将被释放。下面代码演示了 using 声明用法，当执行走到 if 语句块之外时，reader 才会被释放。

```
if (File.Exists("file.txt"))
{
    using var reader =File.OpenText("file.txt");
    Console.WriteLine(reader.ReadLine());
}
```

4. readonly 成员

允许在结构体的函数中使用 readonly 修饰符，确保如果函数试图修改任何字段，会产生编译错误。下面代码编译无法通过，显示"无法为 X 赋值，因为它是只读的"错误提示。

```
struct Point
{
    public int X;
    public readonly void ResetX() =>X =0;          // 错误
}
```

5. switch 表达式

可以在一个表示式上下文中使用 switch，如下面代码所示。

```
int x =13;
string cardName =x switch
{
    13 =>"King",
    12 =>"Queen",
    11 =>"Jack",
    _ =>"Pip card"          //等价于 default
};
```

6. 记录类型

C# 9.0引入了记录类型。可使用record关键字定义一个引用类型，用来提供用于封装数据的内置功能。通过使用位置参数或标准属性语法，可以创建具有不可变属性的记录类型。下面代码演示了记录类型的基本语法。

```
Person person = new("Nancy", "Davolio");
Console.WriteLine(person);
public record Person(string FirstName, string LastName);
```

7. 顶级语句

C# 9.0引入了顶级语句概念。C# 9.0之前，程序采用静态Main(string[] args)入口。如下面代码所示。

```
using System;
namespace HelloWorld{
    class Program {
        static void Main(string[] args) {
            Console.WriteLine("Hello World");
        }
    }
}
```

借助顶级语句，可使用using指令和执行操作的一行替换所有样本，只有一行代码执行所有操作，如下面代码所示。顶级语句非常适合小型控制台程序和实用程序。

```
using System;
Console.WriteLine("Hello World!");
```

8. 模式匹配增强功能

自C# 7.0以来，模式匹配就作为C#的一项重要的新特性在不断地演化，C# 9.0就对模式匹配这一功能做了进一步的增强。

在特定的上下文中，模式匹配是用于检查所给对象及属性是否满足所需模式，并从输入中提取信息的行为。它是一种新的代码流程控方式，它能使代码流可读性更强。这里所需模式有"是不是指定类型的实例""是不是为空""是否与给定值相等""实例的属性的值是否在指定范围内"等。模式匹配常结合is表达式用在if语句中，也可用在switch表达式中，并且可以用when语句来给模式指定附加的过滤条件。

从C#的7.0版本到现在9.0版本，总共有如下13种模式。

(1) C# 7.0的常量模式、Null模式、类型模式、属性模式。

(2) C# 8.0的var模式、弃元模式、元组模式、位置模式。

(3) C# 9.0的关系模式、逻辑模式、否定模式、合取模式、析取模式、括号模式。

下面通过简要介绍其中元组模式、关系模式，说明模式匹配及其增强功能。

1）元组模式

元组模式将多个值表示为一个元组，用来解决一些算法有多个输入组合这种情况。如表 4-44 的示例代码结合 switch 表达式，根据参数值来创建指定返回值。

表 4-44　元组模式示例代码

行号	源　代　码
01	namespace ConsoleApp10{
02	internal class Class1　　　{
03	public static stringRockPaperScissors(string first，string second)
04	=> (first，second) switch {
05	("rock"，"paper") => "rock is covered by paper. Paper wins.",
06	("rock"，"scissors") => "rock breaks scissors. Rock wins.",
07	("paper"，"rock") => "paper covers rock. Paper wins.",
08	("paper"，"scissors") => "paper is cut by scissors. Scissors wins.",
09	("scissors"，"rock") => "scissors is broken by rock. Rock wins.",
10	("scissors"，"paper") => "scissors cuts paper. Scissors wins.",
11	(_, _) => "tie"
12	};
13	}
14	}

2）关系模式

关系模式用于检查输入是否满足与常量进行比较的关系约束。形式如：op constant。其中 op 表示操作符，关系模式支持二元操作符：<，<=，>，>=；constant 是常量，其类型只要是能支持上述二元关系操作符的内置类型都可以，包括 sbyte、byte、short、ushort、int、uint、long、ulong、char、float、double、decimal、nint 和 nuint。关系模式示例代码如表 4-45 所示。

表 4-45　关系模式示例代码

行号	源　代　码
01	int? num1 = null;
02	const int low = 0;
03	if (num1 is > low)
04	{
05	Console.WriteLine("...");
06	}

本 章 小 结

本章介绍了面向对象的有关概念和知识。类是一种数据结构，它可以包含数据成员（常数和字段）、函数成员（方法、属性、事件、索引器、运算符、实例构造函数、静态构造函数和析构函数）。这些成员又分成静态成员和非静态成员（实例成员）。

继承是面向对象程序设计的一个重要特征，它允许在现有类的基础上创建新类，新类从现有类中继承类成员，而且可以重新定义或加进新的成员，从而形成类的层次或等级。

多态是指不同的对象收到相同的消息时，会产生不同动作。

包含抽象方法的类称为抽象类，抽象类中也可以包含非抽象方法。抽象类不能实例化。

一个接口定义一个协定。实现接口的类或结构必须遵守其协定。与任何类一样，接口可以定义方法、属性、事件等，但是接口不提供成员的实现。

委托是封装了一系列方法引用的类。委托简化了多态性的实现，它允许程序员指定日后定义的方法调用。

事件是借助委托实现的。委托是一种编程技术，而事件机制是委托技术的一个应用。通过委托把事件与处理这些事件的方法进行绑定。通过指定处理事件的方法，委托允许其他类向指定类注册事件通知。当事件发生时，委托将调用绑定的方法。

本章还介绍了 C♯ 2.0/3.0 语法层面上的一些改进，并简要介绍了 C♯ 4.0 至 C♯ 10 引入的新特性。

习　　题

1. 单选题

(1) 下面有关静态方法的描述中，错误的是（　　）。
　　(A) 静态方法属于类，不属于实例
　　(B) 静态方法可以直接用类名调用
　　(C) 静态方法中，可以定义非静态的局部变量
　　(D) 静态方法中，可以访问实例方法

(2) 在类的外部可以被访问的成员是（　　）。
　　(A) public 成员　　　　　　　　　　(B) private 成员
　　(C) protected 成员　　　　　　　　(D) protected internal 成员

(3) 下列不属于 C♯ 方法参数类型的是（　　）。
　　(A) 以 byval 修饰符声明的值类型参数　(B) 以 ref 修饰符声明的引用型参数
　　(C) 以 out 修饰符声明的输出参数　　(D) 以 params 修饰符声明的数组型参数

(4) 以下关于类和对象的说法中，不正确的是（　　）。
　　(A) 类包含了数据和对数据的操作　　(B) 一个对象一定属于某个类
　　(C) 密封类不能被继承　　　　　　　(D) 可由抽象类生成对象

(5) 关于委托的说法，不正确的描述是（　　）。
　　(A) 委托属于引用类型　　　　　　　(B) 委托用于封装方法的引用
　　(C) 委托可以封装多个方法　　　　　(D) 委托不必实例化即可被调用

(6) 下面有关析构函数的说法中，不正确的是（　　）。
　　(A) 析构函数中不可以包含 return 语句
　　(B) 一个类中可以不定义析构函数
　　(C) 用户可以定义有参析构函数

　　(D) 析构函数在对象被撤销时,被自动调用

(7) 下面有关属性的说法,不正确的有(　　)。

　　(A) 属性可以有默认值

　　(B) 属性可以不和任何字段相关联

　　(C) get 访问函数通过 return 返回属性值

　　(D) 只有 set 访问函数的属性称为只写属性

(8) 下列(　　)特性不是 C# 8.0 所支持的新特性。

　　(A) 元组类型　　　(B) 内插字符串　　(C) 可选参数　　　(D) 顶级语句

(9) 类的成员中,不能定义为静态的有(　　)。

　　(A) 析构函数　　　(B) 属性　　　　　(C) 方法　　　　　(D) 事件

(10) 下面对方法中的 ref 和 out 参数说明错误的是(　　)。

　　(A) ref 和 out 参数传递方法相同,都是把实在参数的内存地址传递给方法,实参与形参指向同一个内存存储区域,但 ref 要求实参必须在调用之前先赋值

　　(B) ref 是将实参传入形参,out 只能用于从方法中传出值,而不能从方法调用处接收实参数据

　　(C) ref 和 out 参数传递的是实参的地址,所以要求实参和形参的数据类型必须一致

　　(D) ref 和 out 参数要求实参和形参的数据类型或者一致,或者实参能被隐式地转化为形参的类型

(11) 对于下面的泛型方法定义,以下调用形式中会失败的有(　　)。

```
public class C
{
    public static void FA<T>(T t1, T t2) where T:struct{}
}
```

　　(A) C.FA(2, 3);　　　　　　　　　　(B) C.FA<int>(2, 3);

　　(C) C.FA<double>(2, 3);　　　　　　(D) C.FA<string>("2", "3");

(12) C# 8.0 的模式匹配增强功能中不包括(　　)。

　　(A) 属性模式　　　(B) 元组模式　　　(C) 位置模式　　　(D) 本地模式

(13) 设可空类型的变量 x 取值为 null,那么访问其下列成员会引发异常的有(　　)。

　　(A) x.Value　　　　　　　　　　　　(B) x.HasValue

　　(C) x.ToString()　　　　　　　　　　(D) x.GetType()

(14) 下面说法错误的是(　　)。

　　(A) C# 4.0 引入了动态绑定概念

　　(B) 可选参数是指如果没被指定参数,则采用默认值

　　(C) C# 5.0 主要引入的新特性是适用于异步编程的 async 和 await 模型

　　(D) out 变量在使用前必须先声明

(15) C# 9.0 新的模式匹配改进不包括(　　)。

　　(A) 联合　　　　　(B) 析取　　　　　(C)否定　　　　　(D) 嵌套

2. 简答题

(1) 面向对象程序设计语言的 3 个最基本的特征是什么?

(2) C# 的访问控制符有哪些? 它们对类成员分别有哪些访问控制限制作用?

（3）什么是抽象类和接口？它们有何不同？

（4）泛型类和普通类的成员方法存在哪些不同？

（5）静态类的作用是什么？使用静态类的主要注意事项有哪些？

3. 编程题

（1）设有一个描述坐标点的 CPoint 类，其私有变量 x 和 y 代表一个点的 x、y 坐标值。编写程序实现以下功能：利用构造函数传递参数，并设其默认参数值为 60 和 75，利用成员函数 display() 输出这一默认值；利用公有成员函数 setpointQ 将坐标值修改为（80，150），并利用成员函数输出修改后的坐标值。

（2）定义一个教师类 Teacher，具体要求如下。

① 私有字段工号 no（string）、姓名 name（string）、出生日期 birthday（DateTime）、性别 sex（SexFlag）。其中，SexFlag 为枚举类型，包括 Male（表示男性）、Female（表示女性），并且字段 sex 的默认值为男。

② 定义公有读写属性 No 用来访问 no 字段；定义公有读写属性 Name 用来访问 name 字段；定义公有只写属性 Birthday 用来赋值 birthday 字段；定义公有读写属性 Sex 用来访问 sex 字段。

③ 设计合理的构造函数，使得创建对象时可以设置工号、姓名、出生日期、性别。

④ 重写 ToString() 方法，用来输出 Teacher 对象的信息，具体格式如下描述。

⑤ 创建一个教师对象 teacher（工号为 0203，姓名为张三，出生日期为 1987-12-09 ，性别为女），调用 ToString() 方法后在控制台上显示 teacher 信息：

```
0203,张三,1987-12-09,女
```

（3）依据下列要求完成类的设计，并在控制台应用中进行验证性输出。

① 定义一个抽象类 Vehicles，具体要求如下。

A. 私有字段商标 brand（string）、颜色 color（string）。

B. 定义公有读写属性 Brand 用来访问 brand 字段；定义公有读写属性 Color 用来访问 color 字段。

C. 设计一个抽象虚方法 run()。

② 定义 Vehicles 类的子类 Car，具体要求如下。

A. 私有字段载重 load（double）。

B. 定义公有读写属性 Load 用来访问 load 字段。

C. 重写抽象方法 run()，用来输出信息"The car started"。

D. 设计一个方法 getInfo(Car car)，用来输出信息，具体格式如下描述。

Trademark：＊＊＊，Color：＊＊＊，Load：＊＊＊。

③ 运行效果如下所示：

```
Trademark:Ford,Color:Grey,Load:1.8
```

（4）输入一个由若干字符组成的字符串，写一个静态方法，方法中使用输出参数输出其中的大写字母、小写字母、数字和其他字符的个数。

第5章
异常处理与程序发布

chapter 5

课程练习

异常处理是提高程序可靠性的重要手段。当程序调试成功生成解决方案,就可以将
.NET Framework、源代码以及项目所需的其他资源等打包,生成安装包,进行程序的发布。

本章主要内容如下。

(1) .NET 异常处理机制和.NET 类库中的主要异常类。

(2) 结构化异常处理语句及自定义异常处理方法。

(3) 在 Visual Studio 2022 集成环境下,使用调试工具进行程序调试的方法。

5.1 错误、异常与调试的概念

程序设计是一个不断完善的过程,在这个过程中不可避免地产生一些可预知和不可
预知的错误。程序错误按照发生机理可分为语法错误、语义错误和逻辑错误。表 5-1 对
这 3 种错误进行了归纳。

表 5-1　C♯错误类型

错误类型	描　述	示　例
语法错误	有两种情形:一种,在 IDE 环境中编写代码时,输入错误语法,此时能够被 IDE 检查出来,在错误地方以红色波浪线标出;另一种,C♯语言编译器在编译时将错误信息显示在"错误列表"窗口	(1) 语句结束时少了分号 (2) int x=12.3; (3) 变量未定义 (4) 数组越界 (5) 空值错误
语义错误	在编译阶段不能被发现,而在程序运行阶段抛出异常	(1) 除数为 0 (2) 加载图片时文件不存在
逻辑错误	程序未达到期望结果	

程序中存在的这些错误会引发异常。异常就是程序运行期间发生的错误及其他的
意外行为。在应用程序中发现并排除错误的过程被称为调试。调试是程序设计的一个
重要组成部分,在软件界有一句口头语,就是"程序其实都是调试出来的!"。调试是帮助
程序设计人员查找和排除代码错误的有效手段。

5.2 异 常 处 理

5.2.1 异常类

C#语言采用面向对象的方法来处理异常,其异常处理机制可以简单地描述为以下几个步骤。

(1) C#程序在执行过程中一旦出现异常,会自动产生一个异常类对象。该异常对象被提交给 C#运行时系统(即第1章介绍的 JIT),这个过程被称为抛出异常。此外,在 C#中,抛出异常也可以用 throw 语句强制产生。

(2) C#运行时系统接收到异常对象后,会寻找能处理该异常的方法并把当前异常对象交给其处理,这一过程被称为捕获异常。

(3) 当 C#运行时系统找不到可以捕获异常的方法时,运行时系统将终止,相应的 C#程序也将退出。

System.Exception 类是所有异常类的基类。Exception 类有两个派生子类:SystemException 和 ApplicationException。SystemException 类是系统定义的各种异常,而 ApplicationException 类则是用户定义的各种异常的基类。Exception 类有一个经常用到的 Message 属性,该属性为字符串类型,提供了错误描述的文本。表 5-2 给出了系统已经定义的一些常用异常类。

表 5-2　系统定义的常用异常类

异 常 类	描 述
Exception	所有异常对象的基类
SystemException	系统定义的各种异常的基类
ApplicationException	用户定义的异常的基类
IndexOutOfRangeException	当一个数组的下标超出范围时运行时引发
NullReferenceException	当一个空对象被引用时运行时引发
DivideByZeroException	被零除时引发的异常
FileNotFoundException	文件不存在引发的异常
OverflowException	算术操作溢出引发的异常
IOException	发生 I/O 错误时引发的异常
InvalidOperationException	当对象处于无效状态时,由方法引发
ArgumentException	所有参数异常的基类
ArgumentNullException	在不允许参数为空的情况下,由方法引发
ArgumentOutOfRangeException	当参数不在一个给定范围之内时,由方法引发

5.2.2 异常处理语句

1. try-catch 语句结构

当一个异常被抛出时,应该有专门的语句来接收和处理被抛出的异常对象。在 C♯
中,异常对象是依靠以 catch 语句为标志的异常处理语句来捕获和处理的。其格式如下:

```
try
{
    …//可能产生异常的代码
}
catch(异常类 异常对象标识符)
{
    …//异常处理代码
}
[其他 catch]
finally
{
    …//无论是否产生异常总要执行代码
}
```

2. try-catch 语句执行流程

图 5-1 描述了异常处理语句流程。

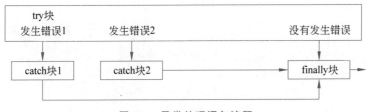

图 5-1 异常处理语句流程

(1) 将可能抛出异常的程序代码放在 try 块中,把异常处理代码放在 catch 块中,把
无论是否产生异常总需要执行的代码放在 finally 块中。

(2) 在上述格式中,try 块不能省略,catch 块和 finally 块可以省略,但不能同时
省略。

(3) catch 块可以不止一个,每一个 catch 块对应一种异常处理代码。

(4) 上述异常处理语句执行流程为先执行 try 块,如果发生异常则转入对应的 catch
块中,如果没有产生异常或没有对应的 catch 块,则执行 finally 块。

【实例 5-1】 异常处理实例。输入两个数,输出其相除的结果。源代码如表 5-3
所示。

表 5-3　实例 5-1 源代码

行号	源 代 码
01	using System;
02	namespace 实例 5_1{
03	class ConsoleApp{
04	static void Main(string[] args) {
05	try
06	{
07	Console.Write("请输入第 1 个数: ");
08	double x = double.Parse(Console.ReadLine());　//数据类型转换
09	Console.Write("请输入第 2 个数:");
10	double y = double.Parse(Console.ReadLine());
11	Console.WriteLine("这两个数的商是: {0}", x / y);
12	}
13	catch (FormatException)　　　　　　　　　//捕捉数据类型转换异常
14	{
15	Console.WriteLine("必须输入数字");
16	}
17	catch (DivideByZeroException)　　　　　　//捕获除数为零异常
18	{
19	Console.WriteLine("第 2 个数不能为零");
20	}
21	catch (Exception e)　　　　　　　　　　//最后捕捉其他未知类型异常
22	{
23	Console.WriteLine("其他错误: {0}", e.Message);
24	}
25	finally
26	{
27	Console.WriteLine("按任意键退出");
28	Console.ReadLine();
29	}
30	}
31	}
32	}

5.2.3　自定义异常

系统定义的异常主要用来处理系统可以预见的运行错误。对于某个应用程序特有的运行错误,则需要程序设计人员自行创建用户自定义的异常类。自定义异常的创建可以概括为以下步骤。

(1) 声明一新的异常类。该类以 ApplicationException 类或其他已经存在的异常类(包括用户异常类)为父类。

(2) 为新的异常类定义属性和方法,或重载父类的属性和方法,使这些属性和方法能够体现该类所对应的错误信息。

(3) 对于用户自定义的异常,是不可能依靠系统自动抛出的,需要在程序中使用

throw 关键字将其抛出。

　　下面的实例 5-2 演示了自定义异常处理。该实例只是在实例 5-1 的基础上增加了一个自定义异常类 outofBoundException，该类的父类为 ApplicationException。该类同时声明了一个带参数的构造函数。在 ConsoleApp 类中，通过 throw 关键字，抛出自定义异常。

　　【**实例 5-2**】　自定义异常处理实例。源代码如表 5-4 所示。

表 5-4　实例 5-2 源代码

行号	源　代　码
01	using System；
02	namespace 实例 5_2{
03	class outofBoundException：ApplicationException　　　　//声明新的异常类
04	{
05	public outofBoundException(string msg)
06	：base(msg)　　　　　//声明带参数的构造函数，并向基类传递参数
07	{}
08	}
09	class ConsoleApp {
10	static void Main(string[] args) {
11	try {
12	Console.Write("请输入第 1 个数：");
13	double x＝double.Parse(Console.ReadLine());
14	Console.Write("请输入第 2 个数");
15	double y＝double.Parse(Console.ReadLine());
16	if (x＜0 ‖ y＜0)
17	{
18	//抛出异常,调用自定义异常类的有参构造函数
19	throw new outofBoundException("不允许为负数!");
20	}
21	Console.WriteLine("这两个数的商是：{0}", x / y);
22	}
23	catch (FormatException)　　　　　//捕捉数据类型转换异常
24	{
25	Console.WriteLine("必须输入数字");
26	}
27	catch (DivideByZeroException)　　　　　//捕获除数为零异常
28	{
29	Console.WriteLine("第 2 个数不能为零");
30	}
31	catch (outofBoundException e)
32	{
33	Console.WriteLine(e.Message);
34	}
35	catch (Exception e)　　　　　//最后捕获其他类型的异常
36	{
37	Console.WriteLine(e.Message);
38	}
39	finally

续表

行号	源　代　码
40	{
41	Console.WriteLine("按任意键退出…");
42	Console.ReadLine();
43	}
44	}
45	}
46	}

5.3　程 序 调 试

5.3

在应用程序中发现并排除错误的过程叫作调试。Visual Studio 2022 集成开发环境提供了丰富的调试手段，可以方便地跟踪程序的运行，解决程序错误，并进行适当的错误处理。它提供了几种调试工具来帮助分析应用程序的执行过程，这些调试工具对于发现错误来源很有用，也可以使用这些工具来检验应用程序的改变，或者了解应用程序的工作过程。

5.3.1　控制应用程序的执行过程

在调试应用程序的过程中，可以充分控制应用程序的执行过程，包括以不同方式启动调试过程、中断应用程序的执行、步进执行程序、运行到指定位置以及终止应用程序的执行等。

开始调试程序时，可以通过"调试"菜单选择如何启动应用程序，主要包括以下几种方式。

（1）开始执行：在这种方式下，应用程序开始执行并一直执行下去直到遇到断点或者程序结束。一般设置了断点时才使用这种方式启动应用程序，否则程序一直处于执行过程，用户无法对其进行调试。

（2）逐语句：在逐语句方式下，应用程序开始执行第 1 条语句然后中断。当有函数调用时，执行过程会进入被调用函数的内部。

（3）逐过程：这种方式和逐语句类似，但是它不会进入被调用程序的内部，而是把函数调用当作一条语句执行。

在调试过程中，可以随时使用"调试"菜单中的"停止调试"命令终止调试过程。此外，还可以在调试程序运行的过程中通过"调试"菜单中的"全部中断"命令随时中断程序的执行而进入中断状态，因为调试器的许多功能只有在中断状态下才能使用。处于中断状态的程序，可以随时通过"继续"命令恢复执行状态。

5.3.2　附加到进程

Visual Studio 2022 调试器能够附加在集成开发环境外部运行的进程上，可以使用这种功能来调试正在运行的应用程序、同时调试多个程序、调试远程机器上的程序以及在应用程序崩溃时自动启动调试器。一旦附加到进程上,就可以使用调试器提供的各种功能控制程序的运行和查看进程的状态。

要附加到进程,执行以下步骤。

(1) 首先由"调试"→"附加到进程"菜单项打开"附加到进程"对话框,如图 5-2 所示。

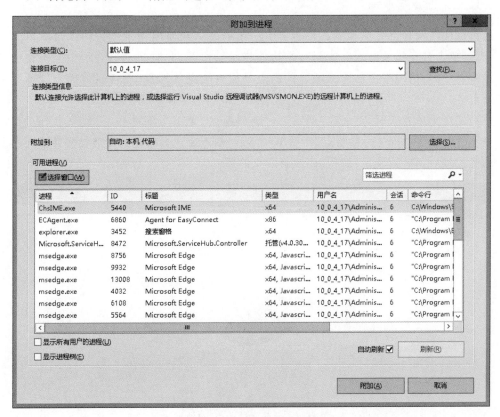

图 5-2　"附加到进程"对话框

(2) 在该对话框的"可用进程"列表框中选择想要附加的进程(如果想要附加的进程位于远程机器上,则需要通过该对话框上面的"连接类型"和"连接目标"下拉列表框选择一个远程计算机,单击"刷新"按钮可以刷新"可用进程"列表),选择好后单击"附加"按钮即可完成选择。

5.3.3　断点

在调试应用程序时要经常使用断点来中断程序的执行使之进入中断状态,进而使用调试器提供的强大功能来查看变量的值、寄存器和内存的使用情况及函数调用情况等应用程序状态信息。每当调试器遇到一个断点时,会中断程序的执行而转入中断模式。Visual Studio 2022 调试器支持 4 种类型的断点。

(1) 函数断点:这种类型的断点标识的位置是特定函数中的偏移位置。

（2）文件断点：这种类型的断点标识的位置是特定文件中的偏移地址。

（3）地址断点：这种类型的断点标识的位置是内存地址。

（4）数据断点：这种类型的断点标识某个变量并且每当它所标识的变量发生变化时就会中断程序的执行。

1. 插入断点与取消断点

可以使用两种方式插入新的断点：使用菜单命令和使用指示器边距。最简单的方式，就是单击打算插入断点的代码行左边的指示器边距，此时指示器边距内会出现中断图标●。注意，使用指示器边距插入的断点是文件类型的断点，而且只能插入这种类型的断点。

当使用菜单方式时，首先在"调试"→"新建断点"菜单项下选择"函数断点"或"数据断点"。图 5-3 为"新建函数断点"对话框。然后，输入或选择所需的参数类型并输入必要的内容。最后，单击"确定"按钮，完成新断点的插入。

新建函数断点	? ✕
调试期间在识别到任何与指定函数名匹配的函数时中断	
函数名: test1 ⓘ 语言: C# ▼	
☑ 条件	
条件表达式 ▼ 为 true ▼ 示例: x == 5 取消	
添加条件	
☑ 操作	
在输出窗口中显示一条消息: 示例: $FUNCTION: x.y 的值为 {x.y} ⓘ 取消	
☑ 继续执行代码	
☐ 点击后移除断点	
☑ 仅当命中以下断点时启用: _____ ▼	
	确定(O) 取消

图 5-3　"新建函数断点"对话框

在代码编辑器内只能看到源代码中的函数断点和文件断点，在指示器边距内会显示这两种断点的图标。要想查看所有类型的断点和它们的详细信息，需要使用"断点"窗口。可以通过"调试"→"窗口"→"断点"菜单命令打开断点窗口。可以使用该窗口中的工具栏执行插入新断点、删除已有断点、查看断点属性以及指定该窗口中显示的列等操作。

可以使用"调试"菜单或快捷菜单中的"禁用断点"命令来禁用或启用断点。当不再需要断点时，可以使用"调试"菜单中的"清除所有断点"命令来删除文件中的所有断点。

2. 设置断点的属性

默认情况下，调试器遇到断点时总会中断程序的执行。但是，也可以设置断点的属性来改变这种默认行为，指定在满足一定的条件时才发生中断。在断点●上右击，弹出如图 5-4 所示的快捷菜单，选择其中的菜单命令设置断点的属性。

图 5-4　断点选项菜单

（1）条件：中断条件是一个表达式，每次到达该断点时都会计算该表达式的值，而计算的结果决定了该次到达断点是否是一次有效的点击。如果点击有效并且满足点击次数属性，则调试器就会中断程序的执行。

（2）操作：打开断点设置对话框，可设置筛选器、条件表达式、命中次数、显示信息、命中后是否移除断点等。

（3）命中次数：无论选择条件或操作均可以设置命中次数。所谓命中次数，对于位置断点（包括函数断点、文件断点和地址断点）来说就是执行到指定位置的次数；而对于数据断点来说，则是变量的值发生改变的次数。这个属性决定了在中断执行前要发生多少次点击。

5.3.4　查看程序的状态

Visual Studio 2022 调试器提供了许多工具可以在中断模式下查看应用程序的状态。当程序处于中断模式时，把鼠标移到当前执行范围内某个变量上会以工具提示的方式显示该变量的值。除此之外，还可以打开"调试"→"窗口"菜单，使用以下工具。

（1）局部变量窗口：这个窗口显示当前上下文中的局部变量。默认的上下文就是包含当前执行位置的函数，因此，局部变量窗口中显示的就是这个函数内的局部变量。但是可以通过调试位置工具栏来改变"局部变量"窗口显示的上下文。

（2）自动窗口：该窗口中显示当前语句和前一条语句中的变量（所谓当前语句就是当前执行位置上的语句）。结构或数组类型的变量在该窗口中以树的形式显示。

（3）监视窗口：Visual Studio 2022 提供了 4 个监视窗口，可以在监视窗口中计算变量和表达式的值，并可随着程序的执行观察它们的变化。

（4）内存窗口：可以使用内存窗口查看内存中的数据，通常这些数据量很大，不适合在监视窗口查看。可以滚动显示内存窗口中的内容并可以同时打开 4 个内存窗口。另外，还可以指定内存窗口显示的起始地址。

（5）反汇编窗口：该窗口显示了被调试程序的反汇编代码。当调试没有源代码的程序时，就只能查看它的反汇编代码。

（6）寄存器窗口：在寄存器窗口中动态显示寄存器的内容，新改变的寄存器使用红色显示。还可以在寄存器窗口中改变寄存器的值。

（7）调用堆栈窗口：可以使用调用堆栈窗口查看当前堆栈中的函数调用情况。该窗口显示每个函数的名字和编写它们所采用的语言。可以直接从调用堆栈窗口中跳转到函数的源代码中，同时还可以查看函数的反汇编代码。

本 章 小 结

异常处理是提高程序可靠性的一个重要手段。C♯语言中内置了结构化的异常处理语句，包括 try-catch 语句、try-catch-finally 语句、try-finally 语句和 throw 语句，这样就能够在程序中以统一的方式来处理各类不同的异常。另外，.NET 类库定义了丰富的异常类,开发人员还可以从中派生出自己的异常类型。这二者共同组成了C♯程序的异常处理模型,能够对异常进行实时、高效、层次化的管理。

此外,Visual Studio 2022 集成环境也提供了丰富的调试工具处理程序运行时的错误。利用单元测试可以在与系统其他部分隔离的情况下进行测试。

习　　题

简答题

(1) C♯程序的错误类型有哪些?

(2) 简述.NET 异常处理机制。

(3) 在异常处理结构中只使用一个 catch 语句时,能否捕获所有的异常? 又能否判断出各种异常的类型?

(4) Visual Studio 2022 调试器支持哪几种类型的断点?

第6章

chapter **6**

Windows 应用

课程练习

Windows 应用是 C♯ 程序设计的一个重要应用领域。Windows 应用程序借助菜单、按钮等标准界面元素和鼠标操作,以图形的方式实现人与计算机之间的交互。

本章主要内容如下。

(1) Windows 编程基本步骤。

(2) 事件驱动机制。

(3) 鼠标和键盘事件及其编程。

(4) 窗体、基本控件、对话框、菜单、工具栏和状态栏设计。

(5) 多重窗体与多文档界面。

6.1 建立 Windows 应用的一般步骤

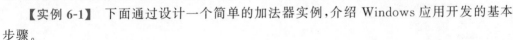

在 Visual Studio 2010 IDE 环境下,开发 Windows 应用程序一般步骤包括:建立项目、界面设计、属性设置、编写事件处理程序、生成解决方案、调试运行程序等。

【实例 6-1】 下面通过设计一个简单的加法器实例,介绍 Windows 应用开发的基本步骤。

6.1

1. 建立 Windows 窗体应用(.NET Framework)程序项目

在 Visual Studio 2022 集成开发中选择菜单命令"文件"→"新建"→"项目",打开如图 6-1 所示的"创建新项目"对话框。

选择"Windows 窗体应用(.NET Framework)",单击"下一步"按钮,打开如图 6-2 所示的"配置新项目"对话框。在"配置新项目"对话框中,设定解决方案名称和项目名称,以及选择文件的保存位置,同时,在"框架"下拉框选择".NET Framework"版本。然后,单击"创建"按钮,进入 Visual Studio 2022 主界面。

需要说明一下,在图 6-1"创建新项目"对话框中,如果选择第一项"Windows 窗体应用",则在"框架"下拉框中只能选择".NET Framework 6.0"以后版本。

2. 界面设计

在 Visual Studio 2022 的主界面中,系统提供了一个默认的窗体。通过工具箱向其

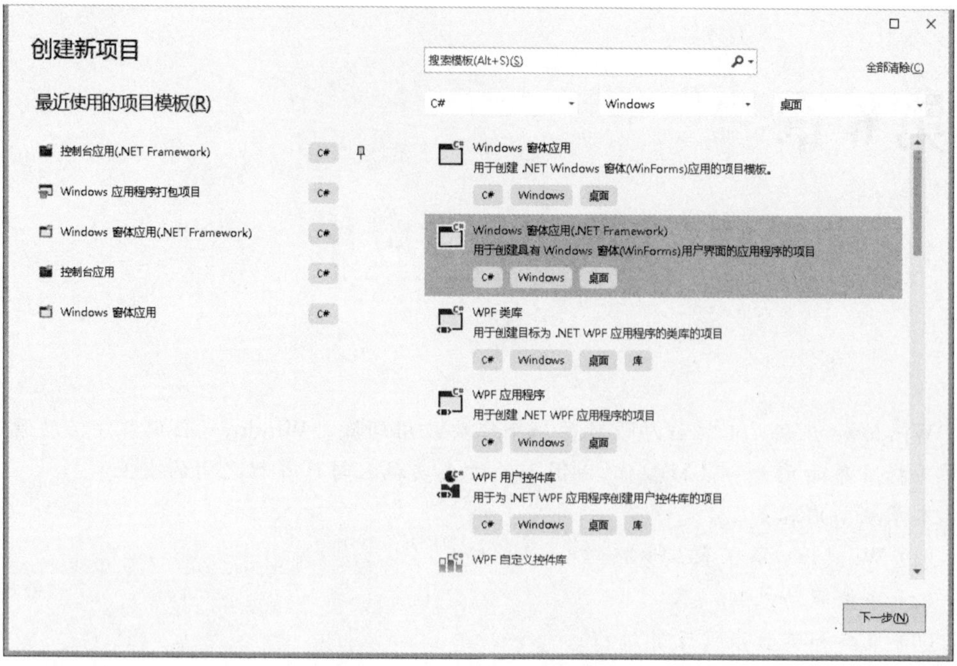

图 6-1　"创建新项目"对话框

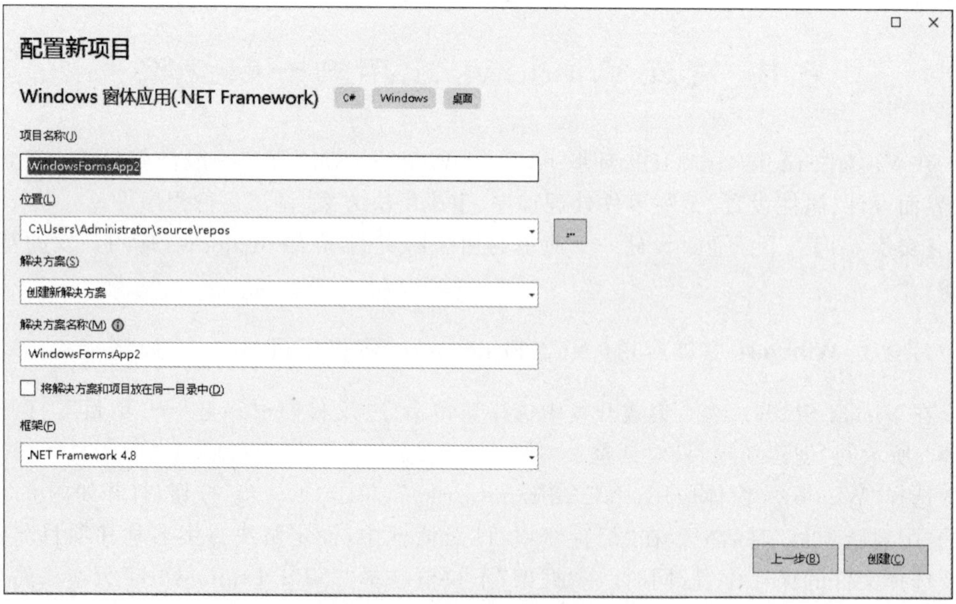

图 6-2　"配置新项目"对话框

中添加各种控件来设计应用程序的界面。

　　向窗体上添加控件的基本方法是：首先在工具箱中选择所需要的控件，然后将鼠标移回到窗体，在适当位置按下左键拖动到适当大小后，释放鼠标左键，即出现所需的控件。

若要再调整控件的位置和大小,需先选中控件,在控件周围的方点上按下鼠标左键拖动来改变控件的大小;在控件上按下鼠标左键拖动控件可改变控件的位置。

每个控件都有定义的默认大小。可按控件的默认大小将控件添加到窗体上,方法是将控件从"工具箱"拖动到窗体上。或者双击"工具箱"中的控件,也可将该控件按其默认大小添加到窗体的左上角。

下面实现的实例是制作一个简单的整数加法器。首先,向窗体中添加 2 个 Label 控件、1 个 button 控件和 3 个 TextBox 控件,然后调整各个控件的大小和位置,最后将这个窗体的 Text 属性改为"加法器"。

3. 属性设置

表 6-1 是"加法器"窗口上各个控件的属性值。在设置控件属性前,首先选中要设置属性的控件,然后在属性窗口中找到相应的属性进行属性设置。如果属性窗口是关闭的,按 F4 键可快速打开属性窗口。设置好属性后的窗体界面如图 6-3 所示。

图 6-3　设置好属性后的窗体界面

表 6-1　控件属性

控件名称	属性名	属性值	控件名称	属性名	属性值
label1	Text	+	textBox1	Text	空
label2	Text	=	textBox2	Text	空
button1	Text	计算	textBox3	Text	空

4. 编写事件处理程序

双击 button1,进入代码编辑器。编写代码如下:

```
private void button1_Click(object sender, EventArgs e)
{
    if (textBox1.Text.Length==0 || textBox2.Text.Length==0)
    {
        MessageBox.Show("请输入数!");
        return;
    }
    try
    {
        double x=double.Parse(textBox1.Text);
        double y=double.Parse(textBox2.Text);
        textBox3.Text=(x+y).ToString();
    }
    catch (Exception ex)
```

```
        {
            MessageBox.Show(ex.Message);
        }
    }
```

5. 调试运行程序

按 F5 键,启动调试;按 Ctrl＋F5 组合键,程序运行;按 Shift＋F5 组合键,终止运行;按 Ctrl＋S 组合键,保存程序。如果运行出错或运行结果不正确,则查找错误,修正代码后再次运行。

6. 生成解决方案

在"生成"菜单中,单击"生成解决方案",或者按 F6 键。

由"加法器"应用程序可以看出,一个 WindowsForm 程序最少由 3 个.cs 文件构成:Program.cs、Form1.cs 和 Form1.Designer.cs。其中,Program.cs 文件里包含程序的入口 Main()方法,Main()方法里的语句"Application.Run(new Form1());"表示程序运行时启动第一个窗体。Form1.cs 包含了窗体及控件的设计、用户自己编写的代码等。Form1.Designer.cs 文件里包含了系统自动生成的代码。

6.2　控件的概念与基本操作

6.2

.NET 提供了各式各样的控件供编程者使用,如窗体(窗体也是一种特殊控件)、按钮、标签、文本框和菜单等。这些控件的本质都是类,例如,Form 类对应的就是窗体,TextBox 类对应的就是文本框。这些类都处于 System.Windows.Form 名称空间中。既然控件本质上都是类,那么每一个控件都具有自己的属性、方法和能够响应的外部事件。属性、方法、事件称为控件三要素。

6.2.1　控件的属性

1. 设置属性的值

属性是指控件的各种性质,如控件的位置、颜色、大小等。改变控件的属性就意味着改变控件的状态。设置控件属性有两种方法。

(1) 在设计阶段,通过"属性"窗口设置控件属性的值。对不同的属性,设置方式有所不同,有的是直接输入值,有的则是从一个列表中进行选择。

(2) 在运行阶段,在程序中由代码设置控件属性的值。格式为:

控件名.属性名=属性值

在"属性"窗口设置了相应的值后,立即可以看到设置的效果。一般情况下,通过"属性"窗口主要用来设置控件属性的初始值和一些在整个程序运行过程中不改变的属性。

对在程序运行时需要动态改变的属性值,则采用由代码设置控件的属性。

此外,还有一个属性默认值问题。每个控件的各个属性都有一个默认值,在实际应用中,大多数属性采用系统提供的默认值即可,不必一一设置控件各个属性。只有在默认值不满足要求时,才需要指定所需的值。

2. 读取属性的值

在代码中不仅能设置属性的值,还能读取属性的值。读取属性的语法格式如下:

```
变量=控件名.属性名
```

其中,变量类型应该与属性值类型相匹配或兼容。在 Visual Studio 2022 下,如果不清楚属性类型,可以使用隐式类型变量。例如,如果想获取文本框 textBox1 中的内容,并保存到变量 txtContent 中,下面两条语句均是合法的。

```
string txtContent=this.textBox1.Text;
var txtContent=this.textBox1.Text;
```

3. 常用属性

表 6-2 列出了多数控件都具有的属性。这些常用属性有些是所有控件都具有的(如 Name 属性),但有些属性并不是所有控件都具有(如 timer 控件就没有 Text 属性)。

表 6-2　控件常用属性

属　　性	描　　述
Name	用来获取或设置控件的名称。名称是控件的标识,任何控件都具有该属性
Text	用来获取或设置控件的标题文字
Width 和 Height	用来获取或设置控件的宽度、高度,即大小
Size	用来获取或设置控件的大小。可直接输入窗体的宽度和高度,也可在属性窗口中双击 Size 属性,将其展开,分别设置 Width 和 Height 值
Left 和 Top	用来获取或设置控件的位置
Location	用来获取或设置控件的位置,即设置窗体左上角的坐标值。可以直接输入坐标的 X 和 Y 值;也可在属性窗口中双击 Location 属性将其展开,分别设置 X 和 Y 值
Visible	用来获取或设置控件是否可见。取值为 true 或 false
Enabled	用来获取或设置控件是否可操作。取值为 true 或 false
ForeColor	用来获取或设置控件的前景色
BackColor	用来获取或设置控件的背景色
Font	用来获取或设置控件的字体
BorderStyle	用来获取或设置控件的边框
AutoSize	用来获取或设置控件是否自动调整大小。取值为 true 或 false

属　　性	描　　　　述
Anchor	获取或设置控件的哪些边缘锚定到其容器边缘
Dock	获取或设置控件停靠到父容器的哪一个边缘
TabIndex	用来获取或设置控件的 Tab 键顺序
TextAlign	用来确定文本对齐方式
Cursor	用来获取或设置鼠标移到控件上时，被显示的鼠标指针的类型

给属性赋值基本上有下列 4 种情形。

（1）直接赋常数，例如：

```
this.textBox1.Text="山清水秀";
```

（2）使用枚举值，例如：

```
button1.Dock=DockStyle.Top;
label1.BackColor=Color.Red;
```

（3）使用 new 方法调用类的构造函数，例如：

```
this.Icon=new Icon(string filename);
textBox1.font=new Font(fontName,fontSize,fontStyle);
```

（4）使用类的静态方法，例如：

```
this. BackgroundImage = Image. FromFile (Application. StartupPath + @ " \ back.
jpg");
```

6.2.2　控件的方法

属性是指控件的状态、特性，而方法则是事先设定好的、控件能执行的动作。不同的控件所具有的方法是不同的，在后续部分将针对不同控件介绍常用的方法。各个控件、不同方法的调用格式是一样的，基本格式为：

```
控件名.方法名([参数列表])
```

例如，假设窗体上有一个文本框（textBox1）、一个标签（label1）和一个按钮（button1），则下面代码可以实现单击按钮，使得文本框中内容在标签中显示出来，然后清除文本框中的内容。

```
private void button1_Click(object sender, EventArgs e)
{
    label1.Text=textBox1.Text;        //属性：读取文本框中内容并且在标签中显示
    textBox1.Clear();                 //方法：清除文本框中所有内容
}
```

任何一个属性都不能单独成为一条语句,它只能作为语句的组成部分,而方法可以作为一条独立的语句,例如,读取 textBox1.Text 的属性值赋给 label1.Text 属性;Clear()方法的作用是清除文本框中内容。

6.2.3　控件的事件

1. 事件、事件驱动和事件处理程序

1) 事件

事件是指由系统事先设定的、能为控件识别和响应的动作。在 Windows 应用程序中,事件可以由用户操作产生,如单击或按某个键,也可以由程序代码或系统产生,如计时器。

每一种控件所能识别的事件是不同的。例如,窗体能响应 Click(单击)和 DoubleClick(双击)事件,而命令按钮能响应 Click 事件,却不能响应 DoubleClick 事件。

2) 事件驱动

Windows 应用程序采用的是事件驱动模型。所谓事件驱动,是指程序运行后系统将等待事件发生,来决定将要执行的操作。例如,当用户单击按钮后,用户的单击动作触发按钮的 Click 事件,该事件过程中的代码就会被执行。执行结束后,又把控制权交给系统,等待下一个事件发生。各事件的发生顺序完全由用户的操作决定。

3) 事件处理程序

在事件驱动机制中,要使控件能够响应用户的操作,就必须编写控件的事件处理程序。在事件驱动编程模式下,程序设计人员创建 Windows 应用程序的主要工作就是为各个控件编写事件处理程序。

双击窗体或某个控件,将会自动切换到"代码"窗口,并会自动生成与双击控件相对应的某一事件的代码框架。例如,双击窗体,则"代码"窗口会自动打开,并且在其中添加Load 事件处理程序的框架,如下所示:

```
private void Form1_Load(object sender, EventArgs e)
{
    …//编写要执行的代码
}
```

程序员只需在其中{}内编写要执行的代码即可。

重要提示:双击窗体或控件所产生的事件框架通常对应的是该控件的最重要的事件,要编写控件的其他事件的处理程序,可以通过"属性"窗口生成事件处理程序的框架。众所周知"属性"在通常情况下显示的是控件的属性列表,单击"属性"窗口工具栏中的 ⚡ 按钮,可以显示该控件的事件列表。双击某个事件就可以自动生成该事件处理程序的框架。

对于事件驱动机制下的编程,提出这样一个思路,供大家参考:编写这样的程序,实

际上就是写清楚在哪个对象上，做何种操作，产生什么样的效果。例如实例 6-1，实际上就是在 button1 对象上，做 Click 操作，获得一个计算结果在 textBox3 对象中显示。button1 Click 通过双击按钮控件，由系统自动生成，获得计算结果则由自己编写代码完成。

2. 鼠标事件

触发控件事件的最常见的方式是通过鼠标或键盘的操作。人们将通过鼠标触发的事件称为鼠标事件，将通过键盘触发的事件称为键盘事件。

鼠标通常有 2 个或 3 个按钮（左、中和右按钮）。它的基本操作方式主要有单击、双击、释放、移动等几种，这些操作均能触发相应的事件。表 6-3 中列出了鼠标的操作及其所触发的事件。

表 6-3　鼠标的操作及其所触发的事件

事　件	操　作	参　数
Click	单击时发生	EventArgs
DoubleClick	双击时发生	EventArgs
MouseEnter	鼠标进入控件的可见部分时发生	EventArgs
MouseLeave	鼠标离开控件的可见部分时发生	EventArgs
MouseHover	鼠标在控件内保持禁止一段时间后发生	EventArgs
MouseDown	鼠标指针位于控件上并按下鼠标键时发生	MouseEventArgs
MouseUp	鼠标指针在控件上并释放鼠标键时发生	MouseEventArgs
MouseMove	移动鼠标时发生	MouseEventArgs

表 6-3 中，MouseEventArgs 参数包含的属性如下。

（1）Button——获取曾按下的是哪个鼠标按钮。

（2）Clicks——获取按下并释放鼠标按钮的次数。

（3）X 和 Y——获取鼠标的 X 和 Y 坐标值。

鼠标的某个操作有可能会触发一系列事件。例如，单击操作实际上会触发 3 个事件：当鼠标按下左键后，会触发 MouseDown 事件；释放时，又会触发 MouseUp 事件；同时又触发了 Click 事件。

【实例 6-2】　窗体上有一个图片框 pictureBox1 和一个命令按钮 button1。

（1）当在窗体上右击时，弹出"你好"的信息。

（2）当在 button1 上右击，显示"Hello!"信息。

（3）当鼠标指向图片框时，图片框显示一幅图片。当鼠标离开图片框时，图片框内的图片消失。

源代码如表 6-4 所示。

表 6-4 实例 6-2 源代码

行号	源 代 码
01	private void Form1_MouseClick(object sender，MouseEventArgs e) {
02	if(e.Button==MouseButtons.Right)
03	{
04	MessageBox.Show("你好");
05	}
06	}
07	private void button1_MouseDown(object sender，MouseEventArgs e) {
08	if(e.Button==MouseButtons.Right)
09	{
10	MessageBox.Show("Hello!");
11	}
12	}
13	private void pictureBox1_MouseEnter(object sender，EventArgs e) {
14	pictureBox1.Image=Image.FromFile(Application.StartupPath+@"\flower2.jpg");
15	}
16	private void pictureBox1_MouseLeave(object sender，EventArgs e) {
17	pictureBox1.Image=null;
18	}

对上述代码说明如下。

（1）第 02 行，判断按下鼠标的哪个键，使用 e.Button==MouseButtons.枚举值，MouseButtons 有 4 个枚举值，分别是 Left、Right、Middle 和 None。

（2）第 04 行和第 10 行的 MessageBox 对话框将在 6.5 节介绍。

（3）第 14 行是使用代码给 pictureBox1 的 Image 属性赋值，其中 Application.StartupPath 表示加载的图片在当前解决方案目录下。

3. 键盘事件

当用户对键盘进行操作时，系统会产生相应的键盘事件。当用户按下某个键时，如果该键有对应的 ASCII 值，就会发生 KeyPress 事件，随后便发生 KeyDown 事件。如果该键没有对应的 ASCII 值（如 Alt 键），就只发生 KeyDown 事件。表 6-5 列出了这些键盘事件的含义及说明。

表 6-5 键盘事件的含义及说明

事件名称	事件说明	事件参数
KeyPress	用户按下一个 ASCII 键时被触发	KeyPressEventArgs
KeyDown	用户按下键盘上任意键时被触发	KeyEventArgs
KeyUp	用户释放键盘上任意一个键时被触发	KeyEventArgs

提示：当用户按下一个 ASCII 键时，会触发 KeyPress 事件，可通过该事件的 KeyPressEventArgs 参数的 KeyChar 属性确定按下键的 ASCII 码。利用 KeyUp 或

KeyDown 事件的 KeyEventsArgs 的参数可以判断是否按下了辅助键（Shift、Alt 和 Ctrl）、功能键（F1、F2 等）等特殊按键信息。KeyPressEventArgs 参数和 KeyEventsArgs 参数各属性值及说明参见表 6-6 和表 6-7。

表 6-6　KeyPressEventArgs 参数各属性值及说明

属　性	说　　明
KeyChar	返回用户按下的键所对应的字符
Handled	获取或设置一个值，该值指示是否处理过 KeyPress 事件

表 6-7　KeyEventArgs 参数各属性值及说明

属　性	说　　明
Alt	获取一个值，该值指示是否曾按下 Alt 键
Control	获取一个值，该值指示是否曾按下 Ctrl 键
Shift	获取一个值，该值指示是否曾按下 Shift 键
Handled	获取或设置一个值，该值指示是否处理过此事件
KeyCode	获取 KeyDown 或 KeyUp 事件的键盘代码。它的值用 Keys 枚举成员名称表示
KeyData	获取 KeyDown 或 KeyUp 事件的键数据。它的值用 Keys 枚举成员名称表示。但与 KeyCode 不同的是，该属性还包含按键的修饰符标志
KeyValue	获取 KeyDown 或 KeyUp 事件的键盘值
Modifiers	获取 KeyDown 或 KeyUp 事件的修饰符标志。指示曾按下哪一个辅助键（Ctrl、Alt 和 Shift）的组合

【实例 6-3】　键盘事件应用。源代码如表 6-8 所示。程序应满足如下要求。

（1）捕获是否按下 F1 键。

（2）捕获是否同时按下 Ctrl+C 组合键。

（3）窗体上的文本框只接受 0~9 的数字，在文本框中不允许进行粘贴操作。

表 6-8　实例 6-3 源代码

行号	源　代　码
01	`private void Form1_KeyDown(object sender, KeyEventArgs e) {`
02	`    if(e.KeyCode==Keys.F1)`
03	`    {`
04	`        MessageBox.Show("你按下了 F1 键");`
05	`    }`
06	`    if(e.Control  &&  e.KeyCode==Keys.C)`
07	`    {`
08	`        MessageBox.Show("你同时按下了 Ctrl+C 键");`
09	`    }`
10	`}`
11	`private void Form1_Load(object sender, EventArgs e) {`

续表

行号	源 代 码
12	`        this.KeyPreview＝true;          //窗体优先接收键盘事件`
13	`}`
14	`private void textBox1_KeyPress(object sender，KeyPressEventArgs e) {`
15	`    if(e.KeyChar<'0' ｜ e.KeyChar>'9')`
16	`        e.Handled＝true;`
17	`}`
18	`private void textBox1_KeyDown(object sender，KeyEventArgs e) {`
19	`    if(e.Control && e.KeyCode＝＝Keys.V)`
20	`        Clipboard.Clear();`
21	`}`

上述代码中的第 06 行,只有 Alt、Ctrl 和 Shift 3 个功能键表示成 e.Alt、e.Control 和 e.Shift,其他功能键及其他 ASCII 码键均表示成 Keys 的一系列枚举值,如 e.KeyCode＝＝Keys.C。如果窗体上有其他具有焦点的控件,需要设置第 12 行,表示窗体优先接收键盘事件,否则将是窗体上具有焦点的控件优先接收键盘事件。

6.2.4 控件的操作

1. 添加控件

添加删除控件操作有静态与动态之分。在设计窗口通过拖放工具箱中的控件实现控件的添加与删除,这种方法属于静态添加删除控件。而在代码窗口中编写代码,并在程序运行时实现控件添加与删除则为动态添加删除控件。

使用静态方式向窗体中添加控件时,要求添加的控件必须显示在工具箱中,如果要添加的控件未显示在工具箱中,可以先将控件添加到工具箱:将鼠标移到工具箱上右击,在弹出的快捷菜单中选择"选择项"命令,在打开的"选择工具箱"对话框中选择相应的控件(选中名称复选框),最后单击"确定"按钮,此时需要添加的控件已经显示在工具箱中了。

前面的"加法器"实例所设计的窗体,使用的是静态添加控件的方法。下面的实例演示了如何在窗体 Load 事件中动态添加一个按钮。

【实例 6-4】 在窗体上动态添加一个按钮。源代码如表 6-9 所示。

对上述代码说明如下。

(1) 动态添加控件需要将代码写在一个事件中。一般是窗体 Load 事件。这样,窗体一打开时,就可以实现控件添加。

(2) 动态添加控件需要使用 Controls 类的 Add()方法。如代码中的第 06 行。

(3) 第 07 行为 bt 对象添加了单击事件。第 09～11 行为事件过程代码。第 07 行用到了 EventHandler 委托,该委托系统已经预定义好了。

表 6-9　实例 6-4 源代码

行号	源程序部分代码
01	private void Form1_Load(object sender，EventArgs e){
02	Button bt＝new Button();　　　　　　　　　//创建按钮控件实例
03	bt.Text＝"动态添加按钮";　　　　　　　　　//设置控件的标题
04	bt.Location＝new Point(100，100);　　　　//设置控件的位置
05	bt.Size＝new Size(100，50);　　　　　　　//设置控件的大小
06	this.Controls.Add(bt);　　　　　　　　　　//把控件添加到窗体中
07	bt.Click＋＝new EventHandler(bt_Click);　　//添加事件
08	}
09	void bt_Click(object sender，EventArgs e){　　//编写事件方法
10	MessageBox.Show("Click me");
11	}

2. 基本布局

在选择控件时，可以使用 Ctrl 键或 Shift 键选择多个控件。最先加入窗体的控件将作为调整的基准控件。当控件被选中时，基准控件的周围具有白色方框，而其他控件的周围则具有黑色方框。

1）布局工具栏

布局工具栏是 Visual Studio 2022 提供的一个很实用的控件布局工具栏，如图 6-4 所示。使用布局工具栏的格式按钮可一次完成多个控件的大小、对齐、间距、置顶与置底、Tab 键顺序等项的调整。如果选择了多个控件，使用布局工具栏在调整控件的这些格式时，将按照基准控件对所选择的多个控件进行调整。

这里说明一下置顶与置底概念。所谓置顶与置底，是指当控件重叠时，一个控件将覆盖掉另一个控件的一部分。通过设置置顶还是置底，可以决定将哪个控件放置在上方，哪个控件放置在下方。

布局工具栏所提供的功能同样可由"格式"菜单中的命令来完成。在此不再重复。

2）调整控件大小

调整控件大小有 3 种常用的方法。

（1）在窗体设计器中，可以使用鼠标直接拖动控件的大小。

（2）在"属性"窗口中改变控件的 Size 属性。

（3）在代码中，可以通过 Size 属性设置控件的大小。

例如，下面的语句设置 button1 按钮控件的宽度为 50 像

图 6-4　控件布局工具栏

素,高度为 30 像素。

```
button1.Size=new Size(50, 30);
```

3）调整控件位置

调整控件位置有 3 种方法。

（1）在窗体设计器中通过拖动控件。

（2）在设计时,可以通过"属性"窗口修改控件的 Location 属性来改变控件的位置。

（3）在代码中设置控件的位置。

例如,下面的语句以不同的方式设置 button1 按钮控件的位置。

```
//通过 Location 属性设置控件位置
button1.Location=new Point(100, 80);
//分别改变控件的坐标值,调整控件位置
button1.Left=100;
button1.Top=80;
```

4）锁定控件

在控件的大小以及位置调整完成后,可以通过"格式"菜单中的"锁定控件"命令将所有的控件锁定。一旦控件被锁定,选中它后,它的周围出现的不再是小方块,而是锁定标志。此时既不能调整它的大小,也不能移动它的位置。

要解除对控件的锁定,只需要再次执行"锁定控件"命令即可。

3. 锚点与停靠

锚点（Anchor）与停靠（Dock）用于实现相对于窗体的边框固定所选控件。

1）锚点

锚点也称为定位点,可以使用锚点使控件的位置相对于窗体某一边固定,改变窗体的大小时,控件的位置将会随之改变而保持这个相对距离不变。

锚点是通过设置控件的 Anchor 属性实现的。在如图 6-5 所示的属性窗口中,单击表示控件周围的某个方框使之变为深灰色时,就表示控件相对于窗体这条边的距离固定。

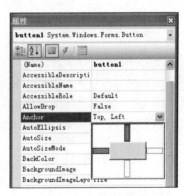

图 6-5　Anchor 属性

也可以通过代码设置 Anchor 属性。例如,下面的语句实现了控件到窗体底边和左边的距离保持不变。

```
button1.Anchor=AnchorStyles.Bottom^AnchorStyles.Left;
```

2）停靠

控件还可以停靠在窗体的某一边上,无论窗体的大小怎么变化,控件总是会自动调整大小和位置以保持停靠不变。停靠时，通过 Dock 属性进行设置，在"属性"窗口中单击 Dock 属性文本框，将出现一个小三角按钮，单击该按钮，将会显示一个设置窗口，单击该窗口中的按钮可以设置相应的 Dock 属性值。图 6-6 显示了各个按钮对应的 Dock 属性值。

同样也可以通过代码设置 Dock 属性。例如，下面的代码使按钮 button1 停靠在窗体的顶边上。

```
button1.Dock=DockStyle.Top;
```

图 6-6　Dock 属性值

4. 设置控件的 Tab 键顺序

控件的 Tab 键顺序决定了当用户使用 Tab 键切换焦点时的顺序。在默认情况下，控件的 Tab 键顺序就是控件添加到窗体中的顺序。可以通过布局工具栏或者选择菜单"视图"→"Tab 键顺序"命令把窗体设计器切换到 Tab 键顺序选择模式，在 Tab 键顺序选择模式下，可以单击各个控件修改 Tab 键顺序。再次选择该命令将会切换回设计模式。

6.3　窗　　体

6.3

窗体（又称为窗口）是 Windows 桌面应用程序的基本单位，主要用于显示信息和接受用户的输入，它通常是一个矩形的屏幕显示区域。窗体可以是标准窗口、多文档界面（MDI）窗口和对话框等。C# 的窗体由 System.Windows.Forms.Form 类派生而来，继承了 Form 类的所有成员。窗体由以下 4 部分组成。

（1）标题栏：显示该窗体的标题，标题的内容由该窗体的 Text 属性决定。

（2）控制按钮：提供窗体最大化、最小化以及关闭窗体的控制。

（3）边界：边界限定窗体的大小，可以有不同样式的边界。

（4）窗口区：这是窗体的主要部分，应用程序的其他对象可放在上面。

6.3.1　窗体的创建

1. 添加窗体

一个新建的 Windows 应用程序，默认包含一个窗体，如果想再增加一个窗体，可选择菜单"项目"→"添加 Windows 窗口"命令，在出现的"添加新项"对话框的"名称"文本框中输入窗体文件的名称，单击"打开"按钮。

创建窗体还可以通过代码实现。下面代码是当单击 button1 按钮时，创建了一个 frmTest 窗体。该窗体的标题是"新建的窗体"。

```
private void button1_Click(object sender, EventArgs e)
{
    Form frmTest=new Form();
```

```
    frmTest.Show();
    frmTest.Text="新建的窗体";
}
```

2. 窗体的继承

窗体本质上是类,因此,窗体也是可以继承的。有两种方法可以实现窗体之间继承:在添加窗体时选择"继承的窗体",通过修改类代码实现。

方法一,添加窗体时选择"继承的窗体"。在"添加新项"对话框中选择"继承的窗体",如图 6-7 所示。

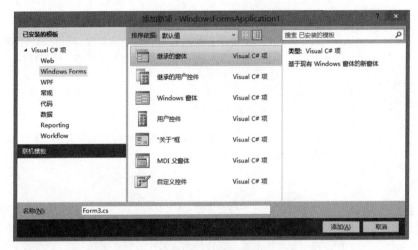

图 6-7　继承的窗体

单击"添加"按钮后,将弹出"继承选择器"对话框,在"继承选择器"对话框中将列出当前项目中的所有窗体,选择要继承的窗体,单击"确定"按钮,则新的窗体不再继承自Form 类,而是继承自在"继承选择器"对话框中所选的窗体。

方法二,通过修改窗体类代码。下面代码块的 Form1 窗体继承自 Form 类,Form2是由 Form1 派生而来,Form1 和 Form2 之间形成了一种继承关系,Form1 是 Form2 的父窗体。

```
public partial class Form1: Form
{
    //…
}
public partial class Form2: Form1
{
    //…
}
```

窗体的继承本质上就是类的继承。在实际开发中恰当地使用窗体继承,可以保持应用程序风格的一致性,同时有益于提高效率和便于维护。

6.3.2 窗体的属性、方法和事件

1. 窗体的属性

窗体的属性决定了窗体的外观。除了前面表 6-2 中介绍的公共属性外，表 6-10 列出了窗体的另外 12 个属性。

表 6-10　窗体的部分属性

属　　性	说　　明
ControlBox	该属性用来设置窗体上是否有控制菜单。其默认值为 true，窗体上显示控制菜单。若将该属性值设置为 false，则窗体上不显示控制菜单
BackgroundImage	用于设置窗体的背景图像。单击此属性右边的按钮，弹出"打开"对话框，可以从中选择 *.bmp、*.gif、*.jpg 等文件格式，并选中给定路径上的一个图片文件，单击"打开"按钮，就将图片加载到当前窗体上
FormBorderStyle	用于控制窗体边界的类型。该属性还会影响标题栏及其上按钮的显示。它有 7 个可选值，参见表 6-11
KeyPreview	获取或设置一个值。该值表示在将键盘事件传递到具有焦点控件前，窗体是否接收此事件
Icon	用来指定窗体的图标
MaximizeBox	用于设置窗体上的最大化按钮。该属性的默认值为 true，窗体右上角显示最大化按钮；若设置该属性为 false，则隐去最大化按钮
MinimizeBox	用于设置窗体上的最小化按钮。该属性的默认值为 true，窗体右上角显示最小化按钮；若设置该属性为 false，则隐去最小化按钮
Opacity	该属性用来设置窗体的透明度，其值为 100% 时，窗体完全不透明；其值为 0% 时，窗体完全透明
ShowInTaskbar	用来指定窗体是否出现在任务栏中
StartPosition	用来指定窗体显示的大小和位置
TopMost	用来指定窗体是否应显示为应用程序的最顶层窗体
WindowState	用来指定窗体运行时的状态

表 6-11 是 FormBorderStyle 属性的取值。

表 6-11　FormBorderStyle 属性的取值

取　　值	说　　明
None	窗体无边框，可以改变大小
Fixed3D	使用 3D 边框效果。不允许改变窗体大小，可以包含控制菜单、最大化按钮和最小化按钮

续表

取　　值	说　　明
FixedDialog	用于对话框。不允许改变窗体大小,可以包含控制菜单、最大化按钮和最小化按钮
FixedSingle	窗体为单线边框。不可以重新设置窗体大小,可以包含控制菜单、最大化按钮和最小化按钮
Sizable	该值为属性的默认值,窗体为双线边框。可以重新设置窗体的大小,可以包含控制菜单、最大化按钮和最小化按钮
FixedToolWindow	用于工具窗口。不可重新设置窗体大小,只带有标题栏和关闭按钮
SizableToolWindow	用于工具窗口。可以重新设置窗体大小,只带有标题栏和关闭按钮

2. 窗体方法

窗体方法定义了窗体的行为。表 6-12 列出了窗体一些常用方法。

表 6-12　常用的窗体方法

方　法　名	说　　明
Activate()	激活窗体使其获得焦点
CenterToScreen()	使窗体居中
Close()	关闭窗体,并从内存中清除
Dispose()	关闭窗体,并从内存中清除
Contains()	判断指定控件是否为指定窗体的子控件
GetNextControl()	按照窗体上子控件的 Tab 顺序向前或向后检索下一个控件
Hide()	隐藏窗体,不从内存清除
Refresh()	强制控件使其工作区无效并立即重绘自己和任何子控件
Show()	以非模式窗口显示窗体。不关闭此窗体的情况下,可以操作其他窗体
ShowDialog()	以模式窗口显示窗体,并返回一个值,以标识用户在该窗体中选择了哪个按钮。必须关闭模式窗体才能操作其他窗体
Update()	引起控件重绘其工作区内的无效区域,常用于图形刷新

3. 窗体事件

窗体事件定义了如何同窗体进行交互。窗体能响应所有的鼠标事件和键盘事件,还能响应其他一些事件。除了前面介绍的公共事件外,表 6-13 列出了其他常用的窗体事件。

表 6-13 常用的窗体事件

事 件 名	说 明
Load	在将窗体装入内存时发生，该事件过程主要用来进行一些初始化操作
Activate	当窗体变为活动窗体时发生
DeActivate	与 Activate 相对应，当窗体由活动状态变成不活动状态，该事件发生
FormClosing	在用户关闭窗体时，FormClosing 事件在窗体关闭前发生
FormClosed	在用户关闭窗体时，FormClosed 事件在窗体关闭后发生
Paint	在窗体重新绘制时发生
ReSize	在窗体初次装载或用户改变其大小后发生
Move	移动窗体时发生

6.4 基 本 控 件

6.4.1 标签控件

标签主要用于显示（输出）文本或图像信息，但是不能输入信息。对标签控件的使用主要掌握其属性。表 6-14 列出了标签常用属性。

表 6-14 标签常用属性

属 性	说 明
AutoSize	该属性用于设置标签是否自动调整尺寸，以适应其显示的内容。如果此属性值设为 true，当 Text 属性中的内容改变时，标签控件的尺寸大小将自动变化，但不换行。此属性的系统默认值为 false
Borderstyle	该属性用于设定标签的边框样式，共有 3 个设定值：None 表示无边框，FixedSingle 表示边框为单直线型，Fixed3D 表示边框为凹陷型。默认值为 None
BackColor	通过将 Label 的 BackColor 属性设置为 Color.Transparent，可使该标签成为透明的
Image	获取或设置显示在 Label 上的图像
ImageAlign	获取或设置在控件中显示图像的对齐方式
ImageIndex	获取或设置在 Label 上显示图像的索引值
ImageList	获取或设置要包含在 Label 控件中显示图像的图像列表
Text	该属性是标签控件的主要属性，用于设置标签显示的内容。Text 属性可包含许多字符

6.4.2　LinkLabel 控件

LinkLabel(链接标签)控件允许用户在窗体中添加 Web 风格的链接,它的外观和操作方式都与网页中的超级链接类似。LinkLabel 控件中的大部分属性、方法、事件都是从 Label 类中继承来的,但它有几个特殊的用于超链接的属性和事件,现介绍如下。

6.4.2

1. LinkLabel 控件常用属性

表 6-15 列出了 LinkLabel 控件的常用属性。

表 6-15　LinkLabel 控件的常用属性

属　　性	说　　明
ActiveLinkColor	表示活动链接使用的颜色
DisabledLinkColor	表示不可用链接使用的颜色
LinkArea	获得或设置标签中作为链接使用的文本的范围。该属性设置两个值: 第一个值为该区域起始字符的位置,第二个值为区域的长度
LinkBehavior	设置或获得链接的行为。默认值是 LinkBehavior.System Default,但是也可以把它设置成当鼠标移到文本上时有下画线(LinkBehavior.HoverUnderline)或者没有下画线(NeverUnderline)
LinkColor	用于设置未连接过此超链接的文本颜色
Links	控件内所有链接的集合,这些链接都被保存在 Links 属性中
LinksVisited	设置或获得链接是否已经被访问的布尔值
Text	设置或获得 LinkLabel 控件显示内容
VisitedLinkColor	表示已被访问过的链接的颜色

2. LinkClicked 事件

链接标签本身不具有导航功能,要使链接标签链接到目的地,需要使用 LinkLabel 控件的 LinkClicked 事件。当鼠标移动到标签文本中的超链接文本部分时,会出现一只手形的小图标,这时单击此超链接文本部分,将会发生此事件。通常在此事件过程中,使用 System.Diagnostics.Process.Start 方法打开指定的网页。

【实例 6-5】　利用超链接标签控件链接到中央电视台网站。

(1) 在 Windows 窗体上放置一个 LinkLabel 控件,双击窗体,打开代码窗口,在 Form1_Load 事件处理程序中输入如表 6-16 所示的代码。

(2) 返回窗体设计窗口,双击 LinkLabel 控件,再次打开代码窗口,在 linkLabel1_ LinkClicked 事件处理程序中输入如表 6-16 所示的代码。

表 6-16　实例 6-5 部分源代码

行号	部分源代码
01	using System；
02	using System.Drawing；
03	using System.Windows.Forms；
04	namespace 实例 6_5 链接标签{
05	public partial class Form1：Form {
06	…
07	private void Form1_Load(object sender，EventArgs e){
08	linkLabel1.Text="访问中央电视台网站"；
09	linkLabel1.LinkArea=new LinkArea(2，5)；
10	linkLabel1.Links[0].LinkData="http://www.cctv.com.cn"；
11	}
12	private void linkLabel1_LinkClicked(object sender，LinkLabelLinkClickedEventArgs e){
13	System.Diagnostics.Process.Start(e.Link.LinkData.ToString())；
14	//System.Diagnostics.Process.Start(@"图片文件路径")；　//打开一幅图片
15	// System.Diagnostics.Process.Start("域名")；　　　　//打开一个网页
16	}
17	}

　　程序运行后，显示一个"访问中央电视台网站"标签，其中"中央电视台"蓝色且带有下画线显示，光标移到这 5 个字上变成手形，单击即可打开中央电视台网站。

　　第 09 行和第 10 行可以使用下面的语句代替：

```
linkLabel1.Links.Add(2, 5, "http://www.cctv.com.cn");
```

6.4.3　文本框

6.4.3

　　在.NET 框架中，TextBox 类封装了文本框控件，TextBox 类由 TextBoxBase 类派生而来。文本框是一个文本编辑区域，通常用于输入、编辑和显示文本内容。文本框控件不仅可以编辑单行文本，还可以编辑多行文本。

1. 文本框的常用属性

　　表 6-17 列出了文本框的常用属性。

表 6-17　文本框的常用属性

属　　性	说　　明
AcceptsReturn	获取或设置一个值，该值指示在多行 TextBox 控件中按 Enter 键时，是在控件中创建一行新文本还是激活窗体的默认按钮
AcceptsTab	获取或设置一个值，该值指示在多行文本框控件中按 Tab 键时，是在控件中输入一个 Tab 字符，还是按选项卡的顺序将焦点移动到下一个控件
CharacterCasing	确定 TextBox 控件是否在字符输入时修改其大小写格式

续表

属　　性	说　　明
PasswordChar	设置显示文本框中的替代符。例如,该属性设置为 * 时,那么无论向文本框中输入什么字符,文本框中都只显示 * 。该属性通常用于设置密码框
Lines	获取或设置文本框控件中的文本行
MaxLength	该属性用于设定文本框中最多可容纳的字符数。当设定为 0 时,表示可容纳任意多个输入字符
Multiline	获取或设置一个值,该值指示是否为多行文本框控件
ReadOnly	该属性用于设定程序运行时能否对文本框中的文本进行编辑。当选择 true 时,表示应用程序运行时,不能编辑其中的文本,当选择 false 时则相反。该属性的默认值为 false
ScrollBars	该属性用于设置文本框中是否带有滚动条。只有设置 MultiLine 属性的值为 true 时,ScrollBars 属性才有效。该属性有 4 个可选值:None(无滚动条)、Horizontal(水平滚动条)、Vertical(垂直滚动条)、Both(水平和垂直滚动条)
Text	Text 属性是文本框控件的主要属性之一。应用程序运行时,在文本框中显示的输出信息或通过键盘输入的信息,都保存在 Text 属性中。默认情况下,最多可在一个文本框中输入 2048 个字符。如果将 MultiLine 属性设置为 true 则最多可输入 32KB 文本
TextLength	获取控件中文本的长度。只读属性
SelectionStart	获取选择文本的起始位置(第一个字符索引值为 0)。只读属性
SelectedText	获取选择的文本内容。只读属性
SelectionLength	获取选择文本的字符个数。只读属性

2. 文本框的常用方法

文本框的常用方法如表 6-18 所示。

表 6-18　文本框的常用方法

方　　法	说　　明	方　　法	说　　明
Focus()	设置焦点	Clear()	清除文本框内所有文本
Select()	选择文本框中指定的文本	Undo()	取消上次操作
SelectAll()	选择文本框中所有内容	ClearUndo()	清除所有的 Undo 操作
AppendText()	向文本框中添加指定的文本		

3. 文本框的常用事件

(1) GotFocus 事件:该事件在文本框接收焦点时发生。

(2) LostFocus 事件:该事件在文本框失去焦点时发生。

(3) TextChanged 事件:该事件在文本框的 Text 属性值改变时发生。例如,向文本框输入内容、删除内容、修改内容都能触发该事件。

（4）KeyDown：当焦点在文本框时按下任何键都触发该事件。

（5）KeyPress：当焦点在文本框时按下具有 ASCII 码值的键触发该事件。

【实例 6-6】 限制文本输入。该实例限制输入到 TextBox 控件中的内容只能为 A～Z 这 26 个大写英文字母，并且输入时可以使用退格键 Backspace 修正，禁止在文本框里执行粘贴操作。具体实现如下。

（1）在 Windows 窗体上放置一个文本框（textBox1）控件，选中文本框，在其 KeyPress 事件处理程序中输入如下代码：

```
private void textBox1_KeyPress(object sender, KeyPressEventArgs e)
{
    if ((e.KeyChar<'A' || e.KeyChar>'Z') & e.KeyChar !=8)
    {
        e.Handled=true;
    }
}
```

（2）禁止在文本框里执行粘贴操作，在其 KeyDown 事件处理程序中输入如下代码：

```
private void textBox1_KeyDown(object sender, KeyEventArgs e)
{
    if (e.KeyCode==Keys.V  & e.Control)        //禁止粘贴
    {
        Clipboard.Clear();
    }
}
```

6.4.4 按钮控件

命令按钮（Button）是用户与应用程序交互的最简便的工具，常常用来启动、中断或结束一个进程。

1. 按钮控件的常用属性

按钮控件的常用属性如表 6-19 所示。

表 6-19 按钮控件的常用属性

属　性	说　明
Enable	确定按钮是否有效。当值为 true 时，按钮可用；当值为 false 时，按钮不可用
FlatStyle	该属性指定了命令按钮的外观风格，它有 4 个枚举值，如表 6-20 所示
Image	用于设定在命令按钮上显示的图形
ImageAlign	当图片显示在命令按钮上时，可以通过 ImageAlign 属性调节其在命令按钮上的位置

续表

属　性	说　明
Text	该属性用于设定命令按钮上显示的文本。该属性也可为命令按钮创建快捷方式,其方法是在作为快捷键的字母前加一个 & 字符,则程序运行时,命令按钮上该字母带有下画线,该字母就成为快捷键。例如,某个命令按钮的 Text 属性设置是"&Print",程序运行时,就会显示 Print
TextAlign	设置文本的对齐方式

FlatStyle 属性的 4 个枚举值如表 6-20 所示。

表 6-20　FlatStyle 属性的 4 个枚举值

值	说　明
Flat	命令按钮为平面样式
Popup	命令按钮平时是平面样式,当鼠标移动到命令按钮上面时,则变成立体样式
System	命令按钮的样式由操作系统来决定
Standard	命令按钮为 Windows 标准按钮

2. 按钮的 Click 事件

命令按钮最常用的事件就是 Click 事件。特别要说明的是,Button 控件不支持 DoubleClick 事件。

当命令按钮的 Enable 属性为 true 时,以下几种方式均可触发 Click 事件。

(1) 鼠标单击按钮。

(2) 如果按钮具有焦点,也可以使用 Enter 键、空格键触发该按钮的 Click 事件。

(3) 无论按钮是否具有焦点,通过设置窗体的 AcceptButton 或 CancelButton 属性,都可以使用户通过按 Enter 或 Esc 键来触发按钮的 Click 事件。

(4) 无论按钮是否具有焦点,都可以通过快捷键触发按钮的 Click 事件。

6.4.5　复选框与单选按钮

6.4.5

复选框(CheckBox)与单选按钮(RadioButton)非常类似,它们都允许用户从一系列选项中进行选择。不同之处在于复选框允许一次选择多个选项,而单选按钮只允许一次选择一个。

1. 单选按钮和复选框的主要属性

单选按钮和复选框的主要属性基本相同。表 6-21 列出了单选按钮和复选框的主要属性。

表 6-21　单选按钮和复选框的主要属性

属　　性	说　　明
Appearance	获取或设置是以标准的按钮形式出现，还是以可关闭按钮的形式出现
Checked	获取或设置一个值，该值指示是否已选中控件
CheckState	单选按钮不具有该属性。对复选框而言，该属性表示复选框的状态，有 3 个可选值：选中、未选中、不确定
CheckAlign	设置复选框标题文本的位置
Image	获取或设置显示在控件上的图像
ImageList	获取或设置包含控件上显示的 Image 的 ImageList
ImageIndex	获取或设置控件上显示的图像索引值
Text	设置控件的文本，以说明控件的用途
TextAlign	指定文本的对齐方式

2. 单选按钮和复选框的主要事件

单选按钮的主要事件有两个。

CheckedChanged 事件——当 Checked 属性的值更改时，该事件被激活。

Click 事件——在单击控件时发生。

此外，复选框有一个常用事件：

CheckStateChanged 事件——当 CheckState 属性的值更改时，该事件被激活。

3. 应用实例

【实例 6-7】　利用单选按钮和复选框设置字体和字体样式。

实例中，窗体上有一个标签，两个单选按钮和两个复选框。两个单选按钮用于设置标签上文字的字体，两个复选框用于设置字型。程序运行界面如图 6-8 所示。

图 6-8　单选按钮和复选框设置字体和字体样式

标签上文字的字体是唯一的，所以使用单选按钮。几种字型可以同时具有，所以使用复选框。此外，程序中使用 GroupBox 给单选按钮和复选框进行分组。

实例中部分代码如表 6-22 所示。

表 6-22　实例 6-7 部分源代码

行号	部分源代码
01	using System；
02	using System.Drawing；
03	using System.Windows.Forms；
04	namespace WindowsApplication2{
05	public partial class Form1：Form {
06	…
07	private void Form1_Load(object sender，EventArgs e) {
08	label1.Text＝"烟台大学";
09	label1.AutoSize＝true;
10	label1.Font＝new Font("宋体"，48，FontStyle.Regular);
11	}
12	private void checkBox1_CheckedChanged(object sender，EventArgs e) {
13	label1.Font＝new Font(label1.Font.Name，label1.Font.Size，
14	checkBox1.Checked ? label1.Font.Style |
15	FontStyle.Italic：label1.Font.Style^(FontStyle.Italic));
16	}
17	private void checkBox2_CheckedChanged(object sender，EventArgs e) {
18	label1.Font＝new Font(label1.Font.Name，label1.Font.Size，
19	checkBox2.Checked ? label1.Font.Style |
20	FontStyle.Underline：label1.Font.Style^(FontStyle.Underline));
21	}
22	private void radioButton1_CheckedChanged(object sender，EventArgs e) {
23	label1.Font＝new Font("楷体_GB2312"，
24	label1.Font.Size，label1.Font.Style);
25	}
26	private void radioButton2_CheckedChanged(object sender，EventArgs e){
27	label1.Font＝new Font("黑体"，
28	label1.Font.Size，label1.Font.Style);
29	}
30	}
31	}

注意：代码中第 13～15 行、18～20 行的三元运算符，为什么使用异或运算？

6.4.6　列表框、组合框与复选列表框

6.4.6

1. 列表框

列表框(ListBox)控件用来显示一组条目，以便让操作者从中选择一条或者多条，然后进行相应的处理。

在列表框内的项目称为列表项。列表项的加入是按一定的顺序进行的，这个顺序号称为索引号。列表框内列表项的索引号从 0 开始，即第一个加入的列表项索引号为 0，以此类推。

1) 列表框的主要属性

表 6-23 列出了列表框的主要属性。

表 6-23　列表框的主要属性

属　性	说　明
Items	列表框中条目的集合
Multicolumn	设定列表框是否显示多列列表项,默认值为 false,表示列表项以单列显示
SelectedIndex	表示当前选中条目的索引。如果未选中任何列表项,则值为 −1;如果当前被选列表项是列表框中的第一项,则值为 0。此属性为只读属性
SelectedIndices	一个集合,表示当前选中的所有条目的索引
SelectedItem	表示当前选中条目的值。如果没有被选中的条目,则其值为 null。该属性是一个只读属性,可在应用程序中引用该属性值
SelectedItems	选中条目的集合。如果没有被选中的条目,则为空集合
SelectionMode	设定列表框选择模式。列表框可以被设置成单选的或者多选的,由该属性来控制,该属性从 System.Windows.Forms.SelectionMode 枚举类型中取值,共有 4 个选值: None、One(同一时刻只能选择一项)、MultiSimple(同一时刻可以选择多项)、MultiExtended(可以选择多项,并且用鼠标和 Shift 键组合可以选择连续的列表项;用鼠标和 Ctrl 键组合可以选择不连续的列表项)
Sorted	一个布尔型属性。取 true 表示列表框的条目是升序的,取 false 表示按照输入的先后顺序
Text	选中条目的内容。如果没有被选中的条目,则返回 null
TopIndex	获取或设置 ListBox 中第一个可见项的索引

2) 列表框的常用方法

表 6-24 给出了列表框的常用方法。

表 6-24　列表框的常用方法

方　法	说　明
ClearSelected()	取消选择 ListBox 中的所有项
FindString()	查找 ListBox 中以指定字符串开始的第一项,返回该项索引号
Items.Add()	向 ListBox 的项列表添加项
Items.Clear()	从集合中移除所有项
Items.Insert()	将项插入列表框的指定索引处
Items.Remove()	从集合中移除指定的对象
Items.RemoveAt()	移除集合中指定索引处的项

3) 列表框事件

SelectedIndexChanged 事件是列表框最常用的事件。当用户改变列表中的选择时,将会触发此事件。

【**实例 6-8**】　窗体上有一个列表框（ListBox1）、一个文本框（textBox1）、5 个命令按钮，如图 6-9 所示。要求完成如下功能。

（1）在文本框里输入课程名称，单击"添加"按钮，如果列表框里没有此项，则添加，否则不添加。

（2）单击"删除"按钮，则删除在列表框里选中的项目。

（3）单击"修改"按钮，则将列表框里选中的项目显示在文本框里，以备修改。

（4）单击"修改确定"按钮，则将文本框修改后的内容替换原来选中的项目。

（5）单击"退出"按钮，则关闭窗体。

实例中源代码如表 6-25 所示。

图 6-9　列表框应用实例

表 6-25　实例 6-8 源代码

行号	源　代　码
01	using System;
02	using System.Windows.Forms;
03	namespace 实例 6_8 列表框{
04	public partial class Form1：Form {
05	public Form1(){InitializeComponent();}
06	private void Form1_Load(object sender，EventArgs e)　{
07	listBox1.Items.Add("C♯程序设计");
08	listBox1.Items.Add("网络技术");
09	listBox1.Items.Add("大学英语");
10	listBox1.Items.Add("大学物理");
11	}
12	private void btAdd_Click(object sender，EventArgs e) {　　　//"添加"按钮
13	if(!this.listBox1.Items.Contains(textBox1.Text))
14	listBox1.Items.Add(textBox1.Text);
15	else
16	MessageBox.Show("已经存在");
17	}
18	private void btDel_Click(object sender，EventArgs e) {　　　//"删除"按钮
19	listBox1.Items.Remove(listBox1.SelectedItem);　　　　//这三条语句效果等同
20	//listBox1.Items.RemoveAt(listBox1.SelectedIndex);
21	//listBox1.Items.Remove(listBox1.Text);
22	}
23	private void btEdi_Click(object sender，EventArgs e) {　　　//"修改"按钮
24	textBox1.Text＝listBox1.Text;
25	}
26	private void btOK_Click(object sender，EventArgs e) {　　　//"修改确定"按钮
27	listBox1.Items.Insert(listBox1.SelectedIndex，textBox1.Text);
28	listBox1.Items.Remove(listBox1.SelectedItem);

续表

行号	源 代 码
29	}
30	private void btExit_Click(object sender, EventArgs e) { //"退出"按钮
31	Application.Exit();
32	}
33	}
34	}

2. 组合框

使用列表框时，用户只能在给定的列表项中做出选择，而组合框（ComboBox）是结合了文本框和列表框的特性而形成的一种控件。组合框分两部分显示：顶部是一个允许输入文本的文本框，下面的列表则显示列表项，当列表框中没有所需的选项时，还允许用户在文本框中直接输入信息。

组合框与列表框相比，其属性、方法大部分类似。对组合框而言，SelectedIndex-Changed 事件也是最常用的事件。组合框有一个名为 DropDownStyle 的属性，该属性用于设置组合框的样式，样式有 3 种取值，如表 6-26 所示。

表 6-26 **DropDownStyle 属性取值**

属　　　性	说　　　明
Simple	文本框部分是可编辑的，下拉列表是直接显示出来的
DropDownList	文本框部分是不可编辑的，必须单击向下的箭头
DropDown	文本框是可编辑的，必须单击向下的箭头来显示列表项。该值是默认值

注意：如果 DropDownStyle 属性取值 Simple 时，需要将组合框的高度设定比较大，以便能显示多个列表项。

大家可以将上面的实例改为由组合框实现。

3. 复选列表框

复选列表框（CheckedListBox）扩展了 ListBox，它在列表项的旁边显示复选标记。这样，是否选中了某个列表项就可以很清楚地表现出来。

CheckedListBox 类是继承了 ListBox 类而得来的，所以 CheckedListBox 的大部分属性、事件和方法都来自 ListBox 类。除了继承来的属性和方法外，CheckedListBox 还有一些特有的属性和方法。

（1）CheckedOnClick 属性。该属性值为 true 时，单击某一列表项就可以选中它。默认的属性值为 false，此时，单击列表项只是改变了焦点，再次单击时才选中该列表项。

（2）GetItemCheckState 方法。该方法用于取得指定列表项的状态，即该列表项是否被选中。该方法有一个整型参数，用来确定该方法返回哪个列表项的状态。

（3）SetItemCheckState 方法。该方法用于设定指定的列表项的状态，即设置该列表项是选中、未选中，还是处于不确定状态。该方法有两个参数：第一个参数是整型参数，用于指定所设定的是哪一个列表项；第二个参数有如下 3 个可选值。

① CheckState.Checked——选中。

② CheckState.UnChecked——未选中。

③ CheckState.Indeterminate——不确定状态。

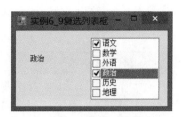

【实例 6-9】　实例运行界面如图 6-10 所示。当某项被选中时，会出现两种情况：如果该项复选框已被选中，则会显示在标签，否则，就是选中某项，该项也不会在左侧标签上显示。

图 6-10　复选列表框应用实例

实例中部分代码如表 6-27 所示。

表 6-27　实例 6-9 部分源代码

行号	部分源代码
01	using System;
02	using System.Windows.Forms;
03	namespace 实例 6_9 复选列表框{
04	public partial class Form1：Form {
05	public Form1(){InitializeComponent();}
06	private void 实例 6_9 复选列表框_Load(object sender，EventArgs e) {
07	string[] s={"语文"，"数学"，"外语"，"政治"，"历史"，"地理"};
08	checkedListBox1.Items.AddRange(s);
09	checkedListBox1.SelectedIndex=0;
10	}
11	private void checkedListBox1_SelectedIndexChanged(object sender，EventArgs e) {
12	label1.Text=
13	**checkedListBox1.GetItemCheckState(checkedListBox1.SelectedIndex)**
14	**==CheckState.Checked ? checkedListBox1.Text：string.Empty;**
15	}
16	}
17	}

注意：代码中的第 13 行与第 14 行使用了复选列表框的 GetItemCheckState()方法，获得复选列表框中选择项的状态。

6.4.7　NumericUpDown 与 DomainUpDown

NumericUpDown 和 DomainUpDown 都是从 UpDownBase 类派生出来的。在表现形式上，它们都是在文本框旁边带有一个小的滚动按钮，使用滚动按钮可以增大或减小数值。不同的是，NumericUpDown 控件显示或获取的值是数字的，而 DomainUpDown 控件显示或获取的值是文本型。

1. NumericUpDown 控件

NumericUpDown 控件称为数值调节控件，用于递增或递减数值，其运行形式为
0 。表 6-28 给出了 NumericUpDown 控件的主要属性。

表 6-28　NumericUpDown 控件的主要属性

属　　性	说　　明
Increment	单击向上按钮和向下按钮时的增量。默认值是 1
Maximum	可以显示的最大值。默认值是 100
Minimum	可以显示的最小值。默认值是 0
Value	控件中正在显示的值，其值在 Maximum 和 Minimum 之间
InterceptArrowKeys	是否接受上下箭头键控制

NumericUpDown 控件常用事件为 ValueChanged。该事件在 NumericUpDown 控件值改变时触发。

2. DomainUpDown 控件

DomainUpDown 控件与 NumericUpDown 控件类似，但 DomainUpDown 控件显示或获取的值是文本型。表 6-29 给出了 DomainUpDown 控件的主要属性。

表 6-29　DomainUpDown 控件的主要属性

属　　性	说　　明
Items	条目的集合，使用标准集合的 Add()、Remove() 和 Clear() 等方法可以维护控件的列表
SelectedIndex	获得或设置条目的索引
SelectedItem	获得或设置通过引用指针所选择的条目
Sorted	如果为真，那么按照指定的顺序维持列表
Wrap	如果为真，那么到达表头或表尾时开始回卷

DomainUpDown 控件的常用事件为 SelectedItemChanged。单击向上按钮或向下按钮时，触发该事件。

【**实例 6-10**】 NumericUpDown 和 DomainUpDown 控件应用实例。窗体上有 numericUpDown1、domainUpDown1 和 label1 三个控件。单击 domainUpDown1 右边上下箭头，可以循环选取最大、较大、中、较小、最小各项值。单击 numericUpDown1 右边上下箭头，可以在 4～72 循环取值。

运行界面如图 6-11 所示。实例中部分代码如表 6-30 所示。

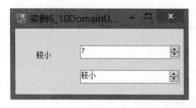

图 6-11　DomainUpDown 应用实例

表 6-30　实例 6-10 部分源代码

行号	部分源代码
01	using System；
02	using System.Windows.Forms；
03	namespace DomainUpDown{
04	public partial class Form1：Form{
05	public Form1(){InitializeComponent();}
06	private void Form1_Load(object sender，EventArgs e){
07	string[] s={"最大"，"较大"，"中"，"较小"，"最小"}；
08	domainUpDown1.Items.AddRange(s)；
09	domainUpDown1.Wrap＝true；
10	domainUpDown1.SelectedIndex＝0；
11	numericUpDown1.Maximum＝72；
12	numericUpDown1.Minimum＝4；
13	}
14	private void domainUpDown1_SelectedItemChanged(object sender，EventArgs e) {
15	label1.Text＝domainUpDown1.Text；
16	}
17	private void numericUpDown1_ValueChanged(object sender，EventArgs e) {
18	label1.Text＝numericUpDown1.Value.ToString()；
19	}
20	}
21	}

6.4.8　滚动条与进度条

1. ScrollBar 和 TrackBar

.NET 中有以下 4 个类具有滑动能力。

（1）ScrollBar：滚动条的基础类。

（2）HScrollBar：实现一个水平滚动条。

（3）VScrollBar：实现一个垂直滚动条。

（4）TrackBar：实现滑动功能。

其中，ScrollBar 是滚动条的基础类，其派生类即为 HScrollBar 和 VScrollBar。下面主要介绍 HScrollBar、VScrollBar 和 TrackBar 3 种控件的主要属性与事件。

1）HScrollBar、VScrollBar 和 TrackBar 的主要属性

表 6-31 列出了 HScrollBar、VScrollBar 和 TrackBar 3 种控件最主要的属性。

关于 SmallChange 和 LargeChange 属性，需要说明一下：对水平滚动条和垂直滚动条而言，SmallChange 是指单击一次两端箭头时，滑块移动的增量值；LargeChange 是指单击一次滚动条内空白处或者按 PageUP/PageDOWN 键时，滑块移动的增量值。对 TrackBar 控件而言，SmallChange 是指按箭头键时，滑块移动的增量值；而 LargeChange 是指按 PageUp/PageDown 键时，滑块移动的增量值。

表 6-31   HScrollBar、VScrollBar 和 TrackBar 3 种控件的主要属性

属　　性	说　　明
Maximum	表示当滑块处于滑动条最大位置时所代表的值
Minimum	表示当滑块处于滚动条最小位置时所代表的值
Value	表示滚动条内滑块的位置所代表的值
SmallChange	最小变动值属性
LargeChange	最大变动值属性

此外，TrackBar 控件是一个作为独立控件使用的滚动条，除具有上述属性外，还具有一些特殊属性，如表 6-32 所示。

表 6-32   TrackBar 控件的特殊属性

属　　性	说　　明
BackgroundImage	如果需要，表示背景图像
Orientation	指出 TrackBar 是水平的，还是垂直的。默认为水平的
TickFrequency	表示刻度值出现的间隔
Tickstyle	表示刻度值被放到与轨道相关的哪个位置

2）HScrollBar、VScrollBar 和 TrackBar 最常见事件

Scroll 事件：用鼠标压住滚动条的滑块进行移动时，滑块被重新定位，该事件被触发。

ValueChanged 事件：控件值发生改变时，该事件被触发。

【实例 6-11】 利用水平滚动条调整字体大小。在窗体上放置一个 HScrollBar 控件，其属性值参见表 6-32。放置一个标签控件，设置其 Text 属性为"C#程序设计"。放置一个文本框，用它来显示滑块当前位置所代表的值，如图 6-12 所示。

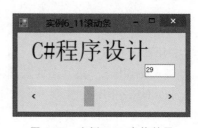

图 6-12　实例 6-11 窗体效果

部分源代码如表 6-33 所示。

表 6-33   实例 6-11 部分源代码

行号	部分源代码
01	private void 实例 6_11 滚动条_Load(object sender，EventArgs e) {
02	hScrollBar1.Minimum＝4;
03	hScrollBar1.Maximum＝72;
04	hScrollBar1.Value＝10;
05	hScrollBar1.SmallChange＝1;
06	hScrollBar1.LargeChange＝5;
07	label1.Text＝"C#程序设计";

续表

行号	部分源代码
08	`}`
09	`private void hScrollBar1_Scroll(object sender, ScrollEventArgs e){`
10	`    textBox1.Text=hScrollBar1.Value.ToString();`
11	`    label1.Font=new Font(label1.Font.Name, hScrollBar1.Value);`
12	`}`

2. ProgressBar

进度条(ProgressBar)控件是用来表示进度的。ProgressBar 控件的主要属性有最大值属性(Maximum)、最小值属性(Minimum)和当前值属性(Value)。

与 HScrollBar、VScrollBar 和 TrackBar 控件相比,ProgressBar 不能由用户进行操作,而是由程序通过修改 Value 属性值显示进度。改变 Value 属性值可以使用 3 种方法。

(1) 把一个整数直接赋值给 Value 属性。

(2) 使用 Increment()方法来改变 Value 属性值。

(3) 使用 PerformStep()方法来改变 Value 属性值。

【实例 6-12】 模拟文件复制过程。在窗体上放置一个按钮控件、一个 ProgressBar 控件。将按钮控件的 Text 属性设置为"模拟文件复制"。部分源代码如表 6-34 所示。

表 6-34　实例 6-12 部分源代码

行号	部分源代码
01	`private void 实例 6_12 进度条_Load(object sender, EventArgs e) {`
02	`    progressBar1.Maximum=1000000;` `//假设文件的最大长度值`
03	`    progressBar1.Minimum=0;`
04	`    progressBar1.Visible=false;`
05	`}`
06	`private void button1_Click(object sender, EventArgs e) {` `//"模拟文件复制"按钮`
07	`    progressBar1.Visible=true;`
08	`    for(int i=0; i<progressBar1.Maximum * 0.9; i++) {`
09	`        progressBar1.Value=i;`
10	`    }`
11	`    progressBar1.Visible=false;`
12	`    MessageBox.Show("文件复制完成");`
13	`}`

6.4.9　定时器控件

定时器(Timer)控件能够按一定时间间隔周期性地自动触发 Tick 事件,而执行相应的事件过程。

6.4.9

1. Timer 控件常用的属性

（1）Enabled 属性。指定定时器是否处于运行状态，也就是说，是否可以触发事件。默认值为 false。

（2）Interval 属性。指定定时器控件触发的时间间隔，单位为毫秒。在每个间隔内，Tick 事件都会被激活。

2. Timer 控件常用的方法

（1）Start()方法：使定时器处于运行状态。注意，使用 Start()方法启动定时器与 Enabled 属性无关。

（2）Stop()方法：取消定时器运行状态。

（3）Dispose()方法：如果通过程序设计实现一个定时器，那么在程序执行完成后要调用 Dispose()方法，因为定时器所使用的系统资源不会被释放。

3. Tick 事件

定时器控件仅包括一个 Tick 事件。当定时器处于运行状态时，按照设定的 Interval 时间间隔自动触发的事件。使定时器处于运行状态的有两种方法：一种是将 Enabled 属性设置为 true；另一种是调用 Timer 控件的 Start()方法。

【实例 6-13】　Timer 应用。设计一个窗体，窗体上有一个 Timer1 控件，有一个标签 Label1，其文本内容为"欢迎使用 Visual C♯"。当启动窗体后，标签上的文本随机在窗口中移动。

部分源代码如表 6-35 所示。

表 6-35　实例 6-13 部分源代码

行号	部分源代码
01	private void 实例 6_13Timer 滚动字幕_Load(object sender, EventArgs e) {
02	timer1.Enabled＝true;
03	timer1.Interval＝200;
04	}
05	private byte d1;
06	private byte d2;
07	private float size＝0f;
08	private Random rd＝new Random();
09	private void timer1_Tick(object sender, EventArgs e) {
10	if(d1＝＝0){
11	label1.Left＋＝10;
12	if(label1.Right＞this .ClientSize.Width)
13	d1＝1;
14	else {
15	label1.Left －＝10;
16	if(label1.Left＜0)

续表

行号	部分源代码
17	d1＝0；
18	}
19	}
20	if(d2＝＝0){
21	size＝label1.Font.Size＋2；
22	label1.Font＝new Font("宋体",size)；
23	if(size＞50)
24	d2＝1；
25	}
26	else {
27	size＝label1.Font.Size－2；
28	label1.Font＝new Font("宋体",size)；
29	if(size＜10)
30	d2＝0；
31	}
32	label1.ForeColor＝Color.FromArgb(rd.Next(0, 255), rd.Next(0, 255), rd.Next(0,255))；
33	}

程序中,用私有字段 d1 表示文字的移动方向,d2 表示字体大小的变化方向,size 表示变化后的字体大小,rd 产生 0～255 的随机数,再由 Color 类的静态方法 FromArgb 产生随机颜色。

运行程序,文字"欢迎使用 Visual C♯"在窗口中左右移动,同时变化字体大小和颜色。运行效果如图 6-13 所示。

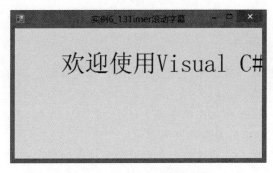

图 6-13　实例 6-13 滚动字幕

6.4.10　DateTimePicker 与 MonthCalendar

1. DateTimePicker 控件

DateTimePicker 控件既可以用来设置日期,还可以用于选择日期,DataTimePicker控件允许从下拉式日历中选择一个日期。该控件只允许对日期进行选择,而显示的时间总是当前的系统时间。表 6-36 列出了 DateTimePicker 控件的常用属性。

表 6-36 **DateTimePicker** 控件的常用属性

属　　性	说　　明
Format	决定以何种格式显示被选中的日期,其值为 DateTimePickerFormat 枚举类型,共有 4 种,参见表 6-37
MaxDate	确定可选日期范围的上限
MinDate	确定可选日期范围的下限
ShowCheckBox	如果为真,则在日期的前面显示复选框。如果选中了复选框,那么可以修改日期;否则,不能改变日期
ShowUpDown	如果为真,可以使用增量为一天的 UpDown 控件校正日期而不必使用下拉式日历
Text	设置或获取与此控件关联文本
Value	设置或返回当前选择的日期和时间。默认情况下,Value 属性值为当前日期。Value 属性类型是 DateTime 结构

表 6-37 列出了 DateTimePickerFormat 的枚举值。

表 6-37 **DateTimePickerFormat** 的枚举值

属　　性	说　　明
DateTimePickerFormat.Custom	使用常规格式
DateTimePickerFormat.Long	使用系统的长日期格式,它是默认值
DateTimePickerFormat.Short	使用系统的短日期格式
DateTimePickerFormat.Time	使用系统的时间格式

2. MonthCalendar 控件

MonthCalendar 控件只能用来选择日期范围。选定日期范围方法可以是下面几种方法的任意一种。

（1）在 MonthCalendar 控件中单击某个日期,按住 Shift 键,再次单击另一个日期,即可选定一个日期范围,选定的范围将高亮显示。

（2）通过 SelectionRange 属性可以获取或设置选定的日期范围。

（3）通过 SelectionStart 和 SelectionEnd 属性获取或设置所选日期范围的开始日期和结束日期。

表 6-38 列出了 MonthCalendar 控件的常用属性。

表 6-38 **MonthCalendar** 控件的常用属性

属　　性	说　　明
MaxDate、MinDate	获取或设置将要显示的日期的最大值、最小值
MaxSelectionCount	获取或设置月历控件中可选择的最大天数

续表

属　　性	说　　明
ShowToday	指示是否在日历的底部显示当前日期
ShowTodayCircle	指示是否在今天的日期上加圆圈的值
SelectionStart,SelectionEnd,SelectionRange	日历中被选项目的开始、结束和范围
TodayDate	表示今天的日期。默认情况下,是创建控件时的日期,但是通过给该属性分配一个不同的 DateTime,可以对它进行重新设置

6.4.11　图片框

6.4.11

图片框(PictureBox)是专门用于显示图片的控件,可用于显示位图(扩展名为 bmp 或 dib)、JPEG、GIF、图标文件(Icon)及图元文件(扩展名为 wmf 或 emf)等图形文件。同时,PictureBox 也是一个容器控件,可以将其他控件放置其内。

1. 常用属性

对 PictureBox 控件的使用主要利用其属性。PictureBox 控件的常用属性如下。

(1) Image 属性——设置显示在控件上的图片。

(2) SizeMode 属性——用来控制如何在控件中显示图形,该属性有 5 种枚举值。表 6-39 列出了 SizeMode 的可能取值。

(3) BorderStyle 属性——指定 PictureBox 控件边框样式。

表 6-39　SizeMode 属性的 5 种枚举值

属　　性	说　　明
Normal	图像被置于控件的左上角。如果图像比控件大,则超出部分被剪裁掉
StretchImage	控件中的图像被拉伸或收缩,以配合控件的大小
Autosize	调整 PictureBox 控件大小,使其等于所包含的图像大小
CenterImage	如果 PictureBox 控件比图像大,则图像将居中显示;如果图像比控件大,则图像将位于控件中心,而外边缘将被剪裁掉
Zoom	使图像被拉伸或收缩以适应 PictureBox,但仍然保持原始纵横比

2. 应用实例

【实例 6-13 续】　在实例 6-13 的窗体上添加一个图片框 pictureBox1,双击窗体,在窗体的 Load 事件中增加如下两行代码:

```
pictureBox1.SizeMode=PictureBoxSizeMode.StretchImage;
pictureBox1.Image=Image.FromFile(Application.StartupPath+@"\pic\flower2.jpg");
```

第一行代码的作用是设置图片框的 SizeMode 属性为 StretchImage，使图片适应 PictureBox 控件的大小。

第二行代码则是利用 Image 类 FromFile()方法实现将一个图片装入图片框。

应特别注意，为了程序能正确执行，需要在设计窗口时，在项目中添加一个图片文件夹 pic，把图片复制到 pic 文件夹中，并将图片文件的"复制到输出目录"属性设置为"如果较新则复制"。

6.4.12　ToolTip 控件

ToolTip 控件的用途是当鼠标位于某个控件上并停留一段时间后，显示该控件功能的提示信息。该控件常常用于为按钮、文本框等控件添加提示条。

1. 常用属性

表 6-40 列出了 ToolTip 控件常用的属性。

表 6-40　ToolTip 控件常用的属性

属　　性	说　　明
Active	表示该控件当前是否处于激活状态
AutomaticDelay	设置经过多长时间显示提示信息。默认值为 500ms
AutoPopDelay	设置鼠标指针停留多长时间后提示信息消失。默认值为 5000ms
InitialDelay	获取或设置工具提示显示之前经过的时间。默认值为 500ms

2. SetToolTip 方法

利用 SetToolTip()方法可以为指定的控件设置提示信息。该方法的一般格式为：

```
SetToolTip(控件名, "提示信息");
```

3. 应用实例

【实例 6-13 续】　在实例 6-13 的窗体上再添加一个 ToolTip 控件，在窗体的 Form1_Load 事件处理程序中增加下列代码：

```
toolTip1.SetToolTip(label1, "这是滚动字幕");
toolTip1.SetToolTip(pictureBox1,"这是一幅图片");
```

当运行窗体时，分别将鼠标在按钮、图片框上停留一段时间，观察显示的提示信息。

6.5　对　话　框

对话框主要用于向用户显示提示信息或接收用户输入的信息。本节主要介绍消息对话框和 5 个通用对话框（OpenFileDialog、SaveFileDialog、ColorDialog、FontDialog、

PrintDialog)。

6.5.1 消息对话框

消息对话框(MessageBox)通常用于显示一些提示、警告信息。在.NET 框架中,使用 MessageBox 类来封装消息对话框,但用户不能创建 MessageBox 类的实例,而只能通过调用静态方法 Show 来显示消息框。

1. Show 方法

1) Show 方法的格式
Show 方法的格式如下:

```
MessageBox.Show(文本,[标题,按钮,图标,默认按钮]);
```

Show 方法的参数有 21 个,主要参数有文本、标题、按钮、图标、默认按钮和选项。其中,文本指定要显示的消息内容,该参数不得省略,其他参数均可省略。按钮、图标参数可以使用系统类库中提供的枚举值,表 6-41 和表 6-42 分别列出了消息对话框中 MessageBoxButtons 和 MessageBoxIcon 的枚举值。

表 6-41 消息对话框中 **MessageBoxButtons** 的枚举值

枚 举 成 员	说　　明	枚 举 成 员	说　　明
AbortRetryIgnore	显示终止、重试和忽略按钮	RetryCancel	显示重试、取消按钮
OK	显示确定按钮	YesNo	显示是、否图标
OKCancel	显示确定、取消按钮	YesNoCancel	显示是、否、取消按钮

表 6-42 消息对话框中 **MessageBoxIcon** 的枚举值

枚 举 成 员	说　　明	枚 举 成 员	说　　明
Asterisk	在消息框中显示提示图标	Information	在消息框中显示提示图标
Error	在消息框中显示错误图标	Question	在消息框中显示问号图标
Exclamation	在消息框中显示警告图标	Stop	在消息框中显示错误图标
Hand	在消息框中显示指示图标	Warning	在消息框中显示警告图标

2) Show 方法的返回值
Show 方法的返回值为 DialogResult 枚举类型,返回值由单击的按钮决定,枚举值有 8 个,分别是 Abort、Cancel、Ignore、No、None、OK、Retry、Yes。

2. Show 方法实例

【实例 6-14】 创建一个空白窗体,当用户单击窗体右上角的"关闭"按钮,将会弹出一个如图 6-14 所示消息窗口。用户如果单击"确定"按钮,程序立即结束,否则仅仅

图 6-14 消息框示例

关闭消息框。

要实现上面要求的功能，需要选中窗体，在其 FormClosing 事件中输入如表 6-43 所示的代码。

表 6-43　实例 6-14FormClosing 事件代码

行号	FormClosing 事件代码
01	private void Form1_FormClosing(object sender，FormClosingEventArgs e)｛
02	DialogResult dr＝MessageBox.Show("确认要退出吗?"，"结束提示框"，
03	MessageBoxButtons.OKCancel，MessageBoxIcon.Warning)；
04	if(DialogResult.Cancel＝＝dr)
05	｛
06	e.Cancel＝true；　　　　//取消，不做任何操作
07	｝
08	if(DialogResult.Yes＝＝dr)
09	｛
10	Application.Exit()；
11	｝
12	｝

6.5.2　通用对话框

6.5.2

　　C♯的通用对话框是从一个公共的基类 System.Windows.Forms.CommonDialog 派生而来的。常用的通用对话框有 6 个：打开文件对话框（OpenFileDialog）、保存文件对话框（SaveFileDialog）、颜色对话框（ColorDialog）、字体对话框（FontDialog）、打印文件夹对话框（FolderBrowserDialog）以及打印系列对话框。

1. 打开文件对话框和保存文件对话框

1）主要属性

打开文件对话框（OpenFileDialog）用于返回用户所选要打开文件的路径。文件保存对话框（SaveFileDialog）用于获取用户保存文件的路径。打开文件对话框和保存文件对话框是常见的两个对话框，其主要属性如表 6-44 所示。

表 6-44　打开文件对话框和保存文件对话框的主要属性

属　　性	说　　明
AddExtension	获取或设置一个值，该值指示如果用户省略扩展名，对话框是否自动在文件名中添加扩展名
DefaultExt	获取或设置默认文件的扩展名
FileName	获取或设置一个包含在文件对话框中选定的文件名的字符串
FileNames	获取或设置对话框中所有选定文件的文件名
Filter	设定对话框中过滤文字字符串。该字符串决定对话框的"另存为文件类型"或"文件类型"框中出现的选择内容。对于每个筛选选项，其格式为：筛选器说明｜筛选器模式。不同筛选选项的字符串由垂直线条隔开

续表

属　　性	说　　明
FilterIndex	设定显示的过滤字符串的索引
InitialDirectory	获取或设置文件对话框显示的初始目录
RestoreDirectory	布尔型,获取或设置关闭此对话框时是否重新回到当前目录
ShowHelp	布尔型,获取或设置在对话框中是否显示"帮助"按钮
Title	设定对话框的标题

2）常用方法

打开文件对话框和保存文件对话框最常用的方法是 ShowDialog(),该方法用于打开对话框。

【实例 6-14 续】　打开文件和保存文件对话框实例。在前面实例 6-14 窗体上添加一个 RitchTextBox,一个"保存文件"按钮和一个"打开文件"按钮,一个 saveFileDialog 控件和一个 openFileDialog 控件,如图 6-15 所示。单击"保存文件"按钮,弹出"保存文件"对话框,将 RitchTextBox 里的文本按指定的文件名保存到指定的位置。单击"打开文件"按钮,弹出"打开文件"对话框,

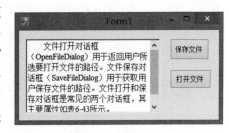

图 6-15　实例 6-14 窗体

选择要打开的文件后,单击对话框里的"打开"按钮,显示要打开的文件路径。

"保存文件"按钮源代码如表 6-45 所示。

表 6-45　实例 6-14"保存文件"按钮源代码

行号	"保存文件"按钮源代码
01	Using System;
02	using System.Windows.Forms;
03	using System.IO;
04	private void button2_Click(object sender, EventArgs e) {
05	saveFileDialog1.InitialDirectory=@"F:\";
06	saveFileDialog1.AddExtension=true;
07	saveFileDialog1.DefaultExt=".txt";
08	saveFileDialog1.Filter="所有文件|*.*|文本文件(*.txt)|*.txt"; //设置筛选器字符串
09	saveFileDialog1.FilterIndex=1;
10	saveFileDialog1.Title="保存文件";
11	saveFileDialog1.ShowHelp=true;
12	if(saveFileDialog1.ShowDialog()==DialogResult.OK) {　　//显示"保存文件"对话框
13	StreamWriter sw=new StreamWriter(saveFileDialog1.FileName, true,
14	Encoding.GetEncoding("gb2312"));
15	sw.Write(richTextBox1.Text);
16	sw.Close();
17	}

上面代码中第 13～第 16 行是写文件代码，对文件的读写操作需要引入命名空间 System.IO，相关的知识将在第 8 章介绍。

2. 颜色对话框

通过颜色对话框（ColorDialog）可以方便地获取或设置选定的颜色。颜色对话框同样使用 ShowDialog()方法打开。颜色对话框控件最主要的属性是 Color，表 6-46 列出了颜色对话框的一些常用属性。

表 6-46　ColorDialog 常用属性

属　　性	说　　明
AllowFullOpen	设定用户是否可以使用自定义颜色
AnyColor	获取或设置一个值，该值指示对话框是否显示基本颜色集中可用的所有颜色
Color	获取或设置颜色对话框选择的颜色
CustomColors	获取或设置对话框中显示的自定义颜色集
FullOpen	获取或设置一个值，该值指示用于创建自定义颜色的控件在对话框打开时是否可见
ShowHelp	设定在对话框中是否显示"帮助"按钮

【实例 6-14 续】　在上面的实例 6-14 窗体中添加一个"颜色"按钮，一个 colorDialog 控件，实现打开一个颜色对话框。用户可使用该对话框更改 ritchTextBox 控件内字体的颜色。"颜色"按钮源代码如表 6-47 所示。

表 6-47　"颜色"按钮源代码

行号	"颜色"按钮源代码
01	private void button3_Click(object sender, EventArgs e) {
02	colorDialog1.AllowFullOpen＝true;
03	colorDialog1.FullOpen＝true;
04	colorDialog1.ShowHelp＝true;
05	colorDialog1.Color＝Color.DarkBlue;　　　　　　//设定颜色对话框的初始颜色
06	//在颜色对话框中未选择"取消"，则使用用户选择颜色更新 richTextBox1 前景色
07	if(colorDialog1.ShowDialog() !＝DialogResult.Cancel){
08	this.richTextBox1.ForeColor＝colorDialog1.Color;
09	}
10	}

3. 字体对话框

通过字体对话框（FontDialog）可以方便地设置文本的字体、字号以及文字的各种效果。表 6-48 列出了 FontDialog 的一些常用属性。

表 6-48 FontDialog 的常用属性

属　性	说　明
AllowVectorFonts	获取或设置一个值,该值指示对话框是否允许选择矢量字体
AllowVerticalFonts	获取或设置一个值,该值指示对话框是既显示垂直字体又显示水平字体,还是只显示水平字体
Color	获取或设置选定字体的颜色
Font	获取或设置选定的字体,包括 Name、Size、Bold、Italic 等选项
MaxSize	获取或设置用户可选择的最大磅值
MinSize	获取或设置用户可选择的最小磅值
ShowApply	获取或设置一个值,该值指示在对话框中是否包含"应用"按钮
ShowColor	获取或设置一个值,该值指示是否在对话框中显示"颜色"选项

【实例 6-14 续】 在上面的实例 6-14 窗体上添加一个"字体"按钮,一个 fontDialog 控件,打开一个字体对话框。用户可使用该对话框更改 richTextBox1 文本的字体和字体颜色。"字体"按钮源代码如表 6-49 所示。

表 6-49 实例 6-14"字体"按钮源代码

行号	"字体"按钮源代码
01	private void button4_Click(object sender, EventArgs e){
02	fontDialog1.ShowColor=true;
03	fontDialog1.ShowApply=true;
04	fontDialog1.ShowDialog();
05	richTextBox1.Font=fontDialog1.Font;
06	richTextBox1.ForeColor=fontDialog1.Color;
07	}

4. 打开文件夹对话框

打开文件夹对话框(FolderBrowserDialog)打开文件选择窗口获取文件夹路径。FolderBrowserDialog 常用的属性如表 6-50 所示。

表 6-50 FolderBrowserDialog 常用的属性

属　性	作　用
Description	设置在对话框中显示的文字,以起到提示的作用
ShowNewFolderButton	是否显示新建文件夹按钮
SelectedPath	选择的路径
RootFolder	获取或设置根目录的位置

【实例 6-14 续】 在上面的实例 6-14 窗体上添加一个"打开文件夹"按钮(button5),

在打开的 button5_Click 事件处理程序中添加如表 6-51 所示的代码。编译运行程序，单击"打开文件夹对话框"按钮，即可打开浏览文件夹对话框，用户可在该对话框选择文件夹并返回文件夹和路径。

表 6-51　实例 6-14"打开文件夹"按钮源代码

行号	"打开文件夹"按钮源代码
01	private void button5_Click(object sender, EventArgs e){
02	FolderBrowserDialog folder1＝new FolderBrowserDialog();
03	//默认根目录在桌面
04	folder1.RootFolder ＝ Environment.SpecialFolder.Desktop;
05	//设置在对话框中显示的文字
06	folder1.Description ＝ "请选择文件路径";
07	if (folder1.ShowDialog() ＝＝ DialogResult.OK) {
08	//获取文件夹的路径
09	string foldPath ＝ folder1.SelectedPath;
10	MessageBox.Show(foldPath);
11	}
12	}

5. 打印系列对话框

在 Visual Studio 2022 中，包括如表 6-52 所列的 5 种打印系列对话框：PrintDialog、PageSetupDialog、PrintDocument、PrintPreviewControl、PrintPreviewDialog。

表 6-52　打印系列对话框

对 话 框	作　　用
PrintDialog	显示一个对话框，允许用户选择打印机并选择其他打印选项，如份数、纸张方向等
PageSetupDialog	显示一个对话框，允许用户更改与页面相关的打印设置，包括页边距和纸张方向
PrintDocument	定义一个向打印机发送输出的对象
PrintPreviewControl	用于显示 PrintDocument 打印时的样子
PrintPreviewDialog	显示一个对话框，向用户显示关联文档打印时的样子

下面介绍 PrintDialog、PrintDocument、PrintPreviewDialog。

1）PrintDialog

PrintDialog 允许用户设置打印机的参数及打印文档。PrintDialog 对话框常用的属性如表 6-53 所示。

表 6-53　PrintDialog 对话框常用的属性

属　　性	作　　用
AllowCurrentPage	获取或设置一个值，该值指示是否显示"当前页"选项
AllowPrintToFile	获取或设置一个值，该值指示是否启用"打印到文件"复选框

属　　性	作　　用
AllowSelection	获取或设置一个值，该值指示是否显示"从……到……页"这个打印选项
AllowPrintToFile	设定在对话框中"打印到文件"选项是否激活
Document	设定要打印的文档
PrintToFile	获取或设置一个布尔值，该值设定是否选中"打印到文件"选项
ShowNetwork	获取或设置一个值，该值指示是否显示"网络"这个按钮
ShowHelp	获取或设置一个值，该值指示是否显示"帮助"按钮

【实例 6-14 续】　在上面的实例 6-14 窗体上添加一个"打印"按钮（button6），添加一个打印机对话框控件（printDialog1），在打开的 button6_Click 事件处理程序中添加如表 6-54 所示的代码。编译运行程序，单击"打印"按钮，即可打开一个标准的打印机对话框，用户可在该对话框更改打印机选项。

表 6-54　实例 6-14"打印"按钮源代码

行号	"打印"按钮源代码
01	private void button6_Click(object sender，EventArgs e){
02	printDialog1.ShowNetwork = false;
03	printDialog1.PrintToFile = true;
04	printDialog1.ShowDialog();
05	}

2）PrintDocument 和 PrintPreviewDialog

【实例 6-14 续】　在上面的实例 6-14 窗体上添加一个"打印预览"按钮（button7），添加一个 PrintPreviewDialog 和一个 PrintDocument 控件，在打开的 button6_Click 事件处理程序中添加如表 6-55 所示的代码。编译运行程序，单击"打印预览"按钮，即可打开一个打印预览对话框，用户可在该对话框中预览打印效果或开始打印。

表 6-55　实例 6-14"打印预览"按钮源代码

行号	"打印预览"按钮源代码
01	private void button1_Click(object sender，EventArgs e)
02	{
03	//实例化打印对象
04	PrintDocument printDocument1 = new PrintDocument();
05	//设置打印用的纸张，当设置为 Custom 时，可以自定义纸张的大小
06	printDocument1.DefaultPageSettings.PaperSize = new PaperSize("Custum"，500，500);
07	//注册 PrintPage 事件，打印每一页时会触发该事件
08	printDocument1.PrintPage += new PrintPageEventHandler(myPrintDoc);
09	

续表

行号	"打印预览"按钮源代码
10	//初始化打印预览对话框对象
11	PrintPreviewDialog printPreviewDialog1 = new PrintPreviewDialog();
12	//将 printDocument1 对象赋值给打印预览对话框的 Document 属性
13	printPreviewDialog1.Document = printDocument1;
14	//打开打印预览对话框
15	DialogResult result = printPreviewDialog1.ShowDialog();
16	if (result == DialogResult.OK)
17	printDocument1.Print();//开始打印
18	}
19	private void myPrintDoc(object sender, System.Drawing.Printing.PrintPageEventArgs e){
20	//设置打印内容及其字体、颜色和位置
21	e.Graphics.DrawString("Hello World!",
22	new Font(new FontFamily("黑体"), 24), System.Drawing.Brushes.Red, 50, 50);
23	}

代码中,使用 PrintPreviewDialog 生成打印预览对话框,使用 PrintDocument 进行打印。

注意:PrintPreviewDialog 位于名称空间 System.Windows.Forms 中,而 PrintDocument 位于名称空间 System.Drawing.Printing 中。

6.6 容器类控件

容器类控件或者能包容其他控件,或者能包容很复杂的内容。本节介绍一些常用的容器类控件。

6.6.1 GroupBox 和 Panel

组框(GroupBox)和面板(Panel)主要用来对控件进行分组。分组不仅为了界面美观,而且有时也是必需的,如单选按钮必须要使用分组才能达到应用的目的。GroupBox 和 Panel 这两个控件非常相似,只是 GroupBox 可以带标题,而 Panel 可以带滚动条,可以指定边框样式。

1. 组框

使用组框可对窗体上的控件集合进行逻辑分组。组框在界面表现为一个框,框架可以带或不带标题,并且在其中可以放入多个其他控件,这时子控件可以随组框一起移动或隐藏。

组框具有一个名为 Controls 的属性,可以使用 Add()或 AddRange()方法把一个控件或一组控件加到指定的组中。

2. 面板

在默认情况下,面板没有边框。但是使用 BorderStyle 属性可以把边框设置成单线或三维边框。面板也具有一个名为 Controls 的属性,同样可以使用 Add()或 AddRange()方法把一个控件或一组控件加到指定的组中。

使用面板有两个优点:一是面板可以滚动;二是面板可以用于控件布局的管理。

如图 6-16 所示,窗体下部为 panel1,它的 Dock 属性为 Bottom,在 panel1 上有 button1 和 button2,它们的 Anchor 属性分别为 Left 和 Right。窗体上部为 panel2,其 Dock 属性为 fill,在 panel2 上有 pictureBox1,在窗体的

图 6-16　Panel 控件实现控件布局

Load 事件里编写如下代码,运行程序后,pictureBox1 能自动填满上部空间,而且 panel2 自动带上水平滚动条和垂直滚动条,而下部的两个按钮也能保持合适的位置。

```
panel2.AutoScroll=true;
pictureBox1.SizeMode=PictureBoxSizeMode.AutoSize;
pictureBox1.Image=Image.FromFile(Application.StartupPath+@"\olw.jpg");
```

6.6.2　ImageList

图像列表(ImageList)是一个不可见控件,主要用于存储图像,为下列控件提供图像。

(1) 为工具栏(ToolStrip)中的按钮提供图像。

(2) 提供列表视图(ListView)中使用的大图标或小图标。

(3) 提供树形视图(TreeView)中使用的图像。

ImageList 控件的 Images 属性是一个图像集合(ImageList.ImageCollection),使用标准集合的方法,如 Add()和 Remove()维护列表。在 C♯ 语言中可以使用索引来取得每个图像。此外,在 Visual Studio 2022 IDE 环境下,也可在属性窗口中单击 Images 属性,在弹出的"图像集合编辑器"窗口中,完成图像的添加与删除。添加的图像都有一个索引值。

ImageList 中的每个图像的大小都是一样的,它用 ImageSize 属性来设置或获取。

控件与 ImageList 控件关联的步骤如下。

(1) 创建 imageList1 控件,并向 imageList1 控件添加图像。

(2) 选中与 imageList1 关联的控件,将其 ImageList 属性设置为 imageList1。

(3) 设置关联控件的 ImageIndex。

例如,将 imageList1 中的第一个图像与 button1 关联,实现代码如下:

```
button1.ImageList=imageList1;
button1.Image=imageList1.ImageIndex[1];
```

6.6.3 TreeView

6.6.3

　　TreeView 是以树形结构形式展示数据，类似于 Windows 资源管理器左边窗口中的目录结构，主要作用是可以让用户直观地浏览数据。

　　TreeView 由节点构成，每个节点还可以包含子节点，单击节点的加减号可展开或折叠节点。TreeView 中的每一个节点都有一个标题和两个可选图像，这两个图像分别用来表示节点被选中状态和未被选中状态。TreeView 中的节点是 TreeNode 类的实例。每个 TreeNode 对象都有一个 Nodes 属性，用来保存它的子节点。TreeView 本身也有 Nodes 属性，用来指向树形结构中的根节点。

1. TreeView 常用属性和事件

　　表 6-56 给出了 TreeView 常用属性和事件。

表 6-56　TreeView 常用属性和事件

属　　性	说　　明
ShowLines	是否显示父节点与子节点之间的连线
CheckBoxes	指出节点旁是否显示复选框
Indent	子节点的缩进宽度
LabelEdit	是否允许编辑子节点
BorderStyle	树的边框样式
ImageList	指定用于 TreeView 显示图标的 ImageList 控件
Nodes	指出控件中 TreeNode 的集合
SelectedNode	当前选中的节点
事　　件	说　　明
AfterSelect	所选节点发生变化后，触发该事件

2. TreeNode 常用属性和方法

　　表 6-57 给出了 TreeNode 常用属性。表 6-58 给出了 TreeNode 常用方法。

表 6-57　TreeNode 常用的属性

属　　性	说　　明
Checked	是否勾选 TreeNode(父 TreeView 中的 CheckBoxes 属性必须设置为 true)
FirstNode	指定 Nodes 集合中的第一个节点
FullPath	指出节点的路径，从树的根节点开始
ImageIndex	指定取消选择节点时要显示的图像的索引
LastNode	指定 Nodes 集合中的最后一个节点
NextNode	下一个兄弟节点

续表

属　　性	说　　明
Nodes	当前节点中包含的子节点。该属性的常用方法有 Add、Remove、RemoveAt、Clear
PrevNode	前一个兄弟节点
SelectedImageIndex	指定选择节点时要用的图像的索引
Text	指定要在 TreeView 中显示的文本

表 6-58　TreeNode 常用的方法

方　　法	说　　明	方　　法	说　　明
Collapse	折叠节点	ExpandAll	展开节点的所有子节点
Expand	展开节点	GetNodeCount	返回节点数
Add	添加节点	RemoveAt	删除指定索引号的节点
Remove	删除节点	Clear	删除指定的节点

3. 添加、删除节点

使用 TreeView 控件构建一个树形结构，一般是先添加根节点，然后在根节点中添加子节点。添加、删除节点有两种方法：设计阶段和运行阶段。

1) 设计阶段

TreeView 中的节点在设计阶段可以以可视化方式添加。将控件拖放到窗体中，单击属性窗口中的 Nodes，打开如图 6-17 所示"TreeNode 编辑器"对话框。可以在此界面上添加、删除节点。其中，左侧显示树的布局，右侧设置每个节点的显示格式，重要的属性有 Name、

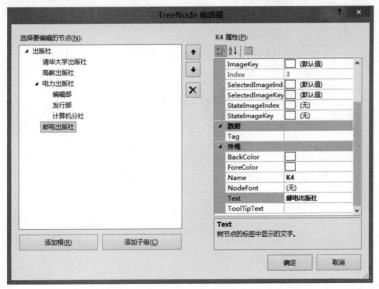

图 6-17　"TreeNode 编辑器"对话框

TextToolTip 、ImageIndex、ImageKey、SelectedImageIndex、SelectedImageKey。

2）运行阶段

下面以一个实例说明如何在运行阶段向 TreeView 控件添加节点。

【实例 6-15】 运行阶段向 TreeView 控件添加节点。首先在窗体上添加一个 imageList1 控件，并向 imageList1 中添加多个图像。然后向窗体上添加 treeView1 控件，在窗体的 Load 事件中编写如表 6-59 所示的代码。

表 6-59　实例 6-15 部分源代码

行号	部分源代码
01	namespace 实例 6_15 容器{
02	public partial class 实例 6_15TreeView：Form　{
03	private void 实例 6_15TreeView_Load(object sender，EventArgs e){
04	treeView1.ImageList=imageList1；//将 treeView1 与 ImageList1 关联
05	TreeNode tn=new TreeNode()；　//声明一个新节点，设置属性并添加该节点
06	tn.Text="出版社"；
07	tn.Name="root"；
08	tn.ImageIndex=0；　　　　　　//与 imageList1 中指定的图像关联
09	treeView1.Nodes.Add(tn)；　　//添加根节点
10	tn=new TreeNode()；
11	tn.Text="清华大学出版社"；
12	tn.Name="K1"；
13	tn.ImageIndex=1；
14	treeView1.Nodes["root"].Nodes.Add(tn)；　　//在根节点下面添加节点
15	tn=new TreeNode()；
16	tn.Text="高教出版社"；
17	tn.Name="K2"；
18	tn.ImageIndex=2；
19	treeView1.Nodes["root"].Nodes.Add(tn)；
20	tn=new TreeNode()；
21	tn.Text="编辑部"；
22	tn.Name="K3"；
23	tn.ImageIndex=3；
24	treeView1.Nodes["root"].Nodes["K1"].Nodes.Add(tn)；//在 K1 下面添加节点
25	treeView1.ExpandAll()；　　　　//将 treeView1 所有节点展开
26	}
27	private void treeView1_AfterSelect(object sender，TreeViewEventArgs e)　{
28	MessageBox.Show(e.Node.Text)；　//显示节点内容
29	}
30	}
31	}

程序运行效果如图 6-18 所示。

图 6-18 设计阶段添加 TreeView 节点

6.6.4 ListView

6.6.4

ListView 控件可以采用大图标、小图标、列表、详细信息和标题(Title)5 种形式显示一个条目列表。

1. 常用属性和事件

ListView 常用属性和事件如表 6-60 所示。

表 6-60 ListView 常用属性和事件

属 性	说 明
CheckBoxes	如果为真,那么每个条目前都可以显示一个复选框
Columns	列的头部的集合
LargeImageList	显示大图标时所用的图像列表
Items	返回控件中 ListViewItem 的集合。该属性常用方法有 Add()、Remove()、Clear()等,用于添加、删除项目
MultiSelect	是否允许多选
SelectedItems	列出当前选择项的集合
SmallImageList	显示小图标时所用的图像列表
View	用于定义 ListView 显示条目列表的形式:大图标、小图标、列表和详细信息 4 种
事 件	说 明
SelectedIndexChanged	每次对象被选中或撤销选择时都会激发 SelectedIndexChanged 事件,程序中可以对该事件进行处理

2. 应用实例

【实例 6-16】 下面通过一个实例介绍建立 ListView 控件的一般步骤。

(1)建立 ListView 控件。把工具箱中 ListView 控件拖放到窗体中,并在窗体上放置 5 个按钮,将按钮标题分别设置为大图标、小图标、列表、详细资料和 Title,将 5 个按钮分别命名为 largeBT、smallBT、listBT、detailBT 和 titleBT。在窗体上放置 2 个

ImageList 控件，并分别将其命名为 largeimageList、smallimageList。

（2）在当前解决方案下创建文件 pic2，并将 6 个图标文件复制到 pic2 文件夹下，修改每个图标文件属性。

（3）设置标题栏名称，并建立项目列表中的项目数据。

双击窗体，打开窗体的 Load 事件代码窗口。在 Load 事件中，输入如表 6-61 所示的代码，以设置标题栏名称，并建立项目列表中的项目数据。

表 6-61　实例 6-16 源代码

行号	源　代　码
01	private void Form1_Load(object sender, EventArgs e){
02	//为两个 ImageList 控件充填图标
03	largeimageList.Images.Add(Image.FromFile(Application.StartupPath+@"\pic2\11.ico"));
04	largeimageList.Images.Add(Image.FromFile(Application.StartupPath+@"\pic2\12.ico"));
05	largeimageList.Images.Add(Image.FromFile(Application.StartupPath+@"\pic2\13.ico"));
06	smallimageList.Images.Add(Image.FromFile(Application.StartupPath+@"\pic2\21.ico"));
07	smallimageList.Images.Add(Image.FromFile(Application.StartupPath+@"\pic2\22.ico"));
08	smallimageList.Images.Add(Image.FromFile(Application.StartupPath+@"\pic2\23.ico"));
09	//将两个 ImageList 控件分别指定为 listView1 的大、小图标
10	listView1.LargeImageList=largeimageList;
11	listView1.SmallImageList=smallimageList;
12	//设置 listView1 的标题栏名称
13	listView1.Columns.Add("File", 100, HorizontalAlignment.Left);
14	listView1.Columns.Add("Size", 50, HorizontalAlignment.Left);
15	listView1.Columns.Add("date", 80, HorizontalAlignment.Left);
16	//建立项目列表中的项目数据
17	ListViewItem item1=new ListViewItem(new string[] {"Per.doc", "235K", "2008-1-1"}, 0);
18	ListViewItem item2=new ListViewItem("Test.exe", 1);
19	ListViewItem item3=new ListViewItem("cmd.ppt", 2);
20	listView1.Items.Add(item1);
21	listView1.Items.Add(item2);
22	listView1.Items.Add(item3);
23	//指定 listView1 初始状态为详细列表
24	listView1.View=View.Details;
25	}

3. 编写事件处理程序

该实例中涉及两种事件按钮——Click 事件和 listView1 的 SelectedIndexChanged 事件。

第一，5 个按钮的 Click 事件处理程序代码很简单，对应 View 的 5 种枚举值：LargeIcon、SmallIcon、List、Details 和 Tile。例如，largeBT 按钮的事件处理代码如下：

```
private void largeBT_Click(object sender, EventArgs e){
    listView1.View=View.LargeIcon;
}
```

第二，listView1 的 SelectedIndexChanged 事件处理代码如下：

```
private void listView1_SelectedIndexChanged(object sender, EventArgs e){
    foreach (ListViewItem item in listView1.SelectedItems){
        MessageBox.Show(item.Text);
    }
}
```

该代码仅仅是将选中条目内容显示出来。整个程序的运行效果如图 6-19 所示。

图 6-19 ListView 控件

6.6.5 TabControl

6.6.5

TabControl 控件用来管理一组 TabPage 对象,使用该控件可以创建"选项卡对话框"。TabControl 由多个 TabPage 组成,每个 TabPage 对象都保存着属于自己的一组控件。当单击选项卡时,TabControl 会使相应的一组控件显示出来。表 6-62 列出了 TabControl 类的常用属性。

表 6-62 TabControl 类的常用属性

属 性	说 明
Alignment	获取或设置选项卡标签的显示位置
Appearance	决定选项卡的外形是标签、按钮或平面的按钮
Cursor	获取或设置当鼠标指针位于控件上时显示的光标
HotTrack	指出当鼠标移到选项卡上时,是否加亮选项卡
ImageList	为需要显示图像的选项卡保存图像
Multiline	如果有多于一行的选项卡,那么它的值为真。如果为假,那么在唯一一行的后边显示导航箭头
SelectedIndex	当前被选中的选项卡的索引,如果为 -1,说明当前没有选择任何内容
SelectedTab	获得或设置当前被选中的选项卡
SizeMode	表示如何调整选项卡的尺寸:适应文本的大小,充满一整行还是固定大小
TabCount	返回选项卡的数目
TabPages	返回选项卡页面的集合。TabControl 控件最重要的属性是 TabPages,它用于建立选项卡。每个单独的选项卡是一个 TabPage 对象

TabControl 中的选项卡可以在设计时添加,也可以在运行时添加。实际应用中,多采用设计时添加的方式。下面介绍设计时如何添加选项卡。

（1）将 TabControl 控件放置在窗体上之后，选中 TabControl 控件，在 TabControl
控件的属性窗口中，选中 TabPages 属性，单击右边的 ... 按钮，弹出"TabPage 集合编辑
器"，如图 6-20 所示，可以使用"添加"按钮实现选项卡的添加。使用同样的方法可以实现
选项卡的删除。

图 6-20   TabPage 集合编辑器

（2）设置选项卡的属性。选项卡的属性设
置可在 TabPage 集合编辑器右边属性窗口中
完成。

图 6-21   选项卡效果

（3）关闭"TabPage 集合编辑器"，在窗体的
选项卡上添加控件。完成后的效果如图 6-21
所示。

（4）当单击选项卡标题时，产生事件
SelectedIndexChanged，编写 TabControl 的 SelectedIndexChanged 事件代码。

```csharp
private void tabControl1_SelectedIndexChanged(object sender, EventArgs e)
{
    if(!tabControl1.SelectedTab.Text.Equals("媒体信息"))
        return;
    //设置媒体浏览 dataGridView1 sel,edit,del 设置
    //根据角色设置媒体浏览增删改权限
    //如果未产生工程 ID(txtID 为空),则媒体增加按钮不可用
}
```

6.6.6 SplitContainer

SplitContainer 又译为分隔条控件。SplitContainer 是一个由拆分器组成的控件,拆分器将控件分为可左右调整大小的两部分。当用户将鼠标光标定位到拆分器时,光标形状将发生变化,以指示可以调整 SplitContainer 控件内部控件的大小。表 6-63 列出了 SplitContainer 控件常用属性,该控件通常不需要处理事件。

表 6-63 SplitContainer 控件常用属性

属 性	说 明	属 性	说 明
IsSplitterFixed	是否允许拆分器移动	SplitterWidth	拆分器的宽度
Orientation	拆分器是水平的还是垂直的		

6.7 菜 单

6.7

菜单是 Windows 应用界面中非常重要的元素之一,软件的所有功能都可以通过菜单来使用。菜单主要分两种:主菜单(MenuStrip)和快捷菜单(ContextMenuStrip)。

6.7.1 主菜单

1. MenuStrip

主菜单就是通常所说的下拉菜单,它部署在窗口的顶部,构成界面的顶级菜单体系,每个顶级菜单条又可以包含多级子菜单。

在 Visual Studio 2022 开发环境中,主菜单可由 MenuStrip 控件创建,MenuStrip 控件支持多文档界面(MDI)、菜单合并和工具提示等,同时可以通过添加访问键、快捷键、选中标记、图像和分隔条来增强菜单的可用性和可读性。

由 MenuStrip 控件创建的菜单可以是 MenuItem、ComboBox 和 TextBox 3 种菜单之一。需要注意,除了最上面的菜单之外,其余两种菜单只能作为最后一级菜单,也就是说它们不能有子菜单。

2. 常用属性

表 6-64 列出了 MenuStrip 控件常用属性。

表 6-64 MenuStrip 控件常用属性

属 性	说 明
Text	用来设置菜单的显示菜单标题,如文件、编辑等。在需要设置为快捷键的字母前面加 &,则字母就会自动加下画线。在程序运行中,用户按下 Alt 键和该字母组合,就可以实现该菜单的功能。在英文状态下,Text 属性为"-"时,则显示为菜单分隔条

续表

属　　性	说　　明
Name	用来设置在程序代码中引用该菜单控件时使用的名称
Checked	设置菜单的复选标志。如果 Checked 属性为 true，则显示一个复选标志
CheckOnClick	如果菜单的 Checked 属性设置为 true，并且 CheckOnClick 属性也设为 true，则显示复选标志（即在菜单项中显示一个对号）
DropDownItems	用来设置菜单的子菜单项
Enabled	设置菜单是否可用，如果为 true，则可用；如果为 false，则不可用
ShortcutKeys	用来设置菜单的快捷键，单击其后的下拉按钮，则会弹出一个面板，然后就可以进行快捷键设置
TextAlign	用来设置菜单标题的对齐方式
ToolTipText	用来设置菜单的提示信息
Visible	设置菜单是否可见

3. Click 事件

菜单最常用的事件为 Click 事件。双击菜单项，即可为该菜单项添加 Click 事件处理程序。例如，假设存在一个名称为 Exit 的菜单项，双击该菜单项，输入如下代码：

```
private void exitToolStripMenuItem_Click(object sender, EventArgs e)
{
    Application.Exit();
}
```

需要特别说明的是，当给菜单项添加了快捷组合键或者功能键后，只需编写菜单项的 Click 事件过程代码，无须再编写快捷组合键和功能键的事件过程。

4. 设计实例

【实例 6-17】　MenuStrip 的实例。设计如图 6-22 所示的窗体。窗体控件及其属性如表 6-65 所示。

图 6-22　实例 6-16 MenuStrip 控件设计主菜单

表 6-65　实例 6-17 窗体控件及其属性

控件名称	一级菜单	二级菜单	快捷键
menuStrip1	文件	保存	Ctrl＋S
		分隔条-	
		退出	F1
	加密解密	加密	Ctrl＋E
		解密	Ctrl＋D

控件名称	属性	控件名称	属性
richTextBox1	richTextBox1.dock＝fill	saveFileDialog1	属性设置参照实例 6-14

程序完成如下功能。

（1）在 richTextBox1 里输入文本，单击菜单命令"加密"，获得密文。单击菜单命令"解密"，获得明文。

（2）单击菜单命令"保存"，将 richTextBox1 里文本保存到指定的位置。

部分源代码如表 6-66 所示。

表 6-66　实例 6-17 部分源代码

行号	部分源代码
01	private void 保存 ToolStripMenuItem_Click(object sender，EventArgs e) {
02	//参照实例 6-14 代码
03	}
04	private void 退出 ToolStripMenuItem_Click(object sender，EventArgs e) {
05	Application.Exit();
06	}
07	private void 加密 ToolStripMenuItem_Click(object sender，EventArgs e) {
08	this.richTextBox1.Text＝Class1.DESEncrypt(this.richTextBox1.Text);
09	}
10	private void 解密 ToolStripMenuItem_Click(object sender，EventArgs e) {
11	this.richTextBox1.Text＝Class1.DESDecrypt(this.richTextBox1.Text);
12	}
13	class Class1 {　　　　　　　　　　　　　　//加密解密类
14	# region DES 加密
15	public static string DESEncrypt(string encryptStr) {
16	string strEncode＝"";　　　　　　　//存放密文字符串
17	int　　key＝8;　　　　　　　　　//密钥
18	char[] c＝encryptStr.ToCharArray();
19	for(int i＝0；i＜c.Length；i＋＋) {
20	c[i]＝(char)(c[i]^key);
21	strEncode＋＝c[i].ToString();
22	}
23	return strEncode;
24	}
25	# endregion

续表

行号	部分源代码
26	＃region DES 解密
27	public static string DESDecrypt(string encryptedValue) {
28	string strDecode=""; //存放明文字符串
29	int key=8; //密钥
30	char[] c=encryptedValue.ToCharArray();
31	for(int i=0; i<c.Length; i++) {
32	c[i]=(char)(c[i]^key);
33	strDecode+=c[i].ToString();
34	}
35	return strDecode;
36	}
37	＃endregion
38	}

6.7.2　快捷菜单

快捷菜单又称弹出式菜单、上下文菜单或右键菜单，通常是由用户右击弹出的。ContextMenuStrip 用于设计快捷菜单。由 ContextMenuStrip 控件创建的菜单可以是 ComboBox、Separator 和 TextBox 3 种菜单之一。

快捷菜单通常需要与其他控件建立关联。建立关联的方法为：选中需要关联弹出式菜单的控件，在属性窗口中单击 ContextMenuStrip 属性，并选择相应的快捷菜单。例如，如果已经创建了一个名称为 contextMenuStrip1 快捷菜单，想实现在窗体上右击，显示 contextMenuStrip1 快捷菜单，则需要把窗体的 ContextMenuStrip 属性设置为添加的快捷菜单，即设置为 contextMenuStrip1。然后按下键盘上的 F5 键，运行程序，在窗体上右击，就可以看到快捷菜单。

快捷菜单的常用属性及 Click 事件与主菜单相同，此处不再赘述。

6.8

6.8　工具栏与状态栏

工具栏（ToolStrip）控件和状态栏（StatusStrip）控件都是 Windows 应用程序中经常使用的控件。

6.8.1　工具栏

工具栏是一个显示一组动作、命令或功能的组件。一般说来，工具栏中的组件都是带图标的按钮，可以使用户更加方便地选择所需的功能。ToolStrip 控件用于产生一个 Windows 工具栏，ToolStrip 控件可以将一些常用的控件单元作为子项放在工具栏中，通过各个子项和应用程序发生联系。

1. ToolStrip 的常用属性

ToolStrip 的常用属性说明如表 6-67 所示。

表 6-67　ToolStrip 的常用属性

属　　性	说　　明
AllowItemReorder	设置是否允许用户改变子项在 toolbar 中的顺序,当设置为 true 时,在程序运行时,可以通过按住 Alt 键拖动各子项来调整它们的位置
Checked	设置工具栏按钮的复选标志。如果 Checked 属性为 true,则显示一个复选标志
CheckOnClick	如果工具栏按钮的 Checked 属性设置为 true,并且 CheckOnClick 属性也设为 true,则显示复选标志(即在菜单项中显示一个对号)
Enabled	指示控件是否对用户操作做出响应
Image	设置工具栏按钮的图片效果,单击其后的“…”按钮,弹出“选择资源”对话框,然后单击“导入”按钮,导入图片资源
Items	设置控件上所显示的子项
ShowItemToolTips	设置是否显示工具栏子项上的提示文本
Size	设置工具栏按钮的大小,即设置按钮的长度与宽度值
Text	设置文本显示内容
TextDirection	设置文本显示方向
ToolTipText	设置工具栏按钮的提示信息
Visible	设置工具栏按钮是否可见,如果属性为 true,则按钮可见,否则不可见

2. 使用设计器添加子项

ToolStrip 控件使用非常简单,在“工具箱”中选择 ToolStrip 控件放置到设计窗体中,在默认状态下该控件的最右侧有一个下拉按钮,常用的子项有 8 个,如图 6-23 所示。可以用两种方法来添加、设置这些子项。

（1）选中 ToolStrip 控件,直接单击设计界面中的下拉按钮选择需要的子项,再对该子项的属性进行直接设置。

（2）选中 ToolStrip 控件,在“属性”窗口中单击 Items 后的按钮,将弹出“项集合编辑器”对话框,在子项下拉列表框中选择合适类型,单击“添加”按钮。在右边的属性设置栏设置各项的属性值,如图 6-24 所示。

图 6-23　8 种工具形式

3. ItemClicked 事件

工具栏常用事件为 ItemClicked。对于 ItemClicked 事件,单击 ToolStrip 控件上的一个子项时,该事件过程被执行。下面代码示意了 ItemClicked 事件的事件处理过程。

图 6-24　"项集合编辑器"对话框

```
private void toolStrip1_ItemClicked(object sender,ToolStripItemClickedEventArgs
e)
{
    switch (e.ClickedItem.Name)
    {
        …//具体操作代码
    }
}
```

6.8.2　状态栏

状态栏一般位于窗体的底部,用于显示应用程序的各种状态信息,如大小写情况、日期时间等。在状态栏中可以包含文本、图像、下拉按钮等子项。

Visual Studio 2022 中由 StatusStrip 控件提供一个状态栏。StatusStrip 控件可以将一些常用的控件单元作为子项放在状态栏中,通过各个子项和应用程序发生联系。在"工具箱"中选择 StatusStrip 控件放置到设计窗体中,在默认状态下该控件的最左侧有一个下拉按钮,用户可以根据需要添加子项,常用的子项有 4 种：StatusLabel、ProgressBar、DropDownButton 和 SplitButton。添加设置这些子项的方法有 2 种。

(1) 选中 StatusStrip 控件,直接单击设计界面中的下拉按钮选择需要的子项,再对该子项的属性进行设置。

(2) 选中 StatusStrip 控件,在"属性"窗口中单击 Items 后的带有省略号的按钮,将弹出"项集合编辑器"对话框,在子项下拉列表框中选择合适类型,单击"添加"按钮,而右边的属性设置栏将用于设置各项的属性值。状态栏的"项集合编辑器"窗口与工具栏的"项集合编辑器"窗口(图 6-24)相似。

1. 常用属性

StatusStrip 的常用属性如表 6-68 所示。

表 6-68　StatusStrip 的常用属性

属　　　性	说　　　明
BackgroundImage	设置背景图片
BackgroundImageLayout	设置背景图片的显示对齐方式
Items	设置控件上所显示的子项
TabIndex	控件名相同时,用来产生一个数组标识号
ShowItemToolTips	设置是否显示工具栏子项上的提示文本
TextDirection	设置文本显示方向
Text	设置文本显示内容
ContextMenuStrip	设置工具栏所指向的弹出菜单
AllowItemReorder	设置是否允许用户改变子项在工具栏中的顺序,设置为 true 时,如果程序运行,可以通过按住 Alt 键拖曳各子项来调整它们的位置

2. ItemClicked 事件

状态栏常用事件同样为 ItemClicked。对于 ItemClicked 事件,单击控件上的一个子项时,该事件过程被执行;对于 Click 事件,单击控件时执行。常用的事件处理过程代码与工具栏相同,在此不再赘述。

6.9　多重窗体和多文档界面

6.9.1

6.9.1　多重窗体

实际 Windows 应用程序往往包含多个窗体,不同的窗体实现不同的功能,各个窗体相互独立,相互调用。这类包含有多个窗体的应用程序被称为多重窗体程序。多重窗体程序主要涉及窗体的创建、显示、关闭以及设置启动窗体等。

1. 窗体的创建、显示与关闭

表 6-69 中的代码演示了窗体的创建、显示、关闭。

表 6-69　窗体的创建、显示、关闭部分源代码

行号	部分源代码
01 02 03	public partial class Form1：Form{ 　　Form frmTest;　　　　　　　　　//声明窗体对象 frmTest 　　public Form1(){InitializeComponent();}

续表

行号	部分源代码
04	private void button1_Click(object sender，EventArgs e){
05	frmTest＝new Form()；　　　　　　　//实例化窗体对象 frmTest
06	frmTest.Show()；　　　　　　　　　//以非模式方式显示窗体
07	}
08	private void button2_Click(object sender，EventArgs e){
09	frmTest.Dispose()；　　　　　　　//释放窗体对象
10	}
11	}

2. 设置启动窗体

在默认情况下，多重窗体应用程序总是以第一个窗体为启动窗体。如果想指定其他窗体为启动窗体，可在 Main 方法中指定启动窗体。下面 Main 方法指定 Form2 为启动窗体。

```
static void Main()
{
    Application.EnableVisualStyles();
    Application.SetCompatibleTextRenderingDefault(false);
    Application.Run(new Form2());
}
```

3. 窗体之间传递数据的方式

窗体之间传递数据分为向后传和向前传两种，实现方法通常有通过构造函数传递、借助委托传递，以及使用静态变量传递等。

【实例 6-18】　通过构造函数实现 Form1 向 Form2（向后）传递参数数据，如图 6-25 所示。借助委托传递实现 Form2 向 Form1（向前）传递参数数据，如图 6-26 所示。源代码如表 6-70 所示。

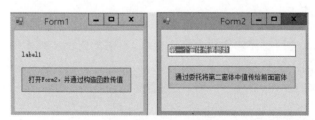

图 6-25　通过构造函数传递向后窗体传值

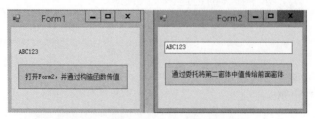

图 6-26　借助委托传递向前窗体传值

表 6-70　窗体间传递数据部分源代码

行号	部分源代码
01	//Form1 窗体代码
02	using System;
03	using System.Windows.Forms;
04	namespace ytu{
05	public delegate void getData(string name);
06	public partial class Form1：Form {
07	public Form1(){
08	InitializeComponent();
09	}
10	private void button1_Click(object sender,EventArgs e) {
11	Form2 f = new Form2("第一个窗体传递参数");
12	f.myGetData += new getData(Test);
13	f.Show();
14	}
15	void Test(stringstr){
16	this.label1.Text =str;
17	}
18	}
19	}
20	//Form2 窗体代码
21	using System;
22	using System.Windows.Forms;
23	namespace ytu {
24	public partial class Form2 ：Form {
25	public getData myGetData;
26	public Form2(string parameter) {
27	InitializeComponent();
28	this.textBox1.Text = parameter;
29	}
30	private void button1_Click(object sender,EventArgs e) {
31	myGetData(this.textBox1.Text);
32	}
33	}
34	}

第 11 行在创建 Form2 对象时,在构造函数中传递字符串"第一个窗体传递参数"给 Form2,因此 Form2 文本框中显示如图 6-25 所示内容。

第 05 行声明 getData 委托,并在 12、25、31 行借助委托实现由 Form2 传值给 Form1。

6.9.2　多文档界面

6.9.2

在前面的章节中,所创建的都是单文档界面(Single Document Interface,SDI)应用程序。这类程序运行时,在一个时间只能打开一个窗口并对一个文档进行处理。例如,Windows 附件中的记事本就是一种典型的单文档界面应用程序。多文档界面(Multiple Document Interface,MDI)由父窗口和子窗口组成。父窗口(又称为 MDI 父窗体)是子窗口的容器,子窗口（又称为 MDI 子窗体）显示各自的文档,所有子窗体均显示在 MDI 父窗体的工作区中。用户可以改变子窗体大小或移动子窗体,但被限制在 MDI 父窗体中。多文档界面应用程序的典型例子是早期的 Microsoft Word 字处理程序。

1. 多文档界面常用属性、方法和事件

（1）MDI 父窗体常用的属性,如表 6-71 所示。

表 6-71　MDI 父窗体常用的属性

属　　性	说　　明
ActiveMdiChild	表示当前活动的 MDI 子窗体
IsMdiContainer	获取或设置窗体是否为 MDI 父窗体
MdiChildren	以数组形式返回 MDI 子窗体

（2）MDI 子窗体常用的属性,如表 6-72 所示。

表 6-72　MDI 子窗体常用的属性

属　　性	说　　明
IsMdiChild	获取或设置窗体是否都为 MDI 子窗体
MdiParent	指定子窗体的 MDI 父窗体

（3）多窗体常用的方法,如表 6-73 所示。

表 6-73　多窗体常用的方法

方　　法	说　　明
Show	以非模式窗口显示窗体
ShowDialog	以模式窗口显示窗体
Close	关闭窗体,不从内存中清除
Dispose	关闭窗体,并从内存中清除
LayoutMdi	按照指定的模式排列子窗体。格式为：LayoutMdi（Value）,参数 Value 是 MdiLayout 类型枚举值：ArrangeIcons（图标方式）、Cascade（层叠方式排列）、TileHorizontal（水平排列）和 TileVertical（垂直排列）

（4）MdiChildActivate 事件。

MdiChildActivate 事件是多文档界面常用的事件,当激活或关闭一个 MDI 子窗体时将发生该事件。

2. 创建 MDI 父窗体和 MDI 子窗体

在 Windows 窗体设计器中创建 MDI 父窗体很容易。MDI 父窗体也是一个从 Form 类派生的窗体类,它和以前介绍的窗体类并没有什么不同。首先创建一个普通窗体,然

后在"属性"窗口中,将 IsMdiContainer 属性设置为 true 即可,此时该窗体就成为一个
MDI 父窗体。

多文档界面子窗体就是一个常规的 Form 派生类。如果要把一个窗体指定为多文档
界面子窗体,只需在创建它的对象实例时,在显示它之前,把窗体对象的 MdiParent 属性
设置为包含它的多文档主窗体。

【**实例 6-19**】 父窗体和子窗体实例。设计一个登录窗体和一个 MDI 窗体。

(1) 登录窗体如图 6-27 所示。假设密码为"123456",密码正确,则打开 MDI 窗体,
否则给出如图 6-28 所示的错误提示。登录窗体及控件的属性如表 6-74 所示。

图 6-27 登录窗体

图 6-28 验证密码信息框

表 6-74 登录窗体及控件的属性

控件名称	属　　性	控件名称	属　　性
登录窗体	Name="LoginFrm"	文本框 1	Name="txtName"
	Text="欢迎登录"	文本框 2	Name="txtPsw"
	MaximizeBox=false		PaswordChar='*'
	MinimizeBox=false	命令按钮 1	Name="btOK"
	FormborderStyle=FixedDialog		Text="确定"
标签 1	Text="用户名称:"	命令按钮 2	Name="btCancel"
标签 2	Text="用户密码:"		Text="取消"

(2) 假设 MDI 主窗体 MDIFrm 的菜单中包含一个标题为"窗口"的菜单命令。MDI
窗体如图 6-29 所示。MDI 窗体及控件的属性如表 6-75 所示。

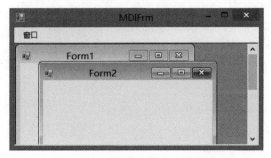
图 6-29 子窗体层叠在父窗体中

表 6-75　MDI 窗体及控件的属性

控件名称	属　　性	控件名称	菜 单 名 称
MDI 窗体	Name="MDIFrm"	menuStrip1 菜单	窗口(一级菜单)
	IsMdiContainer=true		子窗口 1(二级菜单)
	WindowState=Maximized		子窗口 2(二级菜单)
子窗体	Form1		分隔条-
	Form2		水平排列(二级菜单)
			垂直排列(二级菜单)

表 6-76 是实例 6-19 的部分源代码。

表 6-76　实例 6-19 部分源代码

行号	部分源代码
01	//程序入口 Main 方法
02	namespace 实例 6_19 登录窗体及 MDI 窗体{
03	static class Program {
04	…
05	static void Main() {
06	Application.EnableVisualStyles();
07	Application.SetCompatibleTextRenderingDefault(false);
08	LoginFrm loginFrm=new LoginFrm();
09	loginFrm.ShowDialog();　　　　　　　　//显示登录窗体
10	if(loginFrm.DialogResult==DialogResult.OK) {　//密码正确,则显示 MDI 窗体
11	Application.Run(new MDIFrm());
12	}
13	}
14	}
15	}
16	//登录窗体,"确定"按钮代码
17	private void btOK_Click(object sender, EventArgs e)　{
18	if(txtPsw.Text=="123456"){
19	this.DialogResult=DialogResult.OK;
20	}
21	else{
22	DialogResult dr=MessageBox.Show("密码错误","密码验证",
23	MessageBoxButtons.RetryCancel,MessageBoxIcon.Question);
24	if(dr==DialogResult.Retry){
25	txtPsw.Text="";
26	txtPsw.Focus();
27	}
28	Application.Exit();
29	}
30	}
31	//MDI 窗体,"窗口"菜单代码

续表

行号	部分源代码

32
33
34
35
36
37
38
39
	private void 子窗口 1ToolStripMenuItem_Click(object sender，EventArgs e) {
	    Form1 f1=new Form1();
	    f1.MdiParent=this;
	    f1.Show();
	    }
	private void 水平排列 ToolStripMenuItem_Click(object sender，EventArgs e) {
	    this.LayoutMdi(MdiLayout.TileHorizontal);//水平排列窗口
	    }

实例运行结果如图 6-29 所示。

注意:如果希望打开一个新的子窗口时,关闭已经打开的所有子窗口,则可以使用下面的代码实现:

```
foreach(var item in this.MdiChildren)
{
    item.Dispose();
}
```

6.10 基于任务的异步编程

6.10

与早期.NET APM 相比,基于任务的异步编程(TAP)旨在简化异步程序的实现并简化并发操作序列的组合。TAP 模型淘汰了 APM 和 EAP。因此,如果使用 C♯编写异步代码,建议使用 TAP 模型。TAP 为编写异步代码提供了一种干净的声明式风格。

自 C♯5.0 版本开始,对象 Task 和 Task <T>在关键字 async 和 await 的支持下,已经成为异步操作模型的主要组件。TAP 模型只通过纯粹关注语法方面就解决了回调问题,从而绕过了推理代码中表达的事件序列出现的困难。

C♯5.0 中的 TAP 模型解决了耗费运行时间的延迟问题。想象一种情形,当在按钮单击时,如果需要处理一个长时间运行的方法,例如读取一个大文件或其他需要很长时间的任务。在这种情况下,整个应用程序必须等待这个长时间运行的任务完成才算完成整个任务,在这期间 UI 处于死锁状态。换句话讲,如果同步应用程序中的任何进程被阻塞,则整个应用程序将被阻塞,应用程序将停止响应,直到整个任务完成。在这种情形下,异步编程将非常有用。通过使用异步编程,应用程序可以继续进行,不会因某项任务尚未完成而受阻塞。

虽然可以使用多线程编程并行运行所有方法,但是它会阻塞 UI 并等待完成所有任务。要解决这个问题,需要在传统编程中编写很多的代码。现在有了 async 和 await,可以书写很少且简洁的代码来解决这个问题。下面的实例演示了如何将基于任务的异步编程(TAP 模型)应用在 Winform 异步编程之中。

【实例 6-20】 模拟文件复制过程。在窗体上放置两个按钮控件、一个 ProgressBar

控件。将第一个按钮的 Text 属性设置为"模拟文件复制"，第二个按钮的 Text 属性设置为"显示当前时间"。部分源代码如表 6-77 所示。

表 6-77　基于任务的异步编程部分源代码

行号	部分源代码
01	using System;
02	using System.Threading.Tasks;
03	using System.Windows.Forms;
04	namespace ytu{
05	public partial class Form1: Form {
06	public Form1(){
07	InitializeComponent();
08	}
09	private async void button1_Click(object sender, EventArgs e){
10	var reporter = new Progress<int>(progressChanged);
11	var result = await this.WorkStart(reporter);
12	this.WorkCompleted(result);
13	}
14	async Task<CommonResult> WorkStart(IProgress<int> progress) {
15	var result = new CommonResult();
16	for (int i = 0; i < 100; i++) {
17	await Task.Delay(100);
18	progress.Report(i + 1);
19	}
20	result.Success = true;
21	return result;
22	}
23	void progressChanged(int percentage){
24	this.progressBar1.Value = percentage;
25	}
26	void WorkCompleted(CommonResult result){
27	if (result.Success){
28	//操作成功的处理
29	}
30	MessageBox.Show("处理完成");
31	}
32	private void button2_Click(object sender, EventArgs e) {
33	MessageBox.Show(DateTime.Now.ToShortTimeString());
34	}
35	}
36	public class CommonResult {
37	public bool Success { get; set; }
38	public string Message { get; set; }
39	}
40	}

上述代码运行时，单击"模拟文件复制"按钮后改变进度条进度不会阻塞界面线程，同时使用 Progress 类进行进度通知。使用 Task.Delay 会阻塞当前代码继续执行，但并

不会阻塞当前线程执行。这是因为在 await 处,代码执行分为两部分,当前线程转而去执行其他任务,await 后的代码由新的线程执行,所以不会阻塞当前线程。

在显示进度的同时,可以随时单击"显示当前时间"按钮显示当前时间。程序运行效果图如图 6-30 所示。代码中,3 处方法解释如下。

(1) 第 14 行 WorkStart(IProgress<int> progress)方法负责执行任务。

(2) 第 26 行 WorkCompleted(CommonResult result)方法实现任务完成时返回结果。

(3) 第 23 行 progressChanged(int percentage)方法负责显示当前进度。

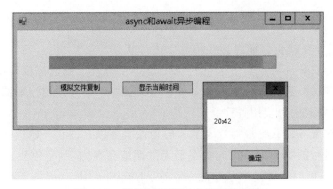

图 6-30 基于任务的异步编程效果图

6.11 Windows 服务

6.11

6.11.1 Windows 服务简介

Windows 服务之前被称为 NT 服务,是一种允许用户创建可在其自身的 Windows 会话中长时间运行的可执行应用程序。这些服务可在计算机启动时自动启动,可以暂停和重启,并且不显示任何用户界面。这些功能使服务非常适合在服务器上使用,或者需要长时间运行的情况。

1. 服务应用程序与其他应用程序的差异

服务应用程序与其他应用程序存在以下几方面的不同。

(1) 在项目能够以有意义的方式运行之前,服务应用程序项目创建的已编译可执行文件必须安装在服务器上。无法通过按 F5 或 F11 键来调试或运行服务应用程序;无法立即运行服务或单步执行其代码。相反,必须安装并启动服务,然后将调试程序附加到服务进程。有关调试 Windows 服务应用程序详细信息,可参阅相关文献。

(2) 与其他项目类型不同,必须为服务应用程序创建安装组件。安装组件在服务器上安装并注册该服务,使用 Windows 服务控制管理器为服务创建条目。

（3）服务应用程序的 Main 方法必须为项目包含的服务发出 Run 命令。Run 方法将服务加载到相应服务器上的服务控制管理器中。如果使用 Windows 服务项目模板，则会自动编写此方法。

（4）由于 Windows 服务站不是交互式工作站，所以从 Windows 服务应用程序中引发的对话框将不会显示，并且可能导致程序停止响应。通常的做法是将服务应用程序的错误消息记录事件日志中，而不是在用户界面中显示。

（5）Windows 服务应用程序在其自己的安全上下文中运行，并在用户登录安装这些应用程序的 Windows 计算机之前启动。

2. 服务应用程序的生存期

Windows 服务在其生存期内会经历几个内部状态。

首先，服务会安装到将在其上运行的 Windows 系统上。此过程执行服务项目的安装程序，并将该服务加载到该计算机的服务控制管理器中。服务控制管理器是 Windows 提供的用于管理服务的中央实用程序。

其次，必须在服务加载完成后启动它。启动该服务以允许它开始运行。

另外，正在运行的服务可以在此状态下无限期地存在，直到它停止或暂停，或者直到计算机关闭。服务可以 3 种基本状态之一存在：Running、Paused 或 Stopped。该服务还可以报告挂起命令的状态：ContinuePending、PausePending、StartPending 或 StopPending。可以从"服务控制管理器""服务器资源管理器"，或通过调用代码中的方法来暂停、停止或恢复服务。其中的每个操作都可以调用服务中的相关过程（OnStop、OnPause 或 OnContinue），可以在其中定义在服务更改状态时执行的其他处理进程。

3. 服务应用程序体系结构

Windows 服务应用程序基于从 System.ServiceProcess.ServiceBase 类继承的类。服务创建中涉及的主要类如下。

（1）System.ServiceProcess.ServiceBase：可以在创建服务时替代 ServiceBase 类中的方法，并定义代码以确定服务在此继承类中的工作方式。

（2）System.ServiceProcess.ServiceProcessInstaller 和 System.ServiceProcess.ServiceInstaller：使用这些类来安装和卸载服务。

（3）ServiceController：使用此类来操纵服务本身。该类不参与创建服务，但可用于启动和停止服务，将命令传递给它并返回一系列枚举。

（4）ServiceBase：此类有如表 6-78 所列方法。

表 6-78 ServiceBase 类的方法

方　　法	说　　明
OnStart	指示服务开始运行时应采取的操作。必须在此过程中为服务编写代码才能执行有用的操作
OnPause	指示在服务暂停时应发生什么情况

续表

方　法	说　明
OnStop	指示在服务停止运行时应发生什么情况
OnContinue	指示服务在暂停后恢复正常运行时应发生什么情况
OnShutdown	指示在系统关闭之前应发生什么情况(如果此时服务正在运行)
OnCustomCommand	指示服务在收到自定义命令时应发生什么情况
OnPowerEvent	指示服务在收到电源管理事件时应如何响应,如电池电量不足或已挂起的操作

6.11.2　如何创建 Windows 服务

创建 Windows 服务基本步骤归纳如下。

(1) 在 Visual Studio 2022 IDE 环境中创建"Windows 服务(.NET Framewok)"项目。

(2) 在图 6-31 中,为服务设置 ServiceName 属性。

注意:ServiceName 属性的值必须始终与安装程序类中的名称相匹配。如果后期更改此属性,则必须更新安装程序类的 ServiceName 属性。

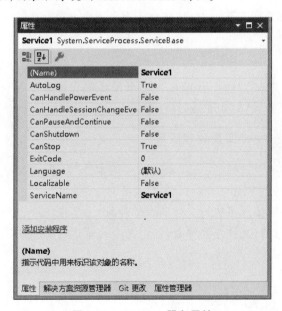

图 6-31　Windows 服务属性

(3) 设置表 6-79 中任何一个属性,确定服务的运行方式及参数。需要注意,当 CanStop 或 CanPauseAndContinue 设置为 false 时,"服务控制管理器"将禁用相应的菜单选项来停止、暂停或继续该服务。

表 6-79　Windows 服务属性描述

属　　性	说　　明
CanStop	true 表示服务将接受请求停止运行；false 将阻止服务被停止
CanShutdown	true 表示当服务所在的计算机关机时服务需要接收通知，启用它来调用 OnShutdown 过程
CanPauseAndContinue	true 表示服务将接受请求暂停或恢复运行；false 将阻止服务被暂停或恢复
CanHandlePowerEvent	true 表示服务可处理计算机电源状态更改的通知；false 将阻止向服务通知这些更改
AutoLog	true 将在你的服务执行操作时向应用程序事件日志写入信息条目；false 将禁用该功能

（4）访问代码编辑器，并填写想要对 OnStart 和 OnStop 过程的处理，实现响应业务功能。

（5）添加服务应用程序所必需的安装程序。进入 Service1.cs 设计界面，在空白位置右击，在弹出的上下文菜单中，选中"添加安装程序"。此时软件会生成两个组件，分别为 serviceInstaller1 及 serviceProcessInstaller1。单击 serviceInstaller1，在"属性"窗体将 ServiceName 改为 MyService，Description 改为我的服务，StartType 保持为 Manual。单击 serviceProcessInstaller1，在"属性"窗体将 Account 改为 LocalSystem（服务属性系统级别）。

（6）通过从"生成"菜单选择"生成解决方案"来生成项目。

6.11.3　安装和卸载 Windows 服务

无法通过按 F5 键从 Visual Studio 2022 开发环境直接运行 Windows 服务项目，必须先在项目中安装服务，然后才能运行该项目。

1. 使用 InstallUtil.exe 实用程序安装

（1）从"开始"菜单中选择"Visual Studio ＜版本＞"目录，然后选择"VS ＜版本＞开发人员命令提示"，出现"Visual Studio 开发人员命令提示"。

（2）访问项目的已编译可执行文件所在的目录。

（3）将项目的可执行文件作为参数，通过命令提示运行 InstallUtil.exe，格式如下：

```
installutil <yourproject>.exe
```

2. 使用 InstallUtil.exe 实用程序卸载

（1）从"开始"菜单中选择"Visual Studio ＜版本＞"目录，然后选择"VS ＜版本＞开发人员命令提示"，出现"Visual Studio 开发人员命令提示"。

（2）将项目的输出作为参数，通过命令提示运行 InstallUtil.exe，格式如下：

```
installutil /u <yourproject>.exe
```

此外，安装和卸载 Windows 服务除了可以使用 InstallUtil.exe 程序外，还可以使用 PowerShell、WiX、InstallShield 等工具集。

6.11.4　应用案例

【实例 6-21】　本实例演示 Windows 服务创建、安装和卸载过程。功能非常简单，每隔 60 秒记录下系统时间。ProjectInstaller.cs 文件和 Service1.cs 文件源代码如表 6-80 所示。全部实例代码可从教材配套资源获取。

表 6-80　ProjectInstaller.cs 文件和 Service1.cs 文件源代码

行号	源　代　码
01	//ProjectInstaller.cs 文件
02	public partial class ProjectInstaller : System.Configuration.Install.Installer {
03	public ProjectInstaller() {
04	InitializeComponent();
05	this.Committed += new InstallEventHandler(ProjectInstaller_Committed);
06	}
07	void ProjectInstaller_Committed(object sender, InstallEventArgs e)　{
08	System.ServiceProcess.ServiceController sc =
09	new System.ServiceProcess.ServiceController("ytuWS");
10	sc.Start();
11	}
12	}
13	
14	// Service1.cs 文件
15	using System;
16	using System.ServiceProcess;
17	using System.Threading;
18	namespace ytuWS{
19	public partial class Service1 : ServiceBase {
20	public Timer timer;
21	public Service1(){
22	InitializeComponent();
23	}
24	protected override void OnStart(string[] args) {
25	ytu.Logger.Trace ("["+DateTime.Now.ToString("yyyy-MM-dd HH:mm")+"]
26	服务开始");
27	timer = new Timer(new TimerCallback(Work), null, 10000, 60000);
28	}
29	protected override void OnStop() {
30	ytu.Logger.Trace("["+DateTime.Now.ToString("yyyy-MM-dd HH:mm")+"]
31	服务终止");
32	}
33	private void Work(object obj) {
34	ytu.Logger.Trace(DateTime.Now.ToString("yyyy-MM-dd HH:mm"));
35	}
36	}
37	}

实例中，添加服务安装程序分为以下几步。

（1）进入 Service1.cs 设计界面，在空白位置右击，在弹出的上下文菜单中选中"添加安装程序"。

（2）此时软件会生成两个组件，分别为 serviceInstaller1 及 serviceProcessInstaller1。

（3）单击 serviceInstaller1，在"属性"窗体将 ServiceName 改为 ytuWS，Description 也改为 ytu，StartType 保持为 Manual。

（4）单击 serviceProcessInstaller1，在"属性"窗体将 Account 改为 LocalSystem，即服务属性系统级别。然后切换到代码窗口，补齐第 02～12 行代码。

日志类 Logger（源代码参见实例 6-21 源代码），实现记录系统日期和时间，并输出至指定文本文件，文件路径在配置文件中指定，文件内容如下所示。

```
: [2023-03-10 17:53]服务开始
: 2023-03-10 17:53
: 2023-03-10 17:54
: 2023-03-10 17:55
: [2023-03-10 17:56]服务终止
```

本实例采用 InstallUtil.exe 安装和卸载 Windows 服务。

（1）C:\Windows\Microsoft.NET\Framework\v2.0.50727\InstallUtil "C:\ws\ytuWS.exe"

（2）C:\Windows\Microsoft.NET\Framework\v2.0.50727\InstallUtil /u "C:\ws\ytuWS.exe"

成功安装 Windows 服务，会在 Windows 服务列表中显示出新创建服务 ytuWS，如图 6-32 所示。

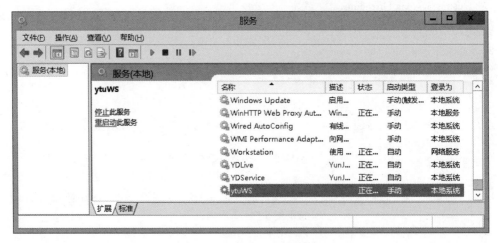

图 6-32　Windows 服务列表

6.12 网络编程

6.12.1 TCP 应用编程

1. TCP 应用编程概述

6.12.1

TCP(Transmission Control Protocol),是 TCP/IP 体系中面向连接的传输层协议,在网络中提供双工和可靠的服务,具有一对一通信、安全顺序传输、通过字节流收发数据、传输的数据无消息边界等特点。此外,TCP 是将数据组装为多个数据报以字节流的形式进行传输。因此,可能会出现发送方单次发送的消息与接收方单次接收的消息不一致的现象。

在.NET 平台上,进行 TCP 应用编程,可以选择以下技术。

(1)用 Socket 类实现。TCP 通信过程中的所有细节通过自己编写的程序来控制。这种方式最灵活,但是需要程序员编写的代码多。

(2)用 TcpClient 和 TcpListener 以及多线程实现。TcpClient 和 TcpListener 类是对 Socket 进一步封装后的类,简化了用 Socket 编写 TCP 程序的难度,但灵活性也受到一定的限制。

(3)用 TcpClient 和 TcpListener 以及任务模型编程(async 和 await)实现。用 TcpClient 和 TcpListener 以及任务模型编程(async 和 await)技术,避免了对线程进行管理以及跨线程操作等麻烦。

(4)用 WCF 实现。监听和无消息边界等问题均由 WCF 内部自动完成,程序员只需要考虑传输过程中的业务逻辑即可。

本节主要介绍使用 TcpClient 和 TcpListener 以及多线程技术实现 TCP 应用编程。采用任务模型编程(async 和 await)技术实现 TCP 编程请参见 6.12.2 节。

2. TcpClient 类和 TcpListener 类

TcpClient 类用于提供本地主机和远程主机的连接信息,TcpListener 类用于在服务器端监听和接收客户端传入的连接请求。

1)TcpClient 类

TcpClient 类用于提供本地主机和远程主机的连接信息。服务器端程序是通过 TcpListener 对象的 AcceptTcpClient 方法得到 TcpClient 对象的,不需要在服务器端创建对象。

TcpClient 的构造函数有以下重载形式。

(1)TcpClient()。用不带参数的构造函数创建 TcpClient 对象时,系统会自动分配 IP 地址和端口号。

(2)TcpClient(string hostname,int port)。自动为客户端分配 IP 地址和端口号,并自动与远程主机建立连接。

（3）TcpClient(AddressFamily family)。这种构造函数创建的 TcpClient 对象自动分配本地 IP 地址和端口号,使用 AddressFamily 枚举指定使用哪种网络协议（IPv4 或者 IPv6）。

（4）TcpClient(IPEndPoint iep)。该构造函数的参数 iep 用于指定本机（客户端）IP 地址与端口号。当客户端有一个以上的 IP 地址时,如果程序员希望指定 IP 地址和端口号,可以使用这种方式。

2）TcpListener 类

TcpListener 类用于在服务器端监听和接收客户端传入的连接请求。其构造函数常见两种重载形式。

（1）TcpListener(IPEndPoint iep)。这种构造函数通过 IPEndPoint 类型的对象在指定的 IP 地址与端口监听客户端连接请求,iep 包含了本机的 IP 地址与端口号。

（2）TcpListener(IPAddress localAddr, int port)。这种构造函数直接指定本机 IP 地址和端口,并通过指定的本机 IP 地址和端口监听客户端传入的连接请求。

TcpListener 类对应方法有同步和异步两类。常用属性和方法如表 6-81 所示。

表 6-81　TcpListener 类的常用属性和方法

属性及方法	说　　明
LocalEndPoint 属性	获取当前 TcpListener 的基础 EndPoint
Server 属性	获取基础网络 Socket
Start 方法	启动监听
Stop 方法	关闭 TcpListener 并停止监听请求
AcceptSocket 方法	同步阻塞方式下获取并返回一个用来接收和发送数据的 Socket 对象,同时从传入的连接队列中移除该客户端的连接请求
AcceptTcpClient 方法	同步阻塞方式下获取并返回一个封装了 TcpClient 对象,同时从传入的连接队列中移除该客户端的连接请求
BeginAcceptTcpClient 方法	在线程池中自动创建一个线程,在该线程中监听客户端连接请求。
EndAcceptTcpClient 方法	异步完成客户端连接请求,并返回 TcpClient 对象
BeginAcceptSocket 方法	开始一个异步操作来接收一个传入的连接
EndAcceptSocket 方法	异步接收传入的连接尝试,并创建新的 Socket 来处理远程主机通信

【实例 6-22】　实例中演示使用 TcpListener 类下异步方法 BeginAcceptTcpClient 和多线程 Thread 实现一个简单的消息发送与接收。为了代码简单,服务器端只能开启服务和接收消息,客户端只能连接服务器和发送消息。运行结果如图 6-33 所示。服务器端软件启动后,单击"启动服务"按钮,等待客户端连接。客户端软件启动后,单击"连接服务器"按钮完成与服务器连接。之后,可以通过"发送"按钮将文本框中消息发送至服务器。

服务器端部分源代码如表 6-82 所示,客户端部分源代码如表 6-83 所示,全部实例代码可从教材配套资源获取。

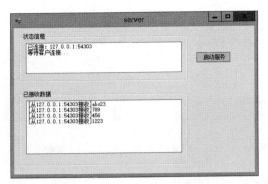

图 6-33 TCP 异步通信

表 6-82 服务器端部分源代码

行号	部分源代码
01	using System;
02	using System.Net;
03	using System.Net.Sockets;
04	using System.Threading;
05	using System.Windows.Forms;
06	namespace AsyncTcpServer{
07	public partial class frmServer : Form {
08	TcpListener listener;
09	public frmServer() {
10	InitializeComponent();
11	}
12	private void buttonStart_Click(object sender，EventArgs e) {
13	Thread ts = new Thread(new ThreadStart(AcceptConnect));
14	ts.IsBackground = true;
15	ts.Start();
16	}
17	private void AcceptConnect() {
18	listener = new TcpListener(IPAddress.Parse("127.0.0.1")，6000);
19	listener.Start();
20	runtime_listBoxStatus("等待客户连接...");
21	while (true){
22	AsyncCallback callback = new AsyncCallback(AcceptTcpClientCallback);
23	listener.BeginAcceptTcpClient(callback，listener);
24	}
25	}
26	private void AcceptTcpClientCallback(IAsyncResult ar) {
27	TcpListener myListener = (TcpListener)ar.AsyncState;
28	TcpClient client = myListener.EndAcceptTcpClient(ar);
29	runtime_listBoxStatus("已连接：" + client.Client.RemoteEndPoint);
30	tcpObject obj = new tcpObject(client);
31	obj.netStream.BeginRead(obj.readBytes，
32	0，obj.readBytes.Length，ReadCallback，obj);
33	}

行号	部分源代码
34	`    private void ReadCallback(IAsyncResult ar) {`
35	`        tcpObject obj = (tcpObject)ar.AsyncState;`
36	`        int count = obj.netStream.EndRead(ar);`
37	`        string str = System.Text.Encoding.UTF8.GetString(obj.readBytes, 0, count);`
38	`        //显示已接收数据`
39	`        runtime_listBoxReceive("[从" + obj.client.Client.RemoteEndPoint + "接收]" + str);`
40	`        obj.InitReadArray();`
41	`        obj.netStream.BeginRead(obj.readBytes, 0,`
42	`                        obj.readBytes.Length, ReadCallback, obj);`
43	`    }`
44	`    private delegate void Delagate1(string data);`
45	`    private void runtime_listBoxStatus(string data) {`
46	`        if (this.listBoxStatus.InvokeRequired) {`
47	`            Delagate1 d = new Delagate1(runtime_listBoxStatus);`
48	`            this.listBoxStatus.Invoke(d, data);`
49	`        }`
50	`        else {`
51	`            this.listBoxStatus.Items.Insert(0, data);`
52	`        }`
53	`    }`
54	`    private void runtime_listBoxReceive(string data) {`
55	`        if (this.listBoxReceive.InvokeRequired){`
56	`            Delagate1 d = new Delagate1(runtime_listBoxReceive);`
57	`            this.listBoxReceive.Invoke(d, data);`
58	`        }`
59	`        else {`
60	`            this.listBoxReceive.Items.Insert(0, data);`
61	`        }`
62	`    }`
63	`}`
64	
65	
66	
67	`class tcpObject {`
68	`    public TcpClient client;`
69	`    public NetworkStream netStream;`
70	`    public byte[] readBytes;`
71	`    public tcpObject(TcpClient client) {`
72	`        this.client = client;`
73	`        netStream = client.GetStream();`
74	`        readBytes = new byte[client.ReceiveBufferSize];`
75	`    }`
76	`    public void InitReadArray() {`
77	`        readBytes = new byte[client.ReceiveBufferSize];`
78	`    }`
79	`}`
80	`}`

表 6-83　客户端部分源代码

行号	部分源代码
01	using System；
02	using System.Net；
03	using System.Net.Sockets；
04	using System.Windows.Forms；
05	namespace AsyncTcpClient{
06	public partial class frmClient : Form {
07	private TcpClient client；
08	private NetworkStream networkStream；
09	public frmClient() {
10	InitializeComponent()；
11	}
12	private void buttonConnect_Click(object sender，EventArgs e) {
13	client = new TcpClient(AddressFamily.InterNetwork)；
14	AsyncCallback callback = new AsyncCallback(RequestCallback)；
15	client.BeginConnect(IPAddress.Parse("127.0.0.1")，6000，callback，client)；
16	}
17	private void RequestCallback(IAsyncResult ar) {
18	client = (TcpClient)ar.AsyncState；
19	client.EndConnect(ar)；
20	runtime_listBoxStatus("与服务器" + client.Client.RemoteEndPoint + "连接成功")；
21	networkStream = client.GetStream()；
22	tcpObject obj = new tcpObject(networkStream，client.ReceiveBufferSize)；
23	networkStream.BeginRead(obj.bytes，0，
24	obj.bytes.Length，null，obj)；
25	}
26	private void buttonSend_Click(object sender，EventArgs e) {
27	SendString(this.textBox1.Text.Trim())；
28	this.textBox1.Clear()；
29	}
30	private void SendString(string str) {
31	byte[] bytes = System.Text.Encoding.UTF8.GetBytes(str)；
32	networkStream.BeginWrite(bytes，0，bytes.Length，
33	new AsyncCallback(SendCallback)，networkStream)；
34	}
35	private void SendCallback(IAsyncResult ar) {
36	networkStream.EndWrite(ar)；
37	}
38	private delegate void Delagate1(string data)；
39	private void runtime_listBoxStatus(string data) {
40	if (this.listBoxStatus.InvokeRequired) {
41	Delagate1 d = new Delagate1(runtime_listBoxStatus)；
42	this.listBoxStatus.Invoke(d，data)；
43	}
44	else {
45	this.listBoxStatus.Items.Insert(0，data)；
46	}

续表

行号	部分源代码
47	``` } ```
48	``` } ```
49	``` public class tcpObject { ```
50	``` public NetworkStream netStream; ```
51	``` public byte[] bytes; ```
52	``` public tcpObject(NetworkStream netstream, int buffersize) { ```
53	``` this.netStream = netstream; ```
54	``` bytes = new byte[buffersize]; ```
55	``` } ```
56	``` } ```
57	``` } ```

6.12.2

6.12.2　UDP 应用编程

1. UDP 应用编程概述

UDP(User Datagram Protocol,用户数据报协议)是简单的、面向数据报的无连接协议,提供了快速但不一定可靠的传输服务。主要作用是将网络数据流量压缩成数据报的形式,每一个数据报用 8 字节描述报头信息,剩余字节包含具体的传输数据。UDP 的特点如下。

(1) UDP 可以一对多传输。

(2) UDP 传输速度比 TCP 快。

(3) 使用 UDP 不需要考虑消息边界问题。

(4) UDP 不保证有序传输。

(5) UDP 不提供数据传送的保证机制。

在.NET 平台上,进行 UDP 应用编程,可以选择以下技术。

(1) 用 Socket 类实现。直接用 System.Net.Sockets 命名空间下的 Socket 类来实现。采用这种方式时,需要程序员编写的代码最多,所有底层处理的细节都需要程序员去处理。

(2) 用 UdpClient 和多线程实现。用 System.Net.Sockets 命名空间下的 UdpClient 类和 Thread 类来实现。UdpClient 类对基础 Socket 进行了封装,发送和接收数据时不必考虑套接字收发时必须处理的细节问题,在一定程度上降低了用 Socket 编写 UDP 应用程序的难度,提高了编程效率。

(3) 用 UdpClient 和任务模型编程(async 和 await)实现。用异步编程实现比直接用多线程实现更有优势,避免了对线程进行管理以及跨线程操作等麻烦。

(4) 用 WCF 实现。这种方式是用 WCF 来实现,即将 WCF 和 UDP 通过配置绑定在一起,这是对 Socket 进行的另一种形式的封装。

本节主要介绍使用 UdpClient 类和异步编程实现 UDP 应用编程。

2. UdpClient 类

TCP 有 TcpListener 类和 TcpClient 类,而 UDP 只有 UdpClient 类,这是因为 UDP 是无连接的协议,所以只需要一种 Socket。UDP 类可以实现发送和接收数据、群发。由于 UDP

不需要发送方和接收方先建立连接,因此发送方可以在任何时候直接向指定的远程主机发送 UDP 数据报。在这种模式中,发送方是客户端,具有监听功能的接收方是服务器端。

1) 构造函数

UdpClient 类提供了多种重载的构造函数,分别用于 IPv4 和 IPv6 的数据收发。public UdpClient(IPEndPoint localEp)是一种常见的构造函数,用本地终节点作为参数。

2) 同步发送和接收数据

在同步阻塞方式下,用 UdpClient 对象的 Send 方法向远程主机发送数据,用 Receive 方法接收来自远程主机的数据。

(1) 发送数据。用 Send 方法同步发送数据时,该方法返回已发送的字节数。Send 方法有多种重载,下面是一种常用的重载形式:

```
public int Send(byte[] data, int length, IPEndPoint remoteEndPoint)
```

(2) 接收数据。用 Receive 方法获取来自远程主机的 UDP 数据报,语法如下:

```
public byte[] Receive(ref IPEndPoint remoteEndPoint)
```

3) 异步发送和接收数据

UdpClient 类同样提供了发送数据和接收数据的异步方法。UdpClient 类使用 SendAsync 方法实现异步发送数据,使用 ReceiveAsync 方法实现异步接收数据。异步发送和接收数据的好处是收发数据时,用户界面不会出现停顿现象,适合执行时间较长的任务。

【实例 6-23】　本实例演示用 UdpClient 类和任务模型编程(async 和 await)实现一个简单的消息接收。为了代码简单,只编写了服务器端程序,实现只接收消息。客户端

图 6-34　网络调试助手

采用网络调试助手（NetAssist.exe），参数设置如图 6-34 所示。服务器端软件启动后，在网络调试助手中输入数据，如图中"UDP＋任务模型简单示例"，单击"发送"按钮，则服务器端将收到如图 6-35 所示数据。

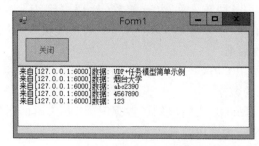

图 6-35　基于 TAP 模型的 UDP 异步编程

服务器端部分源代码如表 6-84 所示，全部实例代码可从教材配套资源获取。

表 6-84　基于 TAP 模型 UDP 异步编程

行号	部分源代码
01	using System;
02	using System.Net;
03	using System.Net.Sockets;
04	using System.Text;
05	using System.Threading.Tasks;
06	using System.Windows.Forms;
07	namespace UDP_async_简单 {
08	public partial class Form1 : Form　{
09	private Socket udpSocket;
10	private byte[] buffer = new byte[4096];
11	public Form1() {
12	InitializeComponent();
13	}
14	private void Form1_Load(object sender, EventArgs e) {
15	udpSocket = new Socket(AddressFamily.InterNetwork,
16	SocketType.Dgram, ProtocolType.Udp);
17	var endPoint = new IPEndPoint(IPAddress.Parse("127.0.0.1"), 5000);
18	udpSocket.Bind(endPoint);
19	ReceiveData();
20	}
21	private void btnClose_Click(object sender, EventArgs e) {
22	Application.Exit();
23	}
24	private async void ReceiveData()　{
25	while (true) {
26	EndPoint endPoint = new IPEndPoint(IPAddress.Any, 0);
27	await Task.Run<int>(() => udpSocket.ReceiveFrom(buffer, ref endPoint));
28	string data= Encoding.GetEncoding("GB2312").GetString(buffer);
29	this.Invoke(new Action(() => {
30	this.listBoxReceived.Items.Insert(0,
31	string.Format($ "来自[{endPoint}]数据：{data}"));
32	}));
33	}

续表

行号	部分源代码
34	}
35	}
36	}

本 章 小 结

　　在 Visual Studio 2022 集成开发环境下,开发 Windows 应用程序一般包括建立项目、界面设计、属性设置、编写事件处理程序、生成解决方案、调试运行程序等步骤。

　　Windows 应用程序采用的是事件驱动模型。在事件驱动编程模式下,程序设计人员创建 Windows 应用程序的主要工作就是为各个控件编写事件处理程序。

　　.NET 提供了各式各样的控件供编程者使用,如窗体(窗体也是一种特殊控件)、按钮、标签、文本框、列表框、组合框、对话框、菜单和工具栏等。这些控件本质上都是类,例如,Form 类对应的就是窗体,TextBox 类对应的就是文本框。这些类都处于 System.Windows.Form 名称空间中。每一种控件都具有其属性、方法和能够响应的外部事件。属性、方法、事件称为控件三要素。这些控件是构成 Windows 应用基本要素。

习 题

1. 单选题

(1) 假定有一个菜单项,名为 MenuItem,为使菜单不可用,应使用的语句为( )。

　　(A) MenuItem.Visible＝false 　　　　(B) MenuItem.Enabled＝true

　　(C) MenuItem.Visible＝true 　　　　(D) MenuItem.Enabled＝false

(2) 在窗体上放置一个列表框和一个命令按钮,其名称分别为 listBox1 和 button1,然后编写如下事件过程代码,程序运行后,单击命令按钮 button1,其结果是( )。

```
private void Form1_Load(object sender, EventArgs e)
{
    listBox1.Items.Add("Item1");
    listBox1.Items.Add("Item2");
    listBox1.Items.Add("Item3");
}
private void button1_Click(object sender, EventArgs e)
{
    listBox1.Items.Add("AAAA");
}
```

　　(A) 把字符串"AAAA"添加到列表框,位置不确定

　　(B) 把字符串"AAAA"添加到列表框最后

　　(C) 把字符串"AAAA"添加到列表框第一项

(D) 将列表框原有最后一项修改为"AAAA"

(3) 如果要将窗体设置为不透明的,则(　　)。

　　(A) 要将 Opacity 属性的值设置为小于 100%

　　(B) 要将 FormBoderStyle 属性设置为 None

　　(C) 要将 locked 属性设置为 true

　　(D) 要将 Enabled 属性设置为 true

(4) 如果设 treeView1 = new TreeView(),则 treeView1. Nodes. Add("根节点")返回的是一个(　　)类型的值。

　　(A) int　　　　　　　(B) TreeNode　　　(C) string　　　　　(D) TreeView

(5) 关于窗体的 MouseDown 事件过程 Form1_MouseDown(object sender, MouseEventArgs e)的正确描述是(　　)。

　　(A) 通过 e 参数就可判定当前按下的是哪一个鼠标键

　　(B) 通过 e.Button 就可判定当前按下的是哪一个鼠标键

　　(C) 通过 e.Clicks 就可判定当前按下的是哪一个鼠标键

　　(D) 通过 sender 参数就可判定当前按下的是哪一个鼠标键

(6) 要使得窗体一开始运行就充满整个屏幕,则须设置(　　)属性。

　　(A) BorderStyle　　(B) WindowState　　(C) Appearance　　(D) DrawMode

(7) 打开通用对话框 openFileDialog 的(　　)属性用于返回用户在打开对话框中所选择的文件名和盘符路径。

　　(A) Tag　　　　　　(B) FileName　　　(C) Title　　　　　(D) ValidateNames

(8) 如果将窗体的 FormBorderStyle 设置为 None,则(　　)。

　　(A) 窗体是透明的　　　　　　　(B) 窗体没有边框但能调整大小

　　(C) 窗体有边框但不能调整大小　　(D) 窗体没有边框并不能调整大小

(9) 为使计时器控件每隔 1 秒产生一个 Tick 事件,则应将其 Interval 属性值设为(　　)。

　　(A) 500　　　　　　(B) 1000　　　　　(C) 2000　　　　　(D) 0

(10) 表示 trackBar 控件取值范围最大值的属性是(　　)。

　　(A) Maximum　　　(B) Minimum　　　(C) Value　　　　(D) Text

(11) 若要在文本框中输入密码,常指定(　　)属性。

　　(A) MultiLine　　　(B) MaxLenth　　　(C) PassWordChar　(D) Text

(12) 用于设置 MenuStrip 控件中某菜单项快捷键的属性是(　　)。

　　(A) Key　　　　　　(B) Visible　　　　(C) Checked　　　(D) ShortCutKeys

(13) 用于控制 ListView 控件中的各项显示方式的属性是(　　)。

　　(A) View　　　　　(B) Items　　　　(C) Columes　　　(D) MultiSelect

(14) 菜单控件只包括一个(　　)事件。

　　(A) DoubleClick　　(B) None　　　　(C) Click　　　　(D) ClickChanged

(15) 创建一个 MDI 窗体,需要设置(　　)属性为 true。

　　(A) MdiParent　　　　　　　　　(B) IsMdiContainter

　　(C) ActiveMdiChild　　　　　　　(D) IsMdiChild

(16) 关于 Windows 服务,下列描述错误的是(　　)。

　　(A) Windows 服务可在计算机启动时自动启动,可以暂停和重启,没有界面

　　(B) 无法通过按 F5 或 F11 键来调试或运行 Windows 服务程序

　　(C) Windows 服务应用程序没有 Main 方法

（D）Windows 服务是一种可长时间运行的可执行应用程序

（17）关于任务的异步编程（TAP），下列说法错误的是（　　）。

　　（A）从 C♯4.0 开始，支持异步编程的 async 和 await 模型

　　（B）与早期.NET APM 相比，async 和 await 的代码简洁

　　（C）TAP 模型解决了耗费运行时间的延迟问题

　　（D）TAP 基于 Task 和 Task<TResult> 类型

（18）关于 TCP 技术，下列说法错误的是（　　）。

　　（A）TCP 具有一对一通信、传输的数据无消息边界的特点。

　　（B）TCP 通过字节流收发数据

　　（C）用不带参数的构造函数创建 TcpClient 对象时，系统不会自动分配 IP 地址和端口号

　　（D）TcpListener 类用于在服务器端监听和接收客户端传入的连接请求

（19）下列（　　）不属于 TcpListener 属性和方法。

　　（A）AcceptTcpClient　　　　　　　　（B）BeginAcceptTcpClient

　　（C）BeginLocalEndPoint　　　　　　　（D）LocalEndPoint

（20）关于 UDP 应用技术，下列说法错误的是（　　）。

　　（A）UDP 不保证传输服务可靠性　　　（B）UDP 可以一对多传输

　　（C）UDP 的传输速度比 TCP 慢　　　　（D）UDP 只有 UdpClient 类

2. 简答题

（1）简述 Windows 窗体应用、Windows 窗体应用（.NET Framework）的区别。

（2）简述在.NET 平台上进行 UDP 应用编程可以选择哪些技术。

（3）图片框控件可以通过哪些途径获取图片文件？

（4）说明 KeyCode 与 KeyChar 的区别。

（5）怎样将一个弹出式菜单绑定到一个文本框控件上？

第 7 章

图形图像编程

课程练习

图形图像及多媒体处理是 C♯ 的一个重要应用领域。.NET 框架通过封装 GDI＋ (Graphics Device Interface Plus) 实现了图形图像的处理功能。利用 C♯ 可以开发出强大的图形、图像程序。

本章主要内容如下。

(1) GDI＋概述。

(2) 简单数据结构。

(3) Graphics 类。

(4) 画笔和画刷。

(5) 坐标系统。

(6) 基本的绘图方法。

(7) 图像的显示与处理。

7.1 GDI+ 概述

在早期的 Windows 程序中,可以使用 GDI(Graphics Device Interface)在一个窗体中绘制图形、文本和图像,但它的功能有限。GDI＋是 GDI 的后续版本,它不仅在 GDI 的基础上添加了许多新特性,而且对原有的 GDI 功能进行了优化,并在为开发人员提供的二维矢量图形、文本、图像处理、区域、路径以及图形数据矩阵等方面构造了一系列相关的类。其中,图形类 Graphics 是 GDI＋接口中的一个核心类,许多绘图操作都可用它完成。

7.1.1 GDI+ 命名空间

GDI＋提供了各种丰富的图形图像处理功能,包含了大约 60 个类、50 个枚举和 8 个结构。所有图形图像处理功能都包含在下面介绍的名称空间下。

1. System.Drawing 命名空间

System.Drawing 命名空间提供了基本图形功能,主要有 Graphics 类、Bitmap 类、从 Brush 类继承的类、Font 类、Icon 类、Image 类、Pen 类、Color 类等。System.Drawing 命

名空间是 C♯ 的图形编程最常用的命名空间。

2. System.Drawing.Drawing2D 名称空间

在.NET 中,没有 3D 名称空间,这是因为三维效果实际上是通过二维的图案体现的。System.Drawing.Drawing2D 命名空间提供了高级的二维和矢量图形功能,主要有梯度型画刷、Matrix 类(用于定义几何变换)和 GraphicsPath 类。

3. System.Drawing.Design 命名空间

此命名空间中的类可用于创建自定义工具栏的项、类型特定的值编辑器(可以编辑并可以用图形方式表示其支持的类型的值)和类型转换器(在一定的类型之间转换值)。此命名空间提供基本的框架,可用来开发设计时 UI 的扩展。

4. System.Drawing.Imaging 名称空间

System.Drawing.Imaging 名称空间提供了高级 GDI+图像处理功能。

5. System.Drawing.Text 名称空间

System.Drawing.Text 名称空间提供了高级 GDI+字体和文本排版功能。

6. System.Drawing.Printing 命名空间

System.Drawing.Printing 命名空间提供与打印相关的服务。

7.1.2　GDI+ 数据结构

.NET 框架的 GDI+类主要位于 System.Drawing 命名空间,有些类位于 System.Drawing.Drawing2D、System.Drawing.Image 和 System.Drawing.Text 命名空间中。在绘图操作中,常常需要使用点(Point)、矩形(Rectangle)、大小(Size)和颜色(Color)等结构。

1. Point 和 PointF

Point 和 PointF 都表示一个简单的(X,Y)坐标点。两者的不同之处在于:Point 使用整数坐标,而 PointF 使用的是浮点型坐标。表 7-1 列出了 Point 类的主要成员。PointF 类的主要成员与 Point 类的主要成员相同。

表 7-1　Point 类的主要成员

属 性 成 员	说　　明
IsEmpty	如果 X 和 Y 都是 0,则返回 true
X	X 坐标
Y	Y 坐标

续表

属 性 成 员	说　　明
Offset	通过一个具体的数值平移坐标
ToString	返回一个表示坐标点的字符串
Equals	如果两个点的坐标相同,则返回 true

例如,下面的两条语句分别表示了一个简单的坐标点。

```
Point p1=new Point(50, 200)
PointF p2=new PointF(50.3f, 120.6f)
```

2. Rectangle 和 RectangleF

Rectangle 和 RectangleF 结构相似,它们都是表示矩形的数值类型,不同之处在于:Rectangle 使用整数坐标,而 RectangleF 使用浮点型坐标。表 7-2 列出了 Rectangle 类的主要成员。RectangleF 类的主要成员与 Rectangle 类的主要成员相同。

表 7-2　Rectangle 类的主要成员

属 性 成 员	说　　明
IsEmpty	如果 X 和 Y 都是 0,则返回 true
X,Y	左上角的 X 和 Y 坐标
Top,Left,Bottom,Right	矩形左上右下的坐标
Width,Height	矩形的宽度和高度
Location	获取或设定左上角的坐标
Size	表示矩形高度和宽度的 Size 对象
Equals	如果该点和其他的点包括了相同的坐标,则返回 true
Offset	通过一个具体的数值平移一个点的坐标
Union	返回一个表示两个矩形合并的矩形

例如,下面的语句表示了一个矩形。

```
RectangleF rect2=new RectangleF(10.3F, 50.4F, 100.1F, 150.8F)
```

3. Size 和 SizeF

Size 和 SizeF 结构通过 Width 和 Height 属性表示了一个矩形区域的大小。不同之处在于,Size 使用整数坐标,而 SizeF 使用浮点型坐标。表 7-3 列出了 Size 类的主要成员。SizeF 类的主要成员与 Size 类的主要成员相同。

表 7-3　Size 类的主要成员

属 性 成 员	说　明
Height	矩形区域的高度
Width	矩形区域的宽度
IsEmpty	如果高和宽的值都是 0,则返回 true
Equals	测试两个 Size 对象的高和宽是否相等

例如,下面的语句表示了一个矩形区域的大小。

```
Rectangle  rect3=new Rectangle(new Point(10, 50), new Size(100, 150))
```

4. Color

在 System.Drawing 名称空间下,有一个 Color 结构类型,可以使用下列方法之一创建颜色对象。

1) 使用 FromArgb 方法

FromArgb 方法的参数说明如表 7-4 所示。

表 7-4　FromArgb 方法的参数说明

参　数	说　明
R(红色)	取值范围 0~255,255 为饱和红色
G(绿色)	取值范围 0~255,255 为饱和绿色
B(蓝色)	取值范围 0~255,255 为饱和蓝色
A(Alpha)值	透明度。取值范围 0~255,0 为完全透明,255 为完全不透明

FromArgb 方法有两种常用的形式。

(1) public static Color FromArgb(int red,int green,int blue)。

第一种形式是直接指定 3 种颜色,3 个参数分别表示 R、G、B 三色,Alpha 值使用默认值 255,即完全不透明。例如:

```
Color color1=Color.FromArgb(255, 0, 0);
```

(2) public static Color FromArgb(int alpha,int red,int green,int blue)。

第二种形式最多使用 4 个参数,4 个参数分别表示透明度和 R、G、B 三色值。例如:

```
Color color2=Color.FromArgb(80,Color.Red);
```

2) 使用系统预定义颜色

在 Color 结构中已经预定义了 141 种颜色,可以直接使用,例如:

```
Color myColor;
myColor=Color.Yellow;
myColor=Color.SeaGreen;
```

7.1.3   Graphics 类

要进行图形处理，必须首先由 Graphics 类创建 Graphics 对象，然后才能利用 Graphics 类绘图方法进行各种绘图操作。

1. 创建 Graphics 对象

创建 Graphics 对象方法有 3 种。

（1）在窗体或控件的 Paint 事件中直接引用 Graphics 对象。每一个窗体或控件都有一个 Paint，该事件的参数中包含了当前窗体或控件的 Graphics 对象，在为窗体或控件创建绘制代码时，一般使用此方法来获取对图形对象的引用。

```
private void Form1_Paint(object sender, PaintEventArgs e)
{
    Graphics g=e.Graphics;
    //…
}
```

（2）从当前窗体获取对 Graphics 对象的引用。调用某控件或窗体的 CreateGraphics 方法来获取对 Graphics 对象的引用，该对象表示该控件或窗体的绘图表面。如果想在已存在的窗体或控件上绘图，则可使用此方法。例如，如果已经存在一个名称为 pictureBox1 的 PictureBox 控件，则下面语句可以创建一个 Graphics 对象。

```
Graphics g=pictureBox1.CreateGraphics();
```

（3）从继承自图像的任何对象创建 Graphics 对象。此方法在需要更改已存在的图像时十分有用。例如：

```
Bitmap bitmap=new Bitmap(Application.StartupPath+@"\pic\p01.bmp");
Graphics g=Graphics.FromImage(bitmap);
```

2. Graphics 类绘图方法

Graphics 类中提供了许多绘图方法，如表 7-5 所示。

表 7-5   Graphics 类常用的绘图方法

方　　法	说　　明
Clear	使用一种指定的颜色填充整个绘图表面
DrawArc	绘制圆弧
DrawBezier	绘制三维贝塞尔曲线
DrawBeziers	基于 Point 数组绘制一系列三维贝塞尔曲线
DrawClosedCurve	绘制闭合曲线

续表

方　　法	说　　明
DrawCurve	绘制曲线
DrawEllipse	绘制椭圆
DrawIcon	绘制图标
DrawImage	绘制图像
DrawLine	绘制直线
DrawLines	绘制多条直线
DrawPath	绘制路径
DrawPie	绘制饼图
DrawPolygon	绘制多边形
DrawRectangle	绘制矩形
DrawRectangles	绘制 Rectangle 数组中给出的多个矩形
DrawString	在指定位置以指定字体显示字符串
FillClosedCurve	填充闭合曲线
FillEllipse	填充椭圆
FillPath	填充路径
FillPie	填充饼图
FillPolygon	填充多边形
FillRectangle	填充矩形
FillRectangles	填充多个矩形
FillRegion	填充一个区域
GetHDC	返回与 Graphics 相关联的设备句柄
ReleaseHDC	释放设备句柄

在表 7-5 中,Clear 方法用于指定一种颜色填充绘图表面。例如,下面代码使得窗体表面为白色。

```
private void Form1_Paint(object sender, PaintEventArgs e)
{
    Graphics g=this.CreateGraphics();
    g.Clear(Color.White);
}
```

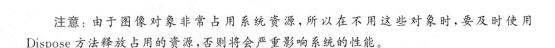

注意：由于图像对象非常占用系统资源，所以在不用这些对象时，要及时使用 Dispose 方法释放占用的资源，否则将会严重影响系统的性能。

7.1.4 Pen 类

7.1.4

在 GDI＋中，可使用笔（Pen）对象和画刷（Brush）对象绘制或填充图形、文本和图像。笔是 Pen 类的实例，用于绘制线条和空心形状。

1. 建立 Pen 对象

笔可用于绘制具有指定宽度和样式的线条、曲线以及勾勒形状轮廓。下面的示例说明如何创建一支基本的黑色笔。

1）直接由 Pen 类创建画笔

```
Pen p=new Pen(Color.Black);              //创建一支黑色笔
Pen p=new Pen(Color.Black, 5);           //创建宽度为 5 像素的黑色笔
```

2）由画刷对象创建笔

```
SolidBrush brush=new SolidBrush(Color.Blue);     //实心画刷，默认宽度为 1 像素
Pen p=new Pen(brush, 5);                          //从现有画刷创建宽度为 5 像素的蓝色画笔
```

在创建笔后，即可使用它来绘制线条、弧线或空心形状。还可以修改笔的各种属性，例如使用 Width 属性修改笔的宽度；使用 Color 属性修改笔的颜色；使用 StartCap 和 EndCap 属性将预设或自定义的形状添加到线条的开始或结尾；使用 DashStyle 属性可以指定笔绘制的虚线样式，如实线、虚线、点画线或自定义点画线等。

2. 画笔的常用属性

表 7-6 列出了画笔对象的常用属性。

表 7-6　画笔对象的常用属性

属　　性	说　　明
Brush	获取或设置用于确定此 Pen 对象属性的 Brush 对象
Color	获取或设置此 Pen 对象的颜色
StartCap	获取或设置用于通过此 Pen 对象绘制的直线起点的帽样式
DashStyle	获取或设置用于通过此 Pen 对象绘制的虚线的样式
Width	获取或设置此 Pen 对象的宽度
EndCap	获取或设置用于通过此 Pen 对象绘制的直线终点的帽样式

其中，DashStyle、StartCap、EndCap 属性均是枚举类型。DashStyle 属性取 Drawing2D. DashStyle 枚举值，如表 7-7 所示。StartCap 和 EndCap 属性取 Drawing2D.LineCap 枚举值，如表 7-8 所示。

表 7-7　**Drawing2D.DashStyle 枚举值**

枚举值	说　　明	枚举值	说　　明
Custom	自定义样式	DashDotDot	短画线点点图案构成的直线
Dash	短画线段组成的直线	Dot	点构成的直线
DashDot	短画线点图案构成的直线	Solid	实线

表 7-8　**Drawing2D.LineCap 枚举值**

成　员　名　称	说　　明	成　员　名　称	说　　明
Custom	指定自定义线帽	NoAnchor	指定没有锚
ArrowAnchor	指定箭头状锚头帽	Round	指定圆线帽
Flat	指定平线帽	RoundAnchor	指定圆锚头帽
Square	指定方线帽	SquareAnchor	指定方锚头帽
Triangle	指定三角线帽	DiamondAnchor	指定菱形锚头帽

3. 画笔应用实例

【实例 7-1】　Pen 及其属性的用法。使用笔（Pen）绘制简单的线条。

（1）新建一个 Windows 应用程序，然后切换到代码方式，添加命名空间引用：

```
using System.Drawing.Drawing2D;
```

（2）添加窗体 Paint 事件代码。源代码如表 7-9 所示。

表 7-9　**实例 7-1 源代码**

行号	源　　代　　码
01	private void Form1_Paint(object sender，PaintEventArgs e){
02	Graphics g＝e.Graphics；
03	Pen p＝new Pen(Color.Blue，10.5f)；
04	g.DrawString("蓝色，宽度为 10.5",this.Font，
05	new SolidBrush(Color.Blue)，new PointF(5.0f，10.0f))；
06	g.DrawLine(p，new Point(110,10)，new Point(380,10))；
07	p.Width＝2；
08	p.Color＝Color.Red；
09	g.DrawString("红色，宽度为 2",this.Font，new SolidBrush(Color.Black)，5，25)；
10	g.DrawLine(p，new Point(110,30)，new Point(380,30))；
11	p.StartCap＝LineCap.Flat；
12	p.EndCap＝LineCap.ArrowAnchor；
13	p.Width＝9；
14	g.DrawString("红色箭头线"，this.Font，new SolidBrush(Color.Black)，5，45)；
15	g.DrawLine(p，new Point(110,50)，new Point(380,50))；
16	p.DashStyle＝DashStyle.Custom；
17	p.DashPattern＝new float[] {4，4}；

续表

行号	源　代　码
18	p.Width＝2;
19	p.EndCap＝LineCap.NoAnchor;
20	g.DrawString("自定义虚线",this.Font,new SolidBrush(Color.Black),5,65);
21	g.DrawLine(p,new Point(110,70),new Point(380,70));
22	p.DashStyle＝DashStyle.Dot;
23	g.DrawString("点画线", this.Font, new SolidBrush(Color.Black), 5，85);
24	g.DrawLine(p,new Point(110,90),new Point(380,90));
25	g.Dispose();
26	}

运行程序结果如图 7-1 所示。

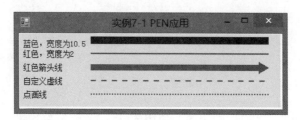

图 7-1　实例 7-1 画笔应用运行程序结果

7.1.5　Brush 类及其派生类

Brush 类决定如何填充图形形状（如矩形、椭圆形、扇形、多边形和封闭路径）内部。这是一个抽象基类，不能进行实例化。若要创建一个画刷对象，可使用从 Brush 派生出的类。这些派生类主要如下。

（1）SolidBrush——单色画刷。

（2）TextureBrush——纹理画刷。

（3）HatchBrush——阴影画刷。

（4）LinearGradientBrush——线性渐变画刷。

（5）PathGradientBrush——路径渐变画刷。

这 5 个画刷中，前 2 个定义在 System.Drawing 命名空间中，后 3 个定义在 System.Drawing.Drawing2D 命名空间中。下面介绍如何使用这 5 个画刷类创建画刷。

1. 使用 SolidBrush 类创建单色画刷

例如：

```
SolidBrush brush=new SolidBrush(Color.Red);            //创建一个红色画刷
SolidBrush brush=new SolidBrush(Color.FromArgb(128,255,0,0));
                                                       //创建半透明红色画刷
```

2. 使用 TextureBrush 类创建纹理画刷

TextureBrush 类允许使用一幅图像作为填充的样式。该类提供了 5 个重载的构造函数。

（1）Public TextureBrush（Image）。

（2）Public TextureBrush(Image,Rectangle)。

（3）Public TextureBrush(Image,WrapMode)。

（4）Public TextureBrush(Image,Rectangle, ImageAttributes)。

（5）Public TextumBrush(Image,WrapMode,Rectangle)。

其中：

Image——Image 对象用于指定画刷的填充图案。

Rectangle——Rectangle 对象用于指定图像上用于画刷的矩形区域,其位置不能超越图像的范围。

ImageAttributes——ImageAttributes 对象用于指定图像的附加特性参数。

WrapMode——WrapMode 枚举成员用于指定如何排布图像,其值如表 7-10 所示。

表 7-10　WrapMode 枚举值

WrapMode 值	说　　明	WrapMode 值	说　　明
Clamp	完全由绘制对象的边框决定	TileFlipY	垂直方向翻转并平铺图像
Tile	平铺	TileFlipXY	水平和垂直方向翻转并平铺图像
TileFlipX	水平方向翻转并平铺图像		

【实例 7-2】　TextureBrush 类应用实例。

（1）新建一个 Windows 应用程序,将名为 P01.jpg 的图像添加到项目中,并设置其"复制到输出目录"属性为"如果较新则复制"。

（2）为窗体的 Paint 事件添加如表 7-11 所示的源代码。

表 7-11　实例 7-2 源代码

行号	源　代　码
01	private void Form1_Paint(object sender, PaintEventArgs e){
02	Graphics g＝e.Graphics；
03	Bitmap bitmap＝new Bitmap(Application.StartupPath＋@"\P01.jpg")；//创建 Bitmap 对象
04	bitmap＝new Bitmap(bitmap, this.ClientRectangle.Size)；　　//将其缩放到当前窗体大小
05	TextureBrush brush＝new TextureBrush(bitmap)；
06	g.FillEllipse(brush, this.ClientRectangle)；
07	g.Dispose()；
08	}

运行程序结果如图 7-2 所示。

图 7-2　实例 7-2 TextureBrush 类应用实例运行程序结果

3. 使用 HatchBrush 类创建简单图案画刷

HatchBrush 类用于从大量预设的图案中选择填充时要使用的图案。

【实例 7-3】　使用 HatchBrush 类。该实例说明如何使用 HatchBrush 类创建一个画刷，填充简单图案。该画刷使用 90％的阴影，前景色与背景色的比例为 90∶100，并使用白色作为前景色，红色作为背景色。

```
private void Form1_Paint(object sender, PaintEventArgs e){
    Graphics g=e.Graphics;
    HatchBrush brush = new HatchBrush (HatchStyle. Percent90, Color. White,
Color.Red);
    g.FillEllipse(brush,new Rectangle(10,10,300,100));
}
```

运行程序结果如图 7-3 所示。

图 7-3　实例 7-3 HatchBrush 画刷实例运行程序结果

4. 使用 LinearGradientBrush 类创建渐变画刷

默认情况下，渐变由起始颜色沿着水平方向平均过渡到终止颜色，可以是双色渐变，也可以是多色渐变。要定义多色渐变，需要使用 InterpolationColors 属性。

【实例 7-4】　使用 LinearGradientBrush 类创建渐变画刷实例。实现由白色渐变到黑色。

```
private void Form1_Paint(object sender, PaintEventArgs e){
    Graphics g=e.Graphics;
```

```
LinearGradientBrush brush=new LinearGradientBrush(this.ClientRectangle,
    Color.White,Color.Black, LinearGradientMode.Vertical);
g.FillRectangle(brush, this.ClientRectangle);
g.Dispose();
}
```

运行程序结果如图 7-4 所示。

图 7-4　实例 7-4 LinearGradientBrush 画刷实例运行程序结果

5. 使用 PathGradientBrush 类实现彩色渐变

在 GDI＋中，把一个或多个图形组成的形体称作路径。可以使用 GraphicsPath 类定义路径，使用 PathGradientBrush 类定义路径内部的渐变色画刷。渐变色从路径内部的中心点逐渐过渡到路径的外边界边缘。

【实例 7-5】　路径和路径画刷的使用。

```
private void Form1_Paint(object sender, PaintEventArgs e){
    Graphics g=e.Graphics;
    Point centerPoint=new Point(160, 80);
    int R=60;
    GraphicsPath path=new GraphicsPath();
    path.AddEllipse(centerPoint.X-R, centerPoint.Y-R, 2 * R, 2 * R);
    PathGradientBrush brush=new PathGradientBrush(path);
    brush.CenterPoint=centerPoint;            //指定路径中心点
    brush.CenterColor=Color.White;            //指定路径中心点的颜色
    //Color 类型的数组指定与路径上每个顶点对应的颜色
    brush.SurroundColors=new Color[] {Color.Black};
    g.FillEllipse(brush, centerPoint.X-R, centerPoint.Y-R, 2 * R, 2 * R);
    g.Dispose();
}
```

运行程序结果如图 7-5 所示。

图 7-5　实例 7-5 PathGradientBrush 画刷实例运行程序结果

7.1.6　坐标系统

1. 全局坐标、页面坐标和设备坐标

在 GDI＋中，GDI＋使用 3 个坐标空间：全局坐标、页面坐标和设备坐标。

1）全局坐标

程序代码使用的坐标。它是一个相对坐标，没有单位。例如，绘制一个长度为 10 的线段，无法知道 10 到底是多长，只有转化为绝对坐标，才能知道是 5 毫米，还是 5 像素。

2）页面坐标

虚拟的绘图平面使用的坐标。它是绝对坐标，可以设置坐标单位，如英寸、像素或毫米，默认使用像素。

3）设备坐标

输出设备实际使用的坐标。例如，显示器的设备坐标单位为像素。

3 种坐标系统默认是重合的。坐标原点的坐标为(0,0)，都位于绘图区域的左上角，坐标轴方向都是水平向右为正，垂直向下为正。当进行了坐标变换之后，3 个坐标系统可能就不重合了。

程序绘图代码在执行时，首先要进行坐标变换，将代码使用的全局坐标映射到虚拟绘图表面上，转换为页面坐标；然后，页面坐标值转换为输出设备的设备坐标值在屏幕或打印机上输出。

2. Graphics 与坐标系统有关的成员

Graphics 与坐标系统有关的成员如表 7-12 所示。

表 7-12　Graphics 与坐标系统有关的成员

属 性 成 员	说　　明
DpiX	获取此 Graphics 对象的水平分辨率
DpiY	获取此 Graphics 对象的垂直分辨率
PageScale	获取或设置此 Graphics 对象的全局单位和页单位之间的比例

续表

属 性 成 员	说　　明
PageUnit	获取或设置用于此 Graphics 对象中的页坐标的度量单位
Transform	获取或设置此 Graphics 对象的全局变换
TranslateTransform	将指定的平移添加到此 Graphics 对象的变换矩阵前
ResetTransform	将此 Graphics 对象的全局变换矩阵重置为单位矩阵
Restore	将此 Graphics 对象的状态还原到 GraphicsState 对象表示的状态
RotateTransform	将指定旋转应用于此 Graphics 对象的变换矩阵
ScaleTransform	将指定的缩放操作应用于此 Graphics 对象的变换矩阵,方法是将其添加到该对象的变换矩阵前

3. 全局变换

全局坐标到页面坐标的坐标变换称作全局变换。Graphics 类提供了 3 种对图像进行全局变换的方法,它们是 TranslateTransform 方法、RotateTransform 方法和 ScaleTransform 方法,分别用于图形图像的平移、旋转和缩放。

(1) TranslateTransform 方法的形式为:

```
public void TranslateTransform (float x,float y)
```

其中,x 表示水平轴上的平移分量,y 表示垂直轴上的平移分量。

(2) RotateTransform 方法的形式为:

```
public void RotateTransform (float angle)
```

其中,angle 表示旋转角度。

(3) ScaleTransform 方法的形式为:

```
public void ScaleTransform (float x,float y)
```

其中,x 表示水平方向的缩放比例,y 表示垂直方向的缩放比例。

【实例 7-6】　平移、旋转和缩放 3 种变换方法示例。

```
private void Form1_Paint(object sender, PaintEventArgs e){
    Graphics g=e.Graphics;
    Pen p=new Pen(Color.Black);
    //画一个矩形:宽 100 像素,高 50 像素
    g.DrawRectangle(p, new Rectangle(10, 10, 110, 60));
    //水平方向向右平移 50 像素,垂直方向向上平移 20 像素
    g.TranslateTransform(50, 20);
    g.DrawRectangle(p, new Rectangle(10, 10, 110, 60));
    g.RotateTransform(30.0f);                    //顺时针旋转 30°
    g.DrawRectangle(p, new Rectangle(10, 10, 110, 60));
```

```
        g.ScaleTransform(0.5f,0.5f);              //缩小到一半
        g.DrawRectangle(p, new Rectangle(10, 10, 110, 60));
        g.Dispose();
}
```

运行程序结果如图 7-6 所示。

上述代码显示了当初次画一条矩形时，代码使用的是全局坐标，此时全局坐标与页面坐标、设备坐标是重合的。经过平移，原点移动到窗体上（60,30）位置，这时全局坐标和页面坐标已经不同，接着进行了旋转，绘制了旋转后的矩形，坐标发生一次变化，最后又进行了比例变换。

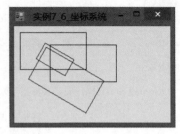

图 7-6　实例 7-6 坐标系统

4. 页面变换

页面坐标的原点总是在虚拟绘图平面的左上角。由于页面坐标的度量单位是像素，所以设备坐标与页面坐标是相同的，但如果将页面坐标改成其他的单位（如英寸），两者就不同了。这时发生的页面坐标到设备坐标的变换称为页面变换。Graphics 类的 PageUnit 和 PageScale 两个属性提供页面变换操作。PageUnit 属性的值为 GraphicsUnit 枚举值，如表 7-13 所示。

表 7-13　GraphicsUnit 枚举值

成员名称	说　　明
Display	将 1/75 英寸指定为度量单位
Document	将文档单位（1/300 英寸）指定为度量单位
Inch	将英寸指定为度量单位
Millimeter	将毫米指定为度量单位
Pixel	将设备像素指定为度量单位
Point	将打印机点（1/72 英寸）指定为度量单位
World	将全局单位指定为度量单位

7.2　绘　制　图　形

使用 Graphics 类绘图方法（具体参见 7.1.3 节）可以绘制各种线条和形状。使用 Pen 对象创建线条、非闭合的曲线和轮廓形状。若要填充矩形或闭合曲线等区域，则需要 Brush 对象。

7.2.1　直线

绘制直线有两种方法：DrawLine 方法和 DrawLines 方法。DrawLine 用于绘制一条

直线,DrawLines 用于绘制多条直线。下面给出 3 种常用的形式。

(1) public void DrawLine(Pen pen,Point ptl,Point pt2)。

其中,Pen 对象确定线条的颜色、宽度和样式;Point 结构确定起点和终点。

(2) public void DrawLine(Pen pen,int xl,int yl,int x2,int y2)。

其中,(x1,yl)为起点坐标,(x2,y2)为终点坐标。

(3) public void DrawLines(Pen pen,Point[] points)。

这种方法用于绘制由一系列点组成的线条。数组中的第一个点指定起始点。后面的每个点都以相邻的前一个点为起始点组成线段。

【实例 7-7】 使用 DrawLine 和 DrawLines 绘制直线示例。

```
private void Form1_Paint(object sender, PaintEventArgs e){
    Graphics g=e.Graphics;
    Pen p=new Pen(Color.Black,2.5f);
    g.DrawLine(p, new Point(50, 10), new Point(250, 10));
    Point[] points={ new Point(50,20),new Point(250,20),
                     new Point(250,70), new Point(50,20) };
        g.DrawLines(p, points);
        g.Dispose();
}
```

运行程序结果如图 7-7 所示。

7.2.2 矩形

由于矩形具有轮廓和封闭区域,所以.NET 提供了两类绘制矩形的方法:一类使用 DrawRectangle 方法绘制矩形的轮廓,另一类使用 FillRectangle 方法填充矩形的封闭区域。下面给出两种常见的绘制、填充矩形轮廓的形式。

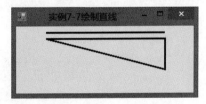

图 7-7 实例 7-7 绘制直线

(1) public void DrawRectangle(Pen pen, Rectangle rect)。

(2) public void FillRectangle (Brush brush, Rectangle rect)。

【实例 7-8】 使用 DrawRectangle、FillRectangle 方法绘制、填充矩形轮廓实例。

```
private void Form1_Paint(object sender, PaintEventArgs e){
    Graphics g=e.Graphics;
    Pen p=new Pen(Color.Black,2.0f);
    Rectangle rct1=new Rectangle(new Point(10, 10), new Size(80, 40));
    g.DrawRectangle(p, rct1);                //绘制矩形轮廓
    Rectangle rct2=new Rectangle(new Point(100, 80), new Size(200, 50));
                                             //填充矩形区
    SolidBrush brush=new SolidBrush(Color.Blue);
    g.FillRectangle(brush, rct2);
    g.Dispose();
}
```

运行程序结果如图 7-8 所示。

7.2.3　曲线

自定义曲线有两种形式：非封闭曲线和封闭的曲线。在 Graphics 类中，绘制自定义曲线的方法有 DrawCurve 方法、DrawClosedCurve 方法以及应用广泛的绘制贝塞尔曲线的 DrawBezier 方法和 DrawBeziers 方法。

1. DrawCurve 方法

这个方法用光滑的曲线把给定的点连接起来，常用形式如下。

（1）public void DrawCurve(Pen pen; Point[] points)。

其中，Point 结构类型的数组中指明各节点，默认弯曲强度为 0.5。注意，数组中至少要有 4 个元素。

（2）public void DrawCurve(Pen pen，Point[] points，float tension)。

其中，tension 指定弯曲强度，默认值为 0.5，该值范围为 0～1.0，超出此范围将会产生异常。当弯曲强度为零时，就是直线。

【实例 7-9】　使用 DrawCurve 方法绘制平滑曲线。

```
private void Form1_Paint(object sender, PaintEventArgs e){
    Graphics g=e.Graphics;
    //绘制平滑曲线
    Pen p=new Pen(Color.Black,2.0f);
    Point[] points={ new Point(50,100), new Point(100, 20),
                new Point(200, 100), new Point(250, 20), new Point(300, 75) };
    g.DrawCurve(p, points, 0.8f);
    g.Dispose();
}
```

运行程序结果如图 7-9 所示。

图 7-8　实例 7-8 绘制、填充矩形区域

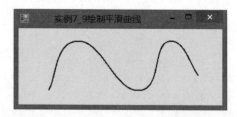

图 7-9　实例 7-9 使用 DrawCurve 方法绘制曲线

2. DrawClosedCurve 方法

DrawClosedCurve 方法也是用平滑的曲线将各节点连接起来，但会自动把首尾节点连接起来构成封闭曲线。

3. 贝塞尔曲线

使用 Graphics 的 DrawBezier 方法可以绘制贝塞尔样条曲线。每段贝塞尔曲线都需要 4 个点：第 1 个点是起始点，第 4 个点是终止点，第 2 个点和第 3 个点控制曲线的形状。DrawBezier 方法用来绘制一段贝塞尔曲线，DrawBeziers 方法用来绘制多段贝塞尔曲线。常见形式如下。

（1）public void DrawBezier(Pen pen，Point ptl，Point pt2，Point pt3，Point pt4)。

（2）public void DrawBezier(Pen pen，Point[] points)。

其中，points 是 Point 结构的数组，第一段贝塞尔曲线由点数组中的第 1～4 个点绘制而成。以后每段曲线只需要 3 个点：2 个控制点和 1 个结束点。前一段曲线的结束点会自动被用作后一段曲线的起始点。

【实例 7-10】 绘制贝塞尔曲线。

```
private void Form1 _ Paint (object  sender,
PaintEventArgs e){
    Graphics g=e.Graphics;
    Pen p=new Pen(Color.Black,2.0f);
    Point p1=new Point(50, 100);
    Point p2=new Point(100, 20);
    Point p3=new Point(200, 200);
    Point p4=new Point(250, 80);
    g.DrawBezier(p,p1,p2,p3,p4);
    g.Dispose();
}
```

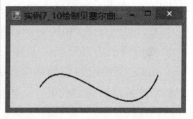

运行结果如图 7-10 所示。

图 7-10 实例 7-10 绘制贝塞尔曲线

7.2.4 多边形

使用 DrawPolygon 方法绘制多边形轮廓，使用 FillPolygon 方法填充多边形的封闭区域。

【实例 7-11】 绘制、充填多边形实例。

```
private void Form1_Paint(object sender, PaintEventArgs e){
    Graphics g=e.Graphics;
    //绘制多边形轮廓
    Pen p=new Pen(Color.Black,2.0f);
    g.DrawPolygon(p, new Point[]{
        new Point(20,20),
        new Point(120,20),
        new Point(70,70),
        new Point(20,20) });
    //填充多边形区域
    SolidBrush brush=new SolidBrush(Color.Blue);
```

```
        Point[] points={ new Point(150,70), new Point(250,70),
                         new Point(200,20), new Point(150,70) };
        g.FillPolygon(brush, points);
        g.Dispose();
    }
```

运行结果如图 7-11 所示。

7.2.5　椭圆

椭圆是一种特殊的封闭曲线，Graphics 类专门提供了绘制椭圆的两种方法：使用 DrawEllipse 方法绘制椭圆；使用 FillRectangle 方法填充椭圆区域。常见形式如下。

（1）public void DrawEllipse(Pen pen; Rectangle rect)。

其中，rect 为 Rectangle 结构，用于确定椭圆的边界。

（2）public void DrawEllipse(Pen pen, int x, int y, int width, int height)。

其中，x, y 为椭圆左上角的坐标，width 定义椭圆边框的宽度，height 定义椭圆边框的高度。

（3）public void FillRectangle(Pen pen, Rectangle rect)。

填充椭圆的内部区域。其中，rect 为 Rectangle 结构，用于确定椭圆的边界。

（4）public void FillRectangle(Pen pen, int x, int y, int width, int height)。

填充椭圆的内部区域。其中，x, y 为椭圆左上角的坐标，width 定义椭圆边框的宽度，height 定义椭圆边框的高度。如果 width 和 height 相等，则绘制的是圆。

【实例 7-12】　绘制椭圆实例。

```
private void Form1_Paint(object sender, PaintEventArgs e) {
    Graphics g=e.Graphics;
    Pen p=new Pen(Color.Black,2.0f);
    g.DrawEllipse(p, new Rectangle(30, 30, 100, 60));          //绘制椭圆
    SolidBrush brush=new SolidBrush(Color.Blue);
    g.FillEllipse(brush, new Rectangle(180, 60, 100, 60));     //填充椭圆
    g.Dispose();
}
```

运行结果如图 7-12 所示。

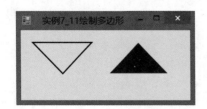

图 7-11　实例 7-11 绘制、填充多边形

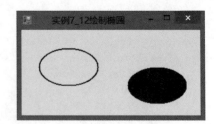

图 7-12　实例 7-12 绘制椭圆

7.2.6

7.2.6 绘制文字

.NET 中，绘制文字是通过 Graphics 类的 DrawString 方法进行的。在调用 DrawString 方法时需要指定显示的字符串、使用的字体、使用的画刷（它指示将使用什么图案填充文本）以及显示的位置。字体可以是系统上安装的任何已命名的字体。

【实例 7-13】 绘制文字，该文字由图片充填。该实例需要先由解决方案资源管理器添加一幅图片（p01.jpg），并将图片的"复制到输出目录"属性设置为"如果较新则复制"。

```
private void Form1_Paint(object sender, PaintEventArgs e){
    Graphics g=e.Graphics;
    Image image=Image.FromFile(Application.StartupPath+@"\p01.jpg");
    TextureBrush brush=new TextureBrush(image);
    Font font=new Font("黑体", 60, FontStyle.Underline^FontStyle.Bold);
    g.DrawString("烟台大学", font, brush, new Point(10, 10));
    g.Dispose();
}
```

运行结果如图 7-13 所示。

图 7-13 实例 7-13 绘制文字

7.3 图像显示与保存

在.NET 中，显示图像的方式常用的有两种：一种是利用 PictureBox 控件显示图像文件，这种方法在第 6 章已经介绍过；另外一种是利用 System.Drawing 名称空间下 Bitmap 类的对象显示图像文件，也可以利用 Bitmap 对象把绘制的图形保存到文件中。

本节主要介绍如何利用 Bitmap 对象显示图像，以及怎样把绘制到窗体上的图形图像保存到文件中。

7.3.1 显示图像与保存图像

7.3.1

1. 显示图像

可以使用 GDI＋显示多种格式的图像，例如 BMP、JPEG、GIF、TIFF、PNG 等。实现步骤为：首先创建一个 Bitmap 对象，指明要显示的图像文件；然后创建一个 Graphics 对象，表示要使用的绘图平面；最后调用 Graphics 对象的 DrawImage 方法显示图像。

1）创建 Bitmap 对象

Bitmap 类有很多重载的构造函数，可以利用该构造函数创建 Bitmap 对象，例如：

```
Bitmap bitmap=new Bitmap(string flename);
```

2）DrawImage 方法

Graphics 类的 DrawImage 方法用于在指定位置显示原始图像或者缩放后的图像。该方法的重载形式非常多，其中之一为：

```
public void DrawImage(Image image, int x, int y, int width, int height)
```

该方法在 (x, y) 位置点按指定的大小显示图像。利用这个方法可以直接显示缩放后的图像。

2. 保存图像

使用画图功能在窗体上绘制出图形或者图像后，可以以多种格式保存到文件中。保存图像可以使用 Bitmap 的 Save 方法。一般格式为：

```
Bitmap.Save(文件名, System.Drawing.Imaging.ImageFormat.图像格式);
```

其中，图像格式可以是 jpeg、gif、png、tiff、emf、bmp 等。

【实例 7-14】 显示图像和保存图像。设计 WinFrom 应用程序，该实例演示了将图片文件 p01.jpg 以指定大小显示在窗体上的 PictureBox1 控件上，并将显示在 PictureBox1 上的图像以另一个文件名保存。

```
Graphics g;
Bitmap bitmap;
private void button1_Click(object sender, EventArgs e)      //"显示图像"按钮
{
    g=pictureBox1.CreateGraphics();
    bitmap=new Bitmap(Application.StartupPath+@"\p01.jpg");
    g.DrawImage(bitmap, 0, 0);     //从 PictureBox1 控件的左上角开始绘制
    bitmap.Dispose();
    g.Dispose();
}
private void button2_Click(object sender, EventArgs e)      //"保存图像"按钮
{
    bitmap=new Bitmap(Application.StartupPath+   @"\p01.jpg ");
    //以图片框的高度和宽度保存图像
    Bitmap image=new Bitmap(pictureBox1.Width ,pictureBox1.Height);
    g=Graphics.FromImage(image);
    g.DrawImage(bitmap, 0,0);
    image.Save(@"D:\p01.gif", System.Drawing.Imaging.ImageFormat.Gif);
    bitmap.Dispose();
    image.Dispose();
```

```
    g.Dispose();
}
```

运行结果如图 7-14 所示。

图 7-14 实例 7-14 显示图像

7.3.2 刷新图像

前面介绍的用 Graphics 对象绘制图形的例子,都是把窗体或控件本身作为 Graphics 对象来画图的,画出来的图像是暂时的,如果当前窗体被切换或被其他窗口覆盖,这些图像就会消失。为了使图像永久地显示,一种解决办法是把绘图工作放到 Paint 事件代码中,这样即可自动刷新图像。然而,这种方法只适合于显示的图像固定不变的情况,而在实际应用中,往往要求在不同的情况下画出的图是不同的,这时用 Paint 事件就不方便了。

要使画出的图像能自动刷新,另一种解决办法是直接在窗体或控件的 Bitmap 对象上绘制图形,而不是在 Graphics 对象上画图。Bitmap 对象非常类似于 Image 对象,它包含的是组成图像的像素,可以建立一个 Bitmap 对象,并在其上绘制图像后,再将其赋给窗体或控件的 Bitmap 对象,这样绘制出的图就能自动刷新,不需要程序来重绘图像。下面通过一个实例介绍刷新图像的应用。

【实例 7-15】 刷新图像。设计 WinFrom 应用程序,该实例演示了在 PictureBox1 控件上绘制直线和圆,画出的图像自动刷新。

```
Bitmap bitmap;
Graphics g;
private void button1_Click(object sender, EventArgs e)
{
    //设置图像的尺寸,创建空的位图
    bitmap=new Bitmap(pictureBox1.Width, pictureBox1.Height);
    //将 bitmap 对象赋给 pictureBox1
    pictureBox1.BackgroundImage=bitmap;
    //从 bitmap 对象创建一个 Graphics 对象
    g=Graphics.FromImage(bitmap);
    //设置位图的背景色,并清除原来的图像
    g.Clear(pictureBox1.BackColor);
    Pen  pen=new Pen (Color.Red ,3.0f);
```

```
        Point p1=new Point(10, 10);
        Point p2=new Point(150, 100);
        g.DrawLine(pen, p1, p2);
        g.Dispose();
    }
    private void button2_Click(object sender, EventArgs e)
    {
        bitmap=new Bitmap(pictureBox1.Width, pictureBox1.Height);
        pictureBox1.BackgroundImage=bitmap;
        g=Graphics.FromImage(bitmap);
        g.Clear(pictureBox1.BackColor);
        Pen pen=new Pen(Color.Red, 3.0f);
        Rectangle rec=new Rectangle(0, 0, 100, 100);
        g.DrawEllipse(pen, rec);
        g.Dispose();
    }
```

实例 7-15 刷新图像如图 7-15 所示。

图 7-15   实例 7-15 刷新图像

本 章 小 结

图形图像是 C#的一个重要应用领域。.NET 框架通过封装 GDI＋(Graphics Device Interface Plus)实现了图形图像的处理功能。Graphics 类是 GDI＋接口中的一个核心类。图形图像操作包括两个步骤：创建 Graphics 对象；使用 Graphics 对象绘制线条和形状、呈现文本或显示与操作图像。

笔(Pen)和画刷(Brush)是配合 Graphics 类完成绘图工作的两个重要的基础类。笔用于绘制线条、非闭合的曲线和空心形状,画刷用于填充形状或绘制文本。Brush 类是抽象类,不能实例化。若要创建一个画刷对象,可使用从 Brush 派生出的类。这些派生类主要有 SolidBrush、TextureBrush、HatchBrush、LinearGradientBrush、PathGradientBrush 等。在绘图操作中,还常常用到点(Point)、矩形(Rectangle)、大小(Size)、颜色(Color)这些简单的数据结构。

通过 Graphics 类的 DrawString 方法可以很容易地实现绘制文字。利用 Bitmap 类和 Graphics 类不但能够显示图像文件,而且也能够把绘制的图形保存到磁盘文件中。

习　　题

1. 简答题

（1）笔和画刷的功能有什么区别？

（2）创建 Graphics 对象有几种方法？

（3）编写一个 Windows 应用程序，分别利用 Bitmap 类和 PicmretBox 控件实现显示、保存图像的功能。

（4）编写一个能够显示正弦曲线的 Windows 应用程序。

（5）编写一个 Windows 应用程序，由给定数据 25,15,10,30,20 绘制统计图和饼图。

2. 编程题

（1）下面代码功能是在窗体的重绘事件中，绘制如图 7-16 所示的饼状图。依据表 7-14 代码和上下文提示，在【　】处补齐代码。

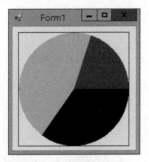

图 7-16　绘制饼图

表 7-14　绘制饼图代码

行号	代　　码
01	using System.Drawing；
02	using System.Windows.Forms；
03	namespace WindowsFormsApp4{
04	public partial class Form1：Form {
05	public Form1(){
06	InitializeComponent()；
07	}
08	private void Form1_Paint(object sender，PaintEventArgs e){
09	Rectangle rct = new Rectangle(new Point(10，10)，new Size(200，200))；
10	Graphics g =【　　　　】；
11	float startAngle = 0；
12	float sweepAngle = (float)0.35 * 360；
13	g.FillPie(new SolidBrush(Color.Blue)，rct，startAngle，sweepAngle)；
14	startAngle +=【　　　　　】；
15	sweepAngle = (float)0.45 * 360；

续表

行号	代　　码
16	g.FillPie(new SolidBrush(Color.Red),【　　　　　　　　　　　　　　】);
17	startAngle += sweepAngle;
18	sweepAngle = (float)0.20 * 360;
19	g.FillPie(new SolidBrush(Color.Green)，rct，startAngle，sweepAngle);
20	g.DrawRectangle(Pens.Black,【　　】);
21	g. Dispose();
22	}
23	}
24	}

第8章

流 和 文 件

课程练习

很多应用程序都会涉及文件的读写等操作,文件通常存储于磁盘之类的外部设备中,对文件的操作也常涉及文件夹的操作。

本章主要内容如下。

(1) 文件和流的概念。

(2) 文件与目录操作。

(3) 文件流。

(4) 文本文件与二进制文件的读写。

8.1 基 本 概 念

8.1.1 文件

所谓文件(File),就是一个完整的数据集合,文件由记录构成,记录可以是任何类型的数据。文件与前面介绍的变量和数组不同,变量和数组只能用于临时存储数据,一旦对象被垃圾回收或者程序结束,数据就丢失了;而文件则可以用于长期存储大量的数据,只要数据写入文件中,即使对象被垃圾回收或者程序结束,仍然能从文件中访问到这些数据。计算机可以把文件存放在外存中,如磁盘、磁带、软盘、光盘等。文件存放在硬盘上,就需要有一个存放路径。对于路径,一般采用目录操作的方式。

8.1.2 流

在.NET 中,对文件的输入输出操作则是由流(Stream)来处理的。所谓"流",是字节序列的抽象概念,例如文件、输入输出设备、内部进程通信或者 TCP/IP 套接字等对数据的输入和输出均可看成流。数据从外部传输到程序中,称之为读取流;数据从程序传输到外部,称之为写入流。

流和文件既有区别又有联系。文件是由一些具有永久存储性质及特定顺序的字节组成的一个有序的、具有名称的集合。因此,对于文件,人们常会想到目录路径、磁盘存储、文件和目录名等方面。相反,流提供一种向后备存储器写入字节和从后备存储器读取字节的方式，后备存储器可以为多种存储媒介之一。正如除磁盘外还存在多种后备存储器一样，除文件流之外也存在多种流。例如，还存在网络流、内存流和磁带流等。

Stream 类是抽象类，它有一些重要的子类，分别针对不同的存取对象：FileStream 类表示文件流，MemoryStream 类表示内存流，NetWorkStream 类表示网络流，BufferedStream 类表示缓冲处理流等。

8.1.3　常用文件操作类

在 C# 中，文件的相关操作都需引用 using System.IO 命名空间。System.IO 命名空间中包含许多文件操作相关的类，大致将一些主要的类分为 3 种：文件操作类、目录操作类和文件操作异常类。

1. 文件和目录操作类

System.IO 命名空间中的主要文件和目录操作类如表 8-1 所示。

表 8-1　System.IO 命名空间中的主要文件和目录操作类

类　名	说　明
Directory	提供通过目录和子目录进行创建、移动和枚举的静态方法。该类为密封类
DirectoryInfo	提供通过目录和子目录进行创建、移动和枚举的实例方法。该类为密封类
File	提供用于创建、复制、删除、移动和打开文件的静态方法，并协助创建 FileStream 对象。该类为密封类
FileInfo	提供用于创建、复制、删除、移动和打开文件的实例方法，并协助创建 FileStream 对象。该类为密封类
FileSystemInfo	是 FileInfo 和 DirectoryInfo 的抽象基类
Path	提供以跨平台的方式处理目录字符串的方法和属性。该类为密封类
BinaryReader	用特定的编码将基元数据类型读作二进制值
BinaryWriter	以二进制形式将基元类型写入流，并支持用特定的编码写入字符串
BufferedStream	给另一流上的读写操作添加一个缓冲层。无法继承此类
FileStream	支持通过其 Seek 方法随机访问文件。默认情况下，FileStream 以同步方式打开文件，但它也支持异步操作
MemoryStream	创建其支持存储区为内存的流
Stream	提供字节序列的一般视图
StreamReader	通过使用 Encoding 进行字符和字节的转换，从 Stream 中读取字符。StreamReader 具有一个构造函数，该构造函数根据是否存在专用于 Encoding 的 preamble（例如一字节顺序标记）来尝试确定给定 Stream 的正确 Encoding 是什么
StreamWriter	通过使用 Encoding 将字符转换为字节，向 Stream 写入字符
StringReader	从 String 中读取字符。StringReader 允许用相同的 API 来处理 String，因此输出可以是 String 或以任何编码表示的 Stream

续表

类　名	说　明
StringWriter	向 String 写入字符。StringWriter 允许用相同的 API 来处理 String,这样输出可以是 String 或以任何编码表示的 Stream
TextReader	是 StreamReader 和 StringReader 的抽象基类。抽象 Stream 类的实现用于字节输入和输出,而 TextReader 的实现用于 Unicode 字符输出
TextWriter	是 StreamWriter 和 StringWriter 的抽象基类。抽象 Stream 类的实现用于字节输入和输出,而 TextWriter 的实现用于 Unicode 字符输出

2. 文件操作异常类

.NET 中,还提供了一些文件操作时的异常类,表 8-2 中列出了主要的文件操作异常类。

表 8-2　System.IO 命名空间中的主要文件操作异常类

类　名	说　明
DirectoryNotFoundException	当找不到文件或目录的一部分时所引发的异常
EndOfStreamException	读操作试图超出流的末尾时引发的异常
FileLoadException	当找到托管程序集却不能加载它时引发的异常
FileNotFoundException	试图访问磁盘上不存在的文件失败时引发的异常
InternalBufferOverflowException	内部缓冲区溢出时引发的异常
IOException	发生 I/O 错误时引发的异常
PathTooLongException	当路径名或文件名超过系统定义的最大长度时引发的异常

8.2　文件与目录操作

8.2

在 C#中,文件操作主要使用 System.IO 名称空间下的 File 类和 FileInfo 类。目录操作主要使用 System.IO 名称空间下的 Directory 类和 DirectoryInfo 类。这 4 个类都是密封类,无法从中派生出其他类。其中,Directory 和 File 类还属于静态类,因而无法创建它们的实例,只能通过类的原型调用其公有的静态成员。

8.2.1　目录操作

目录操作主要是指目录的创建、复制、移动、删除和重命名等。对目录的操作的 Directory 是个抽象类,不能直接建立实例,其方法都是静态的,而 DirectoryInfo 类则提供实例方法。

1. Directory 类

使用 Directory 类提供的目录操作功能，不仅可以创建、移动和删除目录，还可以获取和设置目录的有关信息。表 8-3 对 Directory 类的常用公有静态方法进行了说明。

表 8-3　Directory 类的公有静态方法

方　　法	说　　明
CreateDirectory(string)	指定路径名创建目录，并返回目录信息
Delete(string)	删除指定的目录，只能删除最后一级空目录
Exists(string)	指定路径名，判断目录是否存在
GetCurrentDirectory()	获取当前所在的工作目录
SetCurrentDirectory()	设置当前所在的工作目录
GetDirectories(string)	获取指定目录下的子目录列表
GetDirectoryRoot(string)	获取指定目录所在的根目录信息
GetFiles(string)	获取指定目录下的文件列表
GetFileSystemEntries(String)	获取指定目录下的所有子目录及文件列表
GetCreationTime(string)	获取指定目录被创建的时间
SetCreationTime(string, DateTime)	设置指定目录被创建的时间
GetLastAccessTime(string)	获取指定目录最近一次被访问的时间
SetLastAccessTime(string,DateTime)	设置指定目录最近一次被访问的时间
GetLastWriteTime(string)	获取指定目录最近一次被修改的时间
SetLastWriteTime(string,DateTime)	设置指定目录最近一次被修改的时间
GetParent(string)	获取指定目录的父目录信息
Move(string, string)	给定源路径名和目标路径名，移动目录

下列代码示意了如何使用 Directory 类创建、移动、删除目录等操作。

1）创建目录

```
Directory.CreateDirectory("MyFolder1");          //在当前目录下创建一个子目录
Directory.CreateDirectory("C:\\MyFolder2");      //在 C 盘下创建一个子目录
```

大家请注意，在目录和文件操作中，可以使用全路径名，也可以使用部分路径名。如果使用的是部分路径名，则默认操作都在当前目录下进行。如果没有指定当前目录，则默认当前目录为应用程序可执行文件所在的目录。

2）移动目录

```
//将 E 盘根目录下的 MyFolder 移动到指定目录下
Directory.Move(@"E:\MyFolder", @"E:\Downloads\MyFolder");
```

注意：目录移动仅局限于本卷内。例如，如果将上面语句改写为：

```
Directory.Move(@ "E:\MyFolder", @ "C:\MyFolder");
```

程序执行时,将抛出异常,显示"源路径和目标路径必须具有相同的根。移动操作在卷之间无效。"的错误信息。

3）删除目录

```
if(Directory.Exists(@ "e:\MyFolder"))
{
    Directory.Delete(@ "e:\MyFolder");
}
```

上面语句首先判断指定目录是否存在,如果存在就删除该目录。删除的目录必须是最后一级空目录。

4）获取目录信息

```
DirectoryInfo myInfo=Directory.GetParent("e:\\download\\MyFolder");
string strParentInfo=myInfo.FullName;
```

上面语句通过 Directory 类的 GetParent()方法获取了指定目录的父目录信息,该返回结果为 DirectoryInfo 类型。在第二条语句中则使用了 DirectoryInfo 对象的 FullName 属性,返回父目录信息。

2. DirectoryInfo 类

DirectoryInfo 类与 Directory 类具有基本类似的方法,利用这些方法可以对目录进行管理。此外,该类提供了一组属性,使用这些属性可以方便地获得目录的有关信息。表 8-4 列出了 DirectoryInfo 类的常用属性。表 8-5 则列出了 DirectoryInfo 类的常用实例方法。

表 8-4　DirectoryInfo 类的常用属性

属　　性	说　　明
CreationTime	获取或设置当前 FileSystemInfo 对象的创建时间
Exists	判断指定目录是否存在
Extension	获取表示文件扩展名部分的字符串
FullName	获取当前目录的完整路径名称
Root	获取路径的根部分
Name	获取当前目录的目录名,不包括目录的完整路径
LastWriteTime	获取的最后一次编辑目录的时间
LastAccessTime	获取的最后一次访问目录的时间
Parent	获取指定子目录的父目录

表 8-5　DirectoryInfo 类的常用实例方法

方　法	说　　明	方　法	说　　明
Create	创建目录	MoveTo	移动指定的目录
Delete	删除指定的目录	GetFiles	获取当前目录下的所有文件
GetDirectories	获取当前目录下的所有子目录		

下列代码示意了 DirectoryInfo 类部分方法、属性的使用。

1）创建目录

```
//下面语句在 C 盘根目录下创建了一个 myFolder 子目录
DirectoryInfo myInfo=new DirectoryInfo("C:\\myFolder");
myInfo.Create();
```

2）获取目录的完整路径及名称

```
//下面语句获取前面创建的 myFolder 子目录的完整路径名称
string strmyFolderFullName=myInfo.FullName;
```

3）删除目录

下面语句首先判断目录是否存在。如果存在，则删除。

```
if(myInfo.Exists)
{
    myInfo.Delete();
}
```

通过上面示例代码，对比前面的 Directory 类，大家可以看出，由于 Directory 方法都是静态的，因此如果只想执行一个文件操作，可以考虑使用 Directory 类的静态方法；如果多次使用某个对象，则可以考虑使用 DirectoryInfo 实例方法和属性。

3. Path 类

Path 类用来处理路径字符串，其方法全部为静态方法。常用方法如表 8-6 所示。

表 8-6　Path 类常用方法

方　　法	说　　明
ChangeExtension	更改路径字符串的扩展名
GetFullPath	返回指定路径字符串的绝对路径
GetDirectoryName	返回指定路径字符串的目录信息
GetExtension	返回指定路径字符串的扩展名
GetFileNameWithoutExtension	返回不带扩展名的指定路径字符串的文件名
Combine	合并两个路径的字符串
GetTempPath	返回当前系统临时文件夹的路径
HasExtension	确定路径是否包括文件扩展名
GetFileName	返回指定路径字符串的文件名和扩展名

下列代码示意了 Path 类部分方法的使用。

（1）返回指定路径字符串的目录信息：

```
string dir=Path.GetDirectoryName ("C:\\myFolder\\test.txt ");
```

（2）返回指定路径字符串的扩展名：

```
string ext=Path.GetExtension("C:\\myFolder\\test.txt");
```

（3）返回指定路径字符串的文件名和扩展名：

```
string name=Path.GetFileName("C:\\myFolder\\test.txt ");
```

（4）返回指定路径字符串的绝对路径：

```
string fullpath=Path.GetFullPath("test.txt");
```

（5）确定路径是否包括文件扩展名：

```
bool hasExt=Path.HasExtension("C:\\myFolder\\test.txt");
```

8.2.2　文件操作

文件操作主要是指文件的创建、复制、移动和删除等。文件操作主要使用 File 和 FileInfo 两个类。

1. File 类

File 类是一个抽象类，其所有的方法都是静态的。使用 File 类提供的文件操作功能，不仅可以创建、复制、移动和删除文件，还可以打开文件，以及获取和设置文件的有关信息。表 8-7 列出了 File 类的一些常用静态方法。

表 8-7　**File 类的一些常用静态方法**

方　法　名	说　　　明
Create(string)	按指定文件名创建文件，并返回一个流对象
CreateText(string)	指定文件名，以文本方式创建文件，并返回一个流对象
Copy(string，string)	给定源路径名和目标路径名，复制文件
Move(string，string)	给定源路径名和目标路径名，移动文件
Replace(string，string；string)	给定源路径名和目标路径名，替换文件
Delete(string)	删除指定的文件
Exists(string)	指定路径名，判断文件是否存在
Open(string)	指定文件名打开文件，并返回一个流对象
OpenRead(string)	指定文件名，打开文件用于读操作，并返回一个流对象
OpenWrite(string)	指定文件名，打开文件用于写操作，并返回一个流对象

方 法 名	说 明
OpenText(string)	指定文件名，以文本方式打开文件，并返回一个流对象
AppendAllText(string，string)	指定文件名，打开文件并向其追加内容
AppendText(string)	以文本方式打开文件用于追加内容，并返回一个流对象
ReadAll(string)	指定文件名，打开文件并读取全部内容
WriteAll(string，string)	指定文件名，打开文件并写入新内容
ReadAllBytes (string)	指定文件名打开文件，将全部内容读取到一个字节数组中
WriteAllBytes (string，byte[])	指定文件名打开文件，将一字节数组作为新内容写入
ReadAllLines (string)	指定文件名打开文件，将全部内容读取到一个字符串数组当中
WriteAllLines(string，string[])	指定文件名打开文件，将一个字符串数组作为新内容写入
GetAttributes(string)	获取指定文件的属性信息
SetAttributes(string，FileAttributes)	设置指定文件的属性信息
GetCreationTime(string)	获取指定文件被创建的时间
SetCreationTime(string，DateTime)	设置指定文件被创建的时间
GetLastAccessTime(string)	获取指定文件最近一次被访问的时间
SetLastAccessTime(string，DateTime)	设置指定文件最近一次被访问的时间
GetLastWriteTime(striug)	获取指定文件最近一次被修改的时间
SetLastWriteTime(string，DateTime)	设置指定文件最近一次被修改的时间
GetLogicalDrives()	获取当前计算机上的逻辑驱动器列表
GetParent(string)	获取指定目录的父目录信息
Encrypt(string)	给指定的文件加密
Decrypt(string)	给指定的文件解密

下列代码示意了 File 类部分方法的使用。

（1）文件创建：

```
//使用 CreateText()方法在 C 盘根目录下创建一个文本文件,用于读写 UTF-8 编码文本
StreamWriter sw=File.CreateText("c:\\myFile.txt");
```

（2）打开文件：

```
//打开 C 盘根目录下一个文本文件
StreamReader sr=File.OpenText("c:\\myFile.txt");
```

（3）确定指定文件是否存在：

```
bool isFileExist=File.Exists("c:\\temp.txt");
```

（4）复制文件：

```
//参数 1 指定源文件,参数 2 指定目标文件,参数 3 确定是否覆盖目标文件
File.Copy("c:\\temp.txt","d:\\temp.txt",true);
```

（5）移动文件：

```
File.Move("c:\\temp.txt", "d:\\temp.txt");
```

（6）删除文件：

```
if(File.Exists("c:\\temp.exe"))
{
    File.Delete("c:\\temp.exe");
}
```

2. FileInfo 类

FileInfo 类的功能与前面介绍的 File 类有很多重叠的地方。FileInfo 类提供的方法都是实例方法，需要创建一个 FileInfo 对象，才能调用这些方法。FileInfo 类的方法类似于 File 类，在此不再赘述。下面仅给出 FileInfo 类的常用属性，如表 8-8 所示。

表 8-8 FileInfo 类的常用属性

属 性	说 明
CreationTime	获取或设置当前 FileSystemInfo 对象的创建时间
Directory	获取父目录的实例
DirectoryName	获取表示目录的完整路径的字符串
Exists	已重写。如果文件存在，该属性的值为 true，否则为 false
Extension	获取表示文件扩展名部分的字符串
FullName	获取目录或文件的完整目录
LastAccessTime	获取或设置上次访问当前文件或目录的时间
LastWriteTime	获取或设置上次写入当前文件或目录的时间
Length	获取当前文件的大小
Name	获取文件名

下列代码示意了如何使用 FileInfo 类创建、修改、复制、删除文件等操作。

（1）创建文件：

```
FileInfo f=new FileInfo("c:\\myFile.txt");
if(!f.Exists)
{
    f.CreateText();
}
```

（2）向指定文件添加内容：

```
FileInfo f=new FileInfo("c:\\myFile.txt");
StreamWriter sw=f.AppendText();
```

```
sw.Write("增加一行数据");
sw.Dispose();
```

（3）复制文件：

```
FileInfo f=new FileInfo("c:\\myFile.txt");
if (f.Exists)
{
    f.CopyTo("d:\\myFile.txt", true);
}
```

（4）删除文件：

```
FileInfo f=new FileInfo("c:\\myFile.txt");
if(f.Exists)
{
    f.Delete();
}
```

（5）获取文件名、大小、扩展名：

```
FileInfo f=new FileInfo("c:\\temp.txt");
string name=f.name;           //获取路径中的文件名
long len=f.Length;            //获取文件大小
String ext=f.Extension;       //获取文件的扩展名
```

8.3

8.3 文件的读写

文件按信息在外部存储器上的编码方式可以分为文本文件和二进制文件。在.NET中，对文件的读写操作都要用到流（Stream），Stream 是.NET 操作文件的基本类。流分为输入流和输出流。输入流用于读取数据，输出流则用于向外部目标写数据。本章所讨论的输入流、输出流形式主要限于磁盘文件。

表 8-9 列出了.NET Framework 提供的 5 种常见的流操作类。

表 8-9　5 种常见的流操作类

类	说　明
BinaryReader	用特定的编码将基元数据类型读作二进制值
BinaryWriter	以二进制形式将基元类型写入流，并支持用特定的编码写入字符串
FileStream	以字节方式对流进行读写，既支持同步读写操作，也支持异步读写操作
StreamReader	抽象类 TextReader 有两个派生类 StreamReader 和 StringReader。StreamReader 以一种特定的编码从字节流中读取字符
StreamWriter	抽象类 TextWriter 也有两个派生类 StreamWriter 和 StringWriter。StreamWriter 以一种特定的编码向流中写入字符

8.3.1 FileStream

FileStream 类表示文件流,用于在程序与文件之间传送字节或数据,可以对文件系统上的文件进行读取、写入、打开和关闭操作,并对其他与文件相关的操作系统句柄进行操作,如管道、标准输入和标准输出。既支持同步读写操作,也支持异步读写。

FileStream 类的特点是操作字节和字节数组,这种方式比较适合对随机文件操作。FileStream 类提供了对文件的低级而复杂的操作,但却可以实现更多高级的功能。

1. FileStream 对象建立

创建一个 FileStream 对象通常有两种方法:使用构造函数、利用 File 和 FileInfo 类的方法。

(1) 由构造函数创建 FileStream 对象。

FileStream 类的构造函数有 15 种,表 8-10 只列出了其中 3 种最常见的构造函数。

表 8-10　FileStream 类 3 种常见的构造函数

构　造　函　数	说　　　明
FileStream(String,FileMode)	使用指定的路径和创建模式创建 FileStream 类的对象
FileStream(String,FileMode,FileAccess)	使用指定的路径、创建模式和读写权限创建 FileStream 类的对象
FileStream(string，FileMode,FileAccess,FileShare)	使用指定的路径、创建模式、读写权限和共享权限创建 FileStream 类的对象

在表 8-10 中,构造函数中所要求提供的 FileMode、FileAccess、FileShare 参数都是枚举类型,这些枚举类型取值如表 8-11～表 8-13 所示。

枚举 FileAccess,表示对文件的访问权限,枚举取值如表 8-11 所示。

表 8-11　枚举 FileAccess

枚举值	说　　　明	枚举值	说　　　明
Read	对文件拥有读权限	Write	对文件拥有写权限
ReadWrite	对文件同时拥有读写权限		

枚举 FileMode 指定打开文件的方式,枚举取值如表 8-12 所示。

表 8-12　枚举 FileMode

枚举值	说　　　明
Append	以追加方式打开文件,如果文件存在,则到达文件末尾,否则创建一个新文件
Create	创建并打开一个新文件,如果文件已经存在,则覆盖旧文件
CreateNew	创建并打开一个新文件,如果文件已经存在,则发生异常

枚举值	说　明
Open	打开现有文件，如果文件不存在，则发生异常
OpenOrCreate	打开或新建一个文件，如果文件已经存在，则打开它，否则创建并打开一个新文件
Truncate	打开现有文件，并清空文件内容

枚举 FileShare 则表示文件的共享方式，枚举取值如表 8-13 所示。

表 8-13　枚举 FileShare

枚举值	说　明
No	禁止任何形式的共享
Read	读共享，打开文件后允许其他进程对文件进行读操作
ReadWrite	读写共享，打开文件后允许其他进程对文件进行读和写操作
Write	写共享，打开文件后允许其他进程对文件进行写操作

例如，下面语句对应表 8-10 中 3 种构造函数，这些语句均可创建一个 FileStream 对象。

① FileStream fs＝new FileStream(@"c:\myFile.dat", FileMode.CreateNew);

② FileStream fs = new FileStream(@"c:\myFile.dat", FileMode.CreateNew, FileAccess.Write);

③ FileStream fs＝new FileStream(@"c:\myFile.dat", FileMode.CreateNew, FileAccess.Write, FileShare.ReadWrite);

fs.Dispose();

（2）前面介绍的 File 和 FileInfo 类，这两个类的许多方法都返回一个 FileStream 对象，因此可以使用 File 和 FileInfo 类的方法获得 FileStream 对象。

下面的语句首先使用 File 类的 Open 方法创建一个文件（如果文件已存在，则打开），并返回一个 FileStream 对象。

```
FileStream fs=File.Open("c:\\myFile.dat", FileMode.OpenOrCreate,
FileAccess.ReadWrite);
fs.Dispose();
```

下面语句则显示了如何利用 FileInfo 对象的 OpenWrite() 方法创建一个文件。

```
FileInfo f=new FileInfo("C:\\myFile.dat");
FileStream fs=f.OpenWrite();
fs.Dispose();
```

2. FileStream 类的属性和方法

FileStream 类重写了 Stream 类的属性和方法，并增加了部分属性和方法。表 8-14 列出了 FileStream 类的常用属性和方法。

表 8-14　FileStream 类的常用属性和方法

属　　性	说　　明
Name	获取传递给构造函数的 FileStream 的名称
Handle	获取当前 FileStream 对象所封装文件的操作系统文件句柄

方　　法	说　　明
ReadByte()	从流中读取一字节,把结果转换为 0～255 的一个整数。如果到达了流的末尾,就返回－1
Read()	从流中把指定数量的字节读入一个数组中。如果到达了流的末尾,就返回 0
WriteByte()	一次写一字节到流中
Write()	一次把指定的字节数写入流中

说明:

(1) 表 8-14 中,Read 方法的格式为:

```
Public override int Read(byte[] array, int OffSet,int count)
```

其中,array 为该数组中包含读取的数据;OffSet 用于指定读取的数据从数组的某个元素开始填充,而不是从第一个元素填充;count 则指定每次从流中读取的字节数。

(2) 表 8-14 中,Write 方法的格式为:

```
Public override int Write(byte[] array, int OffSet,int count)
```

参数含义与 Read() 方法完全一样。

(3) 这两个方法,允许用户自定义重载。

3. FileStream 类实例

FileStream 类的 ReadByte()和 WriteByte()方法用于单字节操作。要一次处理一个字节序列,需要使用 Read()和 Write()方法。下面实例演示了 FileStream 类的使用。

【实例 8-1】　利用 FileStream 读写文件。设计一个如图 8-1 所示的窗体,窗体上有一个 richTextBox1、一个 saveFileDialog1、一个 openFileDialog1 和一个 menuStrip1。菜单的内容如图 8-1 所示。启动窗体后,单击"保存文件"菜单,打开"保存"对话框,将 richTextBox1

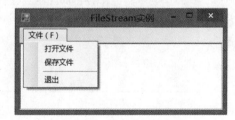

图 8-1　实例 8-1 FileStream 应用

里的文本保存到指定的位置。单击"打开文件"菜单,将指定的文件内容读取到 richTextBox1 里。

该实例中定义了一个 RWFilebyFileStream 类,该类包括 Write()、Read()两个静态方法,分别用于写文件和读文件。程序部分源代码如表 8-15 所示。

表 8-15　实例 8-1 部分源代码

行号	部分源代码
01	using System;
02	using System.Text;
03	using System.IO;
04	namespace 第 8 章实例{
05	public class RWFilebyFileStream{
06	public static void Write(string strFile, string strText){//利用 FileStream 写文件
07	FileStream fs=new FileStream(strFile, FileMode.Append, FileAccess.Write);
08	UTF-8Encoding tmp=new UTF-8Encoding();
09	byte[] b=tmp.GetBytes(strText);
10	fs.Write(b, 0, b.Length);　　　　　　//将内容写入文件中
11	fs.Dispose();
12	}
13	public static string Read(string strFile){　　//利用 FileStream 读文件
14	FileStream fs=new FileStream(strFile, FileMode.Open, FileAccess.Read);
15	long i=fs.Length;　　　　　　//获取流的长度
16	byte[] b=new byte[fs.Length];　　　　//声明数组
17	fs.Read(b, 0, b.Length);　　　　　　//将文件内容读取到字节数组 b 中
18	fs.Dispose();
19	//UTF-8 是一种编码模式,能将字节流转换为字符串
20	UTF-8Encoding tmp=new UTF-8Encoding();
21	return tmp.GetString(b);
22	}
23	}
24	public partial class Form1: Form {
25	…
26	private void 保存文件 ToolStripMenuItem_Click(object sender, EventArgs e)
27	{
28	if (saveFileDialog1.ShowDialog ()==DialogResult.OK)
29	{
30	string filename=saveFileDialog1.FileName;
31	RWFilebyFileStream.Write(filename, this.richTextBox1.Text.Trim());
32	MessageBox.Show("保存成功");
33	}
34	}
35	}
36	}

8.3.2　文本文件读写

FileStream 类可以用于读写文本文件,但对于文本文件,通常使用 StreamReader 和 StreamWriter 来读写它们。StreamReader 和 StreamWriter 主要用于以文本方式对流进行读写操作,它们以字节流为操作对象,并支持不同的编码格式。

文本的字符编码默认为 UTF-8 格式。在命名空间 System.Text 中定义的 Encoding 类对字符编码进行了抽象,它的 5 个静态属性分别代表了 5 种编码格式。

（1）ASCII。

（2）Default。

（3）Unicode。

（4）UTF-7。

（5）UTF-8。

需要注意的是，Encoding 类的 Default 属性表示系统的编码，默认为 ANSI 代码页，这和 StreamReader 和 StreamWriter 默认的 UTF-8 编码是不一样的。

1. StreamReader 类

1）创建 StreamReader 对象

利用 StreamReader 类的构造函数创建对象。StreamReader 类的构造函数有 10 种重载形式，表 8-16 列出了 4 种常用的形式。表中前两种构造函数通过指定文件名（实际隐含创建了流对象）创建 StreamReader 对象，而后两种构造函数通过指定另一个流创建 StreamReader 对象。从表中也可以看出，还可以指定文本的字符编码。

表 8-16　StreamReader 类的常用构造函数

构造函数名称	示　　例
public StreamReader(string)	StreamReader sr＝new StreamReader("C:\\myFile.dat")；
public StreamReader（string，Encoding）	StreamReader sr＝new StreamReader("C:\\myFile.dat"， 　　　　　　　　　　Encoding.GetEncoding("GB2312"))；
public StreamReader(Stream)	FileStream fs＝new FileStream ("C:\\myFile.dat"，FileMode.Open， 　　　　　　　　　　FileAccess.Read)； StreamReader sr＝new StreamReader(fs)；
public StreamReader（Stream，Encoding）	FileStream fs＝new FileStream ("C:\\myFile.dat"，FileMode.Open， 　　　　　　　　　　FileAccess.Read)； StreamReader sr＝new StreamReader(fs， 　　　　　　　　　　Encoding.GetEncoding("GB2312"))；

2）StreamReader 类常用的属性和方法

创建 StreamReader 对象之后，就可以使用它的属性和方法从流中读取数据。表 8-17 列出了 StreamReader 类常用的属性和方法。

表 8-17　StreamReader 类常用的属性和方法

属　　性	说　　明
BaseStream	用来返回对该类中所包含的 Stream 的引用
CurrentEncoding	用来返回当前 StreamReader 对象当前所使用的字符编码
EndOfStream	用于指示读取的位置是否已经到达流的末尾

续表

方　　法	说　　明
Close()	关闭 StreamReader 和基础流并释放所有相关联的系统资源
Peek()	浏览流中的下一个字符而不将其从流中移走,这样该字符就能够被后续的 Read()所使用。若已经没有更多的可用字符号或此流不支持查找,则返回值为-1
Read()	读取输入流中的下一个字符或下一组字符
ReadBlock(char[],int,int)	从当前流中读取最大数量的字符并从 index 开始将该数据写入 buffer
ReadLine()	用来读取某一行数据,并将其作为字符串返回
ReadToEnd()	读取整个流,以一个字符串的形式返回(该字符串可能非常大)

例如,下面的代码块,利用 StreamReader 类,读取文件内容并显示在 richTextBox1 控件中:

```
StreamReader sr=new StreamReader("d:\\temp.txt",Encoding .GetEncoding
("gb2312"));
string line;
while((line=sr.ReadLine()) !=null)
{
    this.richTextBox1.Text+=line+"\r\n";
}
sr.Close();
```

2. StreamWriter 类

StreamWriter 类是 TextWriter 类的一个子类,用于通过特定的编码方式向流中写入字符。默认的编码方式是 UTF-8,也可以新选择 System.Text 名字空间所提供的其他编码方式。

(1) 创建 StreamWriter 对象。

同 StreamReader 类一样,使用 StreamWriter 类之前,也必须先创建一个对象实例。当创建一个 StreamWriter 对象时,可以指定一个文件名或者现存的流的名称,并指定一种编码方法。下面代码展示了如何创建一个向文件中写入内容的 StreamWriter 对象。

① 下面的语句通过指定一个文件名创建 StreamWriter 对象。

```
StreamWriter sw=new StreamWriter("C:\\myFile.txt");
```

② 下面的语句通过指定已存在的流名称创建 StreamWriter 对象。

```
FileStream fs=new FileStream("C:\\myFile.txt", FileMode.Create, FileAccess.
Write);
StreamWriter sw=new StreamWriter(fs,Encoding.UTF-8);
```

(2) StreamWriter 类的常用属性如表 8-18 所示。

表 8-18 StreamWriter 类的常用属性

属 性	说 明
AutoFlush	该属性为真时，每执行 Write()方法都会刷新缓冲区，以确保输出内容是最新的
BaseStream	后备存储区连接的基础流，提供对基本 Stream 对象的访问
Encoding	表示当前所使用的字符编码

（3）StreamWriter 类的常用方法如表 8-19 所示。

表 8-19 StreamWriter 类的常用方法

方 法	说 明
Close()	关闭当前的 StreamWriter 和基础流
Flush()	清理当前编写器的所有缓冲区，并使所有缓冲数据写入基础流
Write(string)	将字符串写入流
WriteLine()	将字符串写入流，后跟行结束符

例如，下面的代码块，利用 StreamWriter 类，向指定的文件写入内容：

```
StreamWriter sw= new StreamWriter("d:\\
temp.txt",true,Encoding .GetEncoding
("gb2312"));
string data="hello word,how are you?";
sw.WriteLine(data);
sw.Close();
```

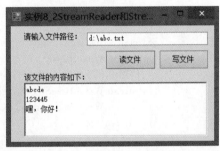

图 8-2 实例 8-2 窗体

【实例 8-2】 使用 StreamReader 和 Stream-Writer 编写一个读写文本文件的 Windows 应用程序。

设计如图 8-2 所示的窗体，在窗体上添加如图所示控件，并参照如图 8-2 所示的效果设置控件属性。程序部分源代码如表 8-20 所示。

表 8-20 实例 8-2 部分源代码

行号	部分源代码
01	private void button1_Click(object sender, EventArgs e)　　　//"读文件"按钮
02	{
03	if (!File.Exists(textBox1.Text))　　　　　　　　　　　　//判断文件是否存在
04	label2.Text="该文件不存在";
05	else
06	{
07	label2.Text="该文件的内容如下：";
08	//建立一个文件流
09	FileStream fs= new FileStream(textBox1.Text, FileMode.Open, FileAccess.Read);
10	StreamReader m_streamReader= new StreamReader(fs);　　//关联文件流,用于读取文本

续表

行号	部分源代码
11	m_streamReader.BaseStream.Seek(0，SeekOrigin.Begin)；
12	this.richTextBox1.Text=""；
13	string strLine = m_streamReader.ReadLine()；　　　//输入文件的下一行
14	while(strLine !=null)　　　　　　　　　　　　//如果读入文本不为空
15	{
16	this.richTextBox1.Text+=strLine+"\n"；　　　//读一行,换行
17	strLine=m_streamReader.ReadLine()；　　　　//读下一行
18	}
19	m_streamReader.Close()；　　　　　　　　　//关闭 StreamReader 对象
20	}
21	}
22	private void button2_Click(object sender，EventArgs e)　　//"写文件"按钮
23	{
24	if(!File.Exists(textBox1.Text))
25	label2.Text="该文件不存在"；
26	else
27	{
28	label2.Text="写文件成功"；
29	FileStream fs=new FileStream (textBox1.Text，FileMode.OpenOrCreate,
30	FileAccess.Write)；　　//建立新文件
31	StreamWriter m_streamWrite=new StreamWriter(fs)；//制定写入流为 fs
32	m_streamWrite.Flush()；　　　　　　　　　//清理缓冲区
33	//使用 StreamWriter 往文件中写入内容
34	m_streamWrite.BaseStream.Seek(0，SeekOrigin.Begin)；
35	m_streamWrite.Write(richTextBox1.Text)；　　//把 richTextBox1 中的内容写入文件
36	m_streamWrite.Close()；　　　　　　　　　//关闭此文件
37	}
38	}

使用 StreamWriter 类实现文本文件的写入。文件的写操作之前,要判断文件是否存在,然后针对该文件生成一个 StreamWriter 对象,使用该对象的 WriteLine 方法可以把文本文件的内容读出。

8.3.3　二进制文件读写

对二进制文件进行读写,可以使用 BinaryReader 和 BinaryWriter 类。BinaryWriter 类用于以二进制形式将基本数据类型的数据写入流,并支持用特定的编码写入字符串,而 BinaryReader 类用于使用特定的编码从流中读取二进制数据并存放到基本数据类型的变量或数组中。

1. BinaryWriter 类

BinaryWriter 类以二进制形式将基本数据类型的数据写入流,并支持用特定的编码写入字符。其构造函数如表 8-21 所示。表 8-22 介绍了 BinaryWriter 类的常用方法。

表 8-21 BinaryWriter 类的构造函数

构造函数	说 明
BinaryWriter (Stream)	基于所提供的流,用 UTF-8 作为字符串编码来初始化 BinaryWriter 类的新实例
BinaryWriter (Stream, Encoding)	基于所提供的流和特定的字符编码,初始化 BinaryWriter 类的新实例

表 8-22 BinaryWriter 类的常用方法

方 法	说 明
Close()	关闭当前的 BinaryWriter 对象和基础流
Flush()	清理当前编写器的所有缓冲区,使所有缓冲数据写入基础设备
Seek(int offset, SeekOrigin origin)	设置当前流中的位置
Write()	将值写入当前流,已重载
Write(byte[] buffer)	将字节数组写入基础流
Write(byte[] buffer, int index, int count)	将字节数组部分写入当前流
Write(char[])	将字符数组写入当前流,并根据所使用的 Encoding 和向流中写入的特定字符,提升流的当前位置
Write(char[] chars, int index, int count)	将字符数组部分写入当前流,并根据所使用的 Encoding(可能还根据向流中写入的特定字符),提升流的当前位置

【实例 8-3】 该实例演示了向文件中写入二进制数据。部分源代码如表 8-23 所示。

表 8-23 实例 8-3 部分源代码

行号	部分源代码
01	using System;
02	using System.IO;
03	namespace 二进制数据{
04	public partial class 实例 8_3BinaryRW: Form
05	{
06	private void button1_Click(object sender, EventArgs e)
07	{
08	saveFileDialog1.ShowDialog();
09	string filename=saveFileDialog1.FileName;
10	FileStream fs=new FileStream(filename, FileMode.Create);
11	//通过文件流创建相应的 BinaryWriter
12	BinaryWriter bw=new BinaryWriter(fs);
13	for(int i=0; i<15; i++)
14	{
15	bw.Write(i);
16	}
17	bw.Close();
18	fs.Close();
19	}
20	}
21	}

实例中首先创建了一个流对象 fs(第 10 行),并由 fs 对象创建了 BinaryWriter 对象

bw（第 12 行），使用 bw 的 Write()方法向文件中写入数据。由于写入的数据是二进制格式的，要用二进制查看器，才可以看到文件中具体的二进制数据。

2. BinaryReader 类

BinaryReader 类使用特定的编码从流中读取二进制数据并存放到基本数据类型的变量或数组中。其应用方法与 BinaryWriter 大致相同。其构造函数如表 8-24 所示。表 8-25 介绍了 BinaryReader 类的常用方法。

表 8-24　BinaryReader 类的构造函数

构造函数	说　明
BinaryReader(Stream)	基于所提供的流，用 UTF-8 字符编码初始化 BinaryReader 类的新实例
BinaryReader(Stream,Encoding)	基于所提供的流和特定的字符编码，初始化 BinaryReader 类的新实例

表 8-25　BinaryReader 类的常用方法

方　法	说　明
Close()	关闭当前阅读器及基础流
FillBuffer(int numBytes)	用从流中读取的指定字节数填充内部缓冲区
PeekChar()	返回下一个可用的字符，并且不提升字节或字符的位置
Read()	从基础流中读取字符，并提升流的当前位置。已重载
ReadBytes(int count)	从当前流中将 count 字节读入字节数组，并使当前位置提升 count 字节
ReadChars(int count)	从当前流中读取 count 个字符，以字符数组的形式返回数据，并根据所使用的 Encoding 和从流中读取的特定字符，提升当前位置

此外，BinaryReader 类还提供了读取基本数据的方法，除了上述表中已列出 ReadBytes、ReadChars 之外，还有 ReadBoolean、ReadByte、ReadChar、ReadDecimal、ReadDouble、ReadInt16、ReadInt32、ReadInt64、ReadSByte、ReadSingle、ReadString、ReadUlntl6、ReadUInt32、ReadUInt64 等，这些方法均从流中读取相应类型的数据并把读取的数据作为该种类型的值返回，并使流的位置提升相应类型的字节数。

【实例 8-4】　使用 BinaryReader 和 BinaryWirter 复制图片。本实例演示了利用 BinaryReader 类和 BinaryWriter 类复制图片的功能。部分源代码如表 8-26 所示。

表 8-26　实例 8-4 部分源代码

行号	部分源代码
01	private void button1_Click(object sender, EventArgs e){
02	openFileDialog1.Filter=" *.gif| *.gif| *.jpg| *.jpg";
03	openFileDialog1.ShowDialog();

续表

行号	部分源代码
04	string filename＝openFileDialog1.FileName;　　//获取要复制图片文件的路径及文件名
05	if(string.IsNullOrEmpty(filename)) return;　　//选择取消,则返回
06	if(!File.Exists(filename)) return;
07	FileStream inputFile＝new FileStream(filename, FileMode.Open, FileAccess.Read);
08	FileStream outputFile＝new FileStream(@"D:\\D01.jpg", FileMode.OpenOrCreate,
09	FileAccess.Write);
10	int bufferSize＝Convert.ToInt32(inputFile.Length);　　//定义缓冲区大小
11	int bytes;
12	byte[] buffer＝new byte[bufferSize];　　　　　　//创建了缓冲区
13	BinaryReader br＝new BinaryReader(inputFile);　　//将复制图片文件变成二进制流
14	BinaryWriter bw＝new BinaryWriter(outputFile);
15	while((bytes＝br.Read(buffer, 0, bufferSize))＞0)　　//将流写入缓冲区,并赋给 bytes
16	{
17	bw.Write(buffer, 0, bytes);　　　　　　//将缓冲区数据写入 bw,完成复制
18	}
19	MessageBox.Show("图片复制成功");
20	br.Close();
21	bw.Close();
22	inputFile.Close();
23	outputFile.Close();
24	}

8.4　序列化和反序列化

我们可能经常会听到序列化和反序列化,其实通俗解释,序列化就是把一个对象保存到一个文件或数据库字段中去,反序列化就是在适当的时候把这个文件再转化成原来的对象使用。

序列化和反序列化最主要的作用如下。

(1) 在进程下次启动时读取上次保存的对象的信息。

(2) 在不同的 AppDomain 或进程之间传递数据。

(3) 在分布式应用系统中传递数据。

在 C♯ 中,常见的序列化的方法主要有 3 个:BinaryFormatter、SoapFormatter、XML 序列化。序列化和反序列化需要引入下列命名空间:

```
using System;
using System.IO;
using System.Runtime.Serialization.Formatters.Binary;
using System.Runtime.Serialization.Formatters.Soap;
using System.Xml.Serialization;
```

下面通过一个例子说明这 3 种方法的具体使用和异同点。在这个例子中,使用 3 种不同的方式,把一个 Book 对象进行序列化和反序列化,当然这个 Book 类首先是可以被序列化的。

Book 类:

```
[Serializable]      //标记可序列化类型
public class Book
{
    public string BookID;
    public string strBookName{get; set;}
    private string BookPrice;
    public void SetBookPrice(string price)
    {
        BookPrice=price;
    }
    [NonSerialized]
    public string BookISBN;
    public void Write()
    {
        Console.WriteLine("Book ID:"+BookID);
        Console.WriteLine("Book Name:"+strBookName);
        Console.WriteLine("Book ISBN:"+BookISBN);
        Console.WriteLine("Book Price:"+BookPrice);
    }
}
```

这个类比较简单,就是定义了一些 public 字段和一个可读写的属性、一个 private 字段、一个标记为[NonSerialized]的字段,具体会在下面体现出来。

1. BinaryFormatter 序列化方式

（1）BinarySerialize 类。

```
public class BinarySerialize
{
    string strFile="c:\\book1.data";
    public void Serialize(Book book)
    {
        using (FileStream fs=new FileStream(strFile, FileMode.Create))
        {
            BinaryFormatter formatter=new BinaryFormatter();
            formatter.Serialize(fs, book);
        }
    }
    public Book DeSerialize()
    {
        Book book;
```

```
        using (FileStream fs=new FileStream(strFile, FileMode.Open))
        {
            BinaryFormatter formatter=new BinaryFormatter();
            book=(Book)formatter.Deserialize(fs);
        }
        return book;
    }
}
```

（2）序列化，就是给 Book 类赋值，然后进行序列化到一个文件中。

```
//Book book=new Book();
//book.BookID="1";
//book.strBookName="序列化教程";
//book.SetBookPrice("50.00");
//book.BookISBN="1234";
//BinarySerialize serialize=new BinarySerialize();
//serialize.Serialize(book);
```

（3）反序列化。

```
//BinarySerialize serialize=new BinarySerialize();
//Book book=serialize.DeSerialize();
//book.Write();
```

（4）说明。

主要就是调用 System. Runtime. Serialization. Formatters. Binary 空间下的 BinaryFormatter 类进行序列化和反序列化，以缩略型二进制格式写到一个文件中去，速度比较快，而且写入后的文件是二进制形式。也就是说除了标记为 NonSerialized 的其他所有成员都能序列化。

2. SoapFormatter 序列化方式

调用序列化和反序列化的方法和上面比较类似，下面主要看看 SoapSerialize 类。

```
public class SoapSerialize
{
    string strFile="c:\\book2.soap";
    public void Serialize(Book book)
    {
        using (FileStream fs=new FileStream(strFile, FileMode.Create))
        {
            SoapFormatter formatter=new SoapFormatter();
            formatter.Serialize(fs, book);
        }
    }
    public Book DeSerialize()
```

```
    {
        Book book;
        using (FileStream fs=new FileStream(strFile, FileMode.Open))
        {
            SoapFormatter formatter=new SoapFormatter();
            book=(Book)formatter.Deserialize(fs);
        }
        return book;
    }
}
```

主要就是调用 System.Runtime.Serialization.Formatters.Soap 空间下的 SoapFormatter 类进行序列化和反序列化，使用之前需要应用 System.Runtime.Serialization.Formatters. Soap.dll(.NET 自带)。序列化之后的文件是 SOAP 格式的文件。SOAP 是一种轻量的、简单的、基于 XML 的协议，它被设计成在 Web 上交换结构化的和固化的信息。SOAP 可以和现存的许多因特网协议和格式结合使用，包括超文本传输协议（HTTP）、简单邮件传输协议（SMTP）。

调用反序列化之后的结果和方法相同。

3. XML 序列化方式

调用序列化和反序列化的方法和上面比较类似。XmlSerialize 类设计如下：

```
public class XmlSerialize
{
    string strFile="c:\\book3.xml";
    public void Serialize(Book book)
    {
        using (FileStream fs=new FileStream(strFile, FileMode.Create))
        {
            XmlSerializer formatter=new XmlSerializer(typeof(Book));
            formatter.Serialize(fs, book);
        }
    }
    public Book DeSerialize()
    {
        Book book;
        using (FileStream fs=new FileStream(strFile, FileMode.Open))
        {
            XmlSerializer formatter=new XmlSerializer(typeof(Book));
            book=(Book)formatter.Deserialize(fs);
        }
        return book;
    }
}
```

从这 3 个测试类可以看出来其实 3 种方法的调用方式都差不多,只是具体使用的类不同而已。

XML 序列化之后的文件就是一个 XML 文件:

```
<?xml version="1.0"?>
<Book xmlns:xsi="http://www.w3.org/2001/XMLSchema-instance" xmlns:xsd=
"http://www.w3.org/2001/XMLSchema">
  <BookID>1</BookID>
  <BookISBN>1234</BookISBN>
  <strBookName>序列化教程</strBookName>
</Book>
```

也就是说,采用 XML 序列化的方式只能保存 public 的字段和可读写的属性,对于 private 等类型的字段不能进行序列化。

本 章 小 结

本章主要内容包括文件和流概念、文件和目录操作、文件的读写操作。在 C♯ 中,主要通过 File 和 FileInfo 两个类管理文件,通过 Directory 和 DirectoryInfo 两个类来管理目录。对于文件读写是由"流"来处理的。流是字节序列的抽象概念,流的输入输出操作由 System.IO 命名空间提供,它包含了所有和 I/O 操作相关的类。

FileStream 是对文件流的具体实现,通过它可以以字节方式对流进行读写。在 C♯ 中,还可以使用两个专门负责文本文件读取和写入操作的类:StreamWriter 类和 StreamReader 类,此外,还有两个类用于二进制文件的读写:BinaryWriter 类和 BinaryReader 类。BinaryWriter 类的作用是以二进制形式将基本数据类型的数据写入到流,并支持用特定的编码写入字符串。BinaryReader 类的作用是用特定的编码从流中读取二进制数据并存放到基本数据类型的变量或数组中。

习   题

1. 简答题

(1) 什么是流?列举.NET 中几种常见的流。它们的共同抽象基类是什么?

(2) 简述 File 和 FileInfo 类,Directory 和 DirectoryInfo 类的异同。

(3) 如何创建文件流?

(4) 二进制文件应该用什么流读写对象?

(5) 设计一个类,该类中有一个静态方法,该方法用于统计一个文本文件中某个字符(例如,字符 C)出现的次数,然后返回统计结果。

2. 编程题

(1) 使用 FileStream 类,编写一个控制台应用,能够读取当前文件夹下 myFile.txt 文件内容(文件内容自拟），并输出显示。

（2）下面代码的功能是实现对称加密算法，算法原理及对称解密请读者自行学习。请依据表 8-27 代码和上下文提示，在【 】处补齐代码。

表 8-27　对称加密算法

行号	代　　码
01	using System；
02	using System.IO；
03	using System.Security.Cryptography；
04	using System.Text；
05	namespace ClassLibrary1｛
06	public class Class1 ｛
07	const string KEY_64B = "@1234567"；
08	const string IV_64B = "@1234567"；
09	public static string ECP(string data) ｛
10	try｛
11	if (string.IsNullOrEmpty(data)) return string.Empty；
12	byte[] byKey = ASCIIEncoding.ASCII.GetBytes(KEY_64B)；
13	byte[] byIV = ASCIIEncoding.ASCII.GetBytes(IV_64B)；
14	DESCryptoServiceProvider cryptoProvider =【　　　】；
15	int i = cryptoProvider.KeySize；
16	MemoryStream ms = new MemoryStream()；
17	CryptoStream cst =
18	new CryptoStream(ms, cryptoProvider.CreateEncryptor(byKey, byIV)，【 】)；
19	StreamWriter sw =【　　　】；
20	【　　】；
21	sw.Flush()；
22	cst.FlushFinalBlock()；
23	sw.Flush()；
24	return【　　】；
25	｝
26	catch (Exception ex)｛
27	throw ex；
28	｝
29	｝
30	｝
31	｝

第 9 章

数据库程序设计

课程练习

数据库应用是 C♯ 程序设计的一个重要应用领域，C♯ 通过 ADO.NET 实现对数据库的访问。

本章主要内容如下。

（1）ADO.NET 概述。

（2）数据库的连接。

（3）直接访问模式，包括参数查询与存储过程调用。

（4）数据集模式。

（5）读写 XML 文件。

（6）数据库中图像的存取。

在开始本章内容之前，先做一个说明：本章及后续实例所需的数据库环境，若不加说明，所用数据库环境为 SQL Server 2012，数据库为 Northwind。另外，为了可以直接操作数据库，采用 SQL Server 2012 客户端管理工具——SQL Server 2012 Management Studio。

在 C♯ 中，对 SQL Server（7.0 或更高版本）数据库的操作需要使用 System.Data. SqlClient 命名空间。本章的代码实例中如无特殊说明，一般需要包含以下引用：

```
using System;
using System. System.Data. SqlClient;
```

9.1 ADO.NET

ADO.NET 源于 ADO，但它不只是对 ADO 的改进，而是采用了一种全新的技术，主要体现在以下几方面。

（1）ADO.NET 不是采用 ActiveX 技术，而是与.NET 框架紧密结合的产物。

（2）ADO.NET 包含对 XML 标准的完全支持，这对于跨平台交换数据具有重要的意义。

（3）ADO.NET 既支持连接方式下的数据库访问，也支持断开连接的数据库访问。断开连接的访问方式非常适合网络数据库访问。

ADO.NET 提供了数据库访问的有关类，封装了数据库访问的底层技术，提供了对关系数据库（如 SQL Server、Access、Oracle、MySQL 等）、XML 和应用程序数据的访问。

9.1.1　ADO.NET 对象模型

ADO.NET 包含两个核心组件：.NET 数据提供程序（Data Provider）和 DataSet。前者主要负责数据访问，后者主要负责数据的操作。ADO.NET 结构模型如图 9-1 所示。

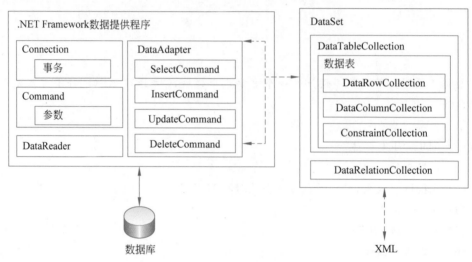

图 9-1　ADO.NET 结构模型图

1. .NET 数据提供程序

数据提供程序又称为数据供应器、数据提供者。.NET 数据提供程序与数据源类型关系紧密，ADO.NET 为访问不同的数据库创建了不同的数据提供程序。但这些不同的数据提供程序都提供了一致的使用模式，唯一的区别就是它们的命名空间和方法名称不同。表 9-1 列出了 4 种 ADO.NET 数据提供程序。

表 9-1　ADO.NET 数据提供程序

提 供 程 序	命 名 空 间	核 心 对 象	描　　述
SQL Server 数据提供程序	System.Data.SqlClient	SqlConnection SqlCommand SqlDataReader SqlDataAdapter	支持对 SQL Server 7.0 或更高版本 SQL Server 数据库的数据访问
OLE DB 数据提供程序	System.DataOleDb	OleDbConnection OleDbCommand OleDbDataReader OleDbDataAdapter	提供程序支持以 OLE DB 方式公开的数据库，包括 Access、Oracle 和 SQL Server 等数据库

续表

提 供 程 序	命 名 空 间	核 心 对 象	描　　述
ODBC 数据提供程序	System.Data.Odbc	OdbcConnection OdbcCommand OdbcDataReader OdbcDataAdapter	用于 ODBC 数据源，支持绝大多数数据库，包括 Access、Oracle、SQL Server、MySQL 和 VFP 等
Oracle 数据提供程序	System.Data.OracleClient	OracleConnection OracleCommand OracleDataReader OracleDataAdapter	支持 Oracle 客户端软件 8.1.7 版和更高版本 Oracle 数据源

.NET 数据提供程序作为 ADO.NET 核心组件，包含了用于连接数据库、执行命令、检索结果的各种类，实现了以传统的连接方式操作数据库。每一种数据提供程序都包括 4 个核心对象：Connection、Command、DataReader 和 DataAdapter。表 9-2 列出了数据提供程序组件中包含的主要对象。

表 9-2　数据提供程序组件中包含的主要对象

对 象 名 称	说　　明
Connection	建立与特定数据源的连接
Command	数据命令对象，执行用于返回数据、修改数据、运行存储过程以及发送或检索参数信息的数据库命令
DataReader	数据读取对象，从数据库中读取记录集，包含 4 种版本：SqlDataReader、OleDbDataReader、OracleDataReader、OdbcDataReader
DataAdapter	数据适配器，该对象是连接 DataSet 对象和数据库的桥梁，DataAdapter 使用 Command 对象在数据库中查询数据，并将数据加载到 DataSet 中，对 DataSet 中数据的更改也由其更新回数据库中，使数据库与数据集数据保持一致
CommandBuilder	为 DataAdapter 对象创建命令属性或将从存储过程派生参数信息填充到 Command 对象的 Parameters 集合中
Parameter	为 Command 对象提供参数
Transaction	事务对象，实现事务操作

2. DataSet

DataSet 又称为数据集，是支持 ADO.NET 断开式、分布式数据方案的核心对象。DataSet 允许从数据库中检索到的数据存放在内存中，可以看作是内存中的数据库。DataSet 可以用于多种不同的数据源，无论什么数据源，DataSet 都会提供一致的关系编程模型。

DataSet 包含一个或多个 DataTable 对象。DataTable 对象由数据行（DataRow）和数据列（DataColumn），以及主键、外键、约束（Constrain）和有关 DataTable 对象中数据的关系信息组成。对 DataSet 的操作是通过调用这些子对象的方法完成的。图 9-2 描述了

DataSet 对象模型的构成。

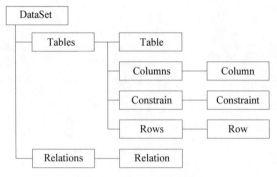

图 9-2　DataSet 对象模型

9.1.2　数据访问模式

从上面的 ADO.NET 对象模型介绍中可以看出，ADO.NET 提供两种数据访问模式：直接访问模式（连接）和数据集模式（非连接）。

直接访问模式使用包含 SQL 语句或对存储过程引用的数据命令对象，打开一个连接，执行命令和操作，接着关闭数据库。如果该命令返回结果集（即该命令执行 Select 语句），则可以使用 DataReader 读取数据，然后 DataReader 作为数据绑定来源。

数据集模式使用数据集对象缓冲数据，首先使用 DataAdapter（数据适配器）将从数据源获得的数据加载到 DataSet 对象，然后可以断开和数据源的连接。当对数据集中的数据操作完毕，可以使用 DataAdapter 将更改写回数据库。

直接访问模式和数据集模式各有一些特点，表 9-3 描述了这两种模式各自的特点。

表 9-3　直接访问模式和数据集模式特点

访 问 模 式	特 点 描 述
直接访问模式	（1）某些数据库操作只能通过执行数据命令完成，如创建一个数据表 （2）减少系统开销。通过直接在数据库中读写，可以不必在数据集内存储数据 （3）可以快速、高效地操作数据库 （4）不适合同一时间会有很多并发连接的 Web 应用
数据集模式	（1）提供断开式的访问方式 （2）可以操作多种数据源的数据，如不同数据库、XML 文件、电子表格等 （3）一个数据集可以包含多个结果表，并将这些表作为离散对象维护 （4）在分布式应用程序中，方便层间移动数据 （5）可以将数据集内的数据方便地与数据控件进行绑定

9.1.3　访问数据库一般步骤

使用 ADO.NET 访问数据库，规范用法模式如下。

（1）根据使用的数据源，确定使用 .NET 框架数据提供程序。

（2）使用 Connection 类，创建一个封装连接字符串的连接对象。

（3）调用连接对象的 Open 方法打开连接。

（4）使用 Command 类创建一个封装 SQL 语句的命令对象。

（5）调用命令对象的方法来执行 SQL 语句。

（6）若采用数据集模式，可使用数据集对获得的数据进行操作。若采用直接访问模式，又可分为两种情形：一是直接执行 SQL 语句或存储过程完成修改数据库而不返回数据；二是执行 ExecuteReader 方法将数据读到数据读取器中，再通过数据读取器来使用数据。这种情况需要使用 DataReader 对象。

（7）有时使用数据控件，如 DataGridView 显示数据。

（8）用连接对象的 Close 方法关闭连接。

使用 ADO.NET 开发应用程序，可以使用编程的方法，也可以在 Visual Studio 2022 集成开发环境下使用 ADO.NET 中提供的图形化操作数据库的功能。由于图形化操作方法简单、不够灵活、功能局限，下面对此方法仅做一个简单介绍，本章重点介绍使用编程的方法访问数据库。

9.2 数据库的连接

应用程序要访问数据库，就必须先在应用程序和数据库之间建立一个连接。在 ADO.NET 中，可以使用 Connection 对象连接数据库。根据数据源的不同，连接对象有 4 种：SqlConnection、OleDbConnection、OdbcConnection 和 OracleConnection。下面着重介绍使用 ADO.NET 模型下的 Connection 对象连接 SQL Server 数据库和 Oracle 数据库。

9.2.1 设置数据库连接环境

下面介绍在 VS 2022 环境下与 Northwind 数据库连接的设置步骤。

（1）打开 VS 2022，选择"视图"→"服务器资源管理器"菜单命令。

（2）服务器名是本机的主机名，VS 2022 会自动识别。在"服务器资源管理器"窗口中找到"数据连接"，在"数据连接"上右击，选择快捷菜单中的"添加连接"命令，打开如图 9-3 所示的"添加连接"对话框。

（3）在图 9-3 中，默认的数据源是 Microsoft SQL Server(SqlClient)，如果并非连接到 SQL Server，则可以单击"更改"按钮，选择其他数据源。

（4）接下来在下拉列表中选择"服务器名"，如果数据库在本机上，则选择本机的主机名。选择"登录到服务器"有两种方式：如果选择"使用 Windows 身份验证"，则 VS 2022 就会使用登录到 Windows 的相同账户去连接数据库；而选择"使用 SQL Server 身份验证"选项，默认用户名为 sa，密码为空。然后选择一个需要连接的数据库名 Northwind，最后单击"测试连接"按钮，弹出如图 9-4 所示的"测试连接成功"信息框。此时，Northwind 数据库连接成功。

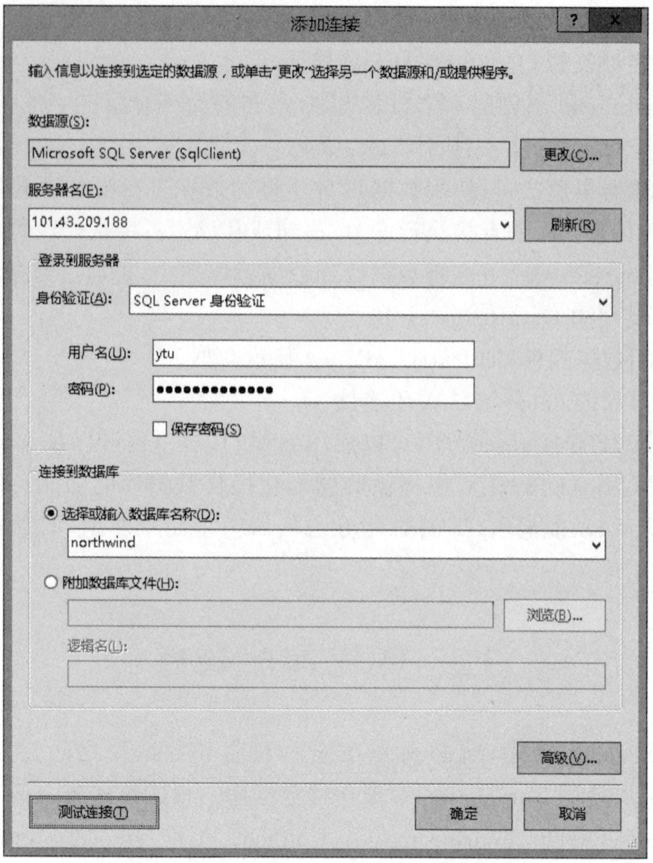

图 9-3　"添加连接"对话框

此时,在"服务器资源管理器"窗口(见图 9-5)中 Northwind 数据库已经出现在了"数据连接"下。数据库连接成功后,就可以在应用程序中通过代码与数据库建立连接,并实现对数据库中的数据记录进行各种增删改查操作。

图 9-4　测试连接

图 9-5　成功添加的数据库连接

9.2.2　连接 SQL Server 数据库

通过 System.Data.SqlClient 命名空间下的 SqlConnection 可以建立一条操作 SQL Server 数据库的连接。连接对象的最主要属性是 ConnectionString，用于设置连接字符串，其形式有多种。表 9-4 代码中的方法 GetSQLConnection 实现了创建一个数据库连接对象，但并未真正打开数据库连接。调用该方法之后，还需要再次调用连接对象的 Open 方法打开与数据库连接。

表 9-4　连接 SQL Server 数据库的源代码

行号	源　代　码
01	using System;
02	using System.Data.SqlClient;
03	class SqlDbHelper{
04	public static SqlConnection GetSQLConnection()　{
05	string strCN = @" Data Source=101.43.209.188;Initial Catalog=Northwind;
06	Persist Security Info=true;User ID=ytu;Password=＊＊＊";
07	SqlConnection cn = null;　//声明一个数据库连接对象
08	try {
09	cn = new SqlConnection(strCN);
10	return cn;
11	}
12	catch (Exception ex) {
13	throw ex;
14	}
15	}
16	}

从上面代码中可以看出，利用 SqlConnection 创建一个数据库连接，关键是给出要连接的数据库信息，这些信息包括服务器名称（可以为 IP 地址）、数据库名、集成安全性或者用户 ID、用户口令等。这些信息构成了"数据库连接字符串"。对照上面代码，对第 05 行、06 行的连接字符串解释如下。

（1）Data Source 或 Server：连接字符串的 Data Source 参数标识包含数据库的 SQL Server 实例和它所在的机器。如果执行 ADO.NET 代码的机器和数据库的主机是同一台机器，也可以写成 Server＝localhost 或者 Server＝（local），并隐式地标识了默认的 SQL Server 实例。

（2）Initial Catalog 或 Database：要访问数据库的名称，此处 Northwind 是 SQL Server 自带的一个实例数据库。

（3）第 09 行创建了数据库连接对象。注意，代码中只是返回一个数据库连接对象，并未打开与数据库连接。如果要通过该连接操作数据库中的数据，还需要使用 cn.Open 方法打开该连接。

（4）当对数据库连接操作完成后，应调用 cn.Close 方法关闭数据库连接。

（5）数据库连接字符串在实际工程中通常从应用程序配置文件中获得，具体操作可参见 9.2.3 节。

此外，由于连接字符串的参数值直到实际运行时才会被验证，所以一般对打开数据库连接语句和数据库操作语句需要使用异常捕获处理。

9.2.3　连接 Oracle 数据库

通过 System.Data.OracleClient 命名空间下的 OracleConnection 可以建立与数据源的连接。假如，我们在系统中创建了名为 App.Config 的配置文件，该配置文件的部分代码如表 9-5 所示。通过获取配置文件的数据库连接字符串，建立与 Oracle 数据库的连接，部分源代码如表 9-6 所示。注意，建立与 Oracle 数据库的连接，需要添加引用：System.Data.OracleClient。

表 9-5　App.Config 配置文件部分代码

行号	部 分 代 码
01	<configuration>
02	…
03	<appSettings>
04	<!--实例化类型-->
05	<add key="**ConnString**" value="Data Source=.;Initial Catalog=Northwind;Integrated
06	Security=true"/>
07	<add key="SystemName" value="**系统"/>
08	</appSettings>
09	…
10	</configuration>

表 9-6　连接 Oracle 数据库源代码

行号	源 代 码
01	using System.Data.OracleClient;
02	…
03	//获取 App.Config 配置文件的数据库连接字符串
04	private static readonly string cnString=
05	System.Configuration.ConfigurationManager.AppSettings["ConnString"];
06	public static OracleConnection GetOracleConnection()　{
07	OracleConnection cn=null;
08	try
09	{
10	cn=new OracleConnection(cnString);
11	return cn;
12	}
13	catch (Exception ex){　throw ex;　}
14	finally{　cn.Close();　}
15	}

9.3　直接访问模式

直接访问模式是利用命令类直接对数据库进行操作，ADO.NET 提供了 SqlCommand、OleDbCommand、OdbcCommand 和 OracleCommand 等命令类。使用直接访问模式对数据库进行操作，其结果一般分为两种情形：一是直接执行 SQL 语句或存储过程完成数据的增删改；二是执行 ExecuteReader 方法将数据读到数据读取器（DataReader）中，再通过数据读取器来使用数据。

本节将以 SqlCommand 类为例，详细介绍 SqlCommand 类的构造函数、主要属性和方法，并结合实例介绍主要方法和属性的使用。

9.3.1　SqlCommand 类

1. 构造函数

SqlCommand 类的构造函数有 4 种重载，如表 9-7 所示。

表 9-7　SqlCommand 类的构造函数

构造函数名称	说　　明
SqlCommand()	初始化 SqlCommand 类的新实例
SqlCommand(String)	用查询文本初始化 SqlCommand 类的新实例
SqlCommand(String,SqlConnection)	初始化具有查询文本和 SqlConnection 的 SqlCommand 类的新实例
SqlCommand(String,SqlConnection, SqlTransaction)	使用查询文本、一个 SqlConnection 以及 SqlTransaction 来初始化 SqlCommand 类的新实例

2. 主要属性

表 9-8 列出了 SqlCommand 类的主要属性。

表 9-8　SqlCommand 类的主要属性

属　　性	说　　明
CommandText	获取或设置要对数据源执行的 Transact-SQL 语句、表名或存储过程
CommandTimeout	获取或设置在终止执行命令的尝试并生成错误之前的等待时间
CommandType	获取或设置一个枚举值，该值指示如何解释 CommandText 属性。该属性取值如表 9-9 所示
Connection	获取或设置 SqlCommand 实例使用的 SqlConnection
Parameters	参数集合，用于设置参数，向 SQL 命令传递数据，执行参数查询
Transaction	获取或设置将在其中执行 SqlCommand 的 SqlTransaction

表 9-9 列出了 CommandType 属性的主要成员。

表 9-9　CommandType 属性的主要成员

成 员 名 称	说 明
Text	SQL 文本命令（默认）
StoredProcedure	存储过程的名称。此时，CommandText 属性应设置为要访问的存储过程的名称
TableDirect	表的名称。此时，应将 CommandText 属性设置为要访问的表的名称

3. 主要方法

表 9-10 列出了 SqlCommand 类的主要方法。

表 9-10　SqlCommand 类的主要方法

方 法 名 称	说 明
CreateParameter	创建 SqlParameter 对象的新实例
Dispose	关闭有关对象，释放资源
ExecuteNonQuery	对连接执行 SQL 语句并返回受影响的行数
ExecuteReader	将 CommandText 发送到 Connection 并生成一个 SqlDataReader
ExecuteScalar	执行查询，并返回查询所返回的结果集中第一行的第一列。忽略其他列或行
ExecuteXmlReader	将 CommandText 发送到 Connection 并生成一个 XmlReader 对象

下面将结合实例，详细介绍上述构造函数、主要属性和方法的使用。

9.3.2　ExecuteNonQuery 方法

ExecuteNonQuery 方法用来执行 INSERT、UPDATE、DELETE 和其他没有返回值的 SQL 命令，比如 CREATE DATABASE（创建数据库）和 CREATE TABLE（创建表）命令。当使用 INSERT、UPDATE、DELETE 时，ExecuteNonQuery 返回命令所影响的行数。对所有其他命令，返回－1。

下面以 Northwind 数据库的商品类别表（Categories）为例，介绍如何使用 ExecuteNonQuery 方法。

1. Categories 表结构

Categories 表有 4 个字段：CategoryID（类别 ID）、CategoryName（类别名称）、Description（描述）、Picture（图片）。其中，CategoryID 是自增长类型。表结构如图 9-6 所示。

2. 增删改字符串 SQL 语句

要向 Categories 表里增加记录、删除记录或修改记录，需要使用相应的 SQL 语句，下

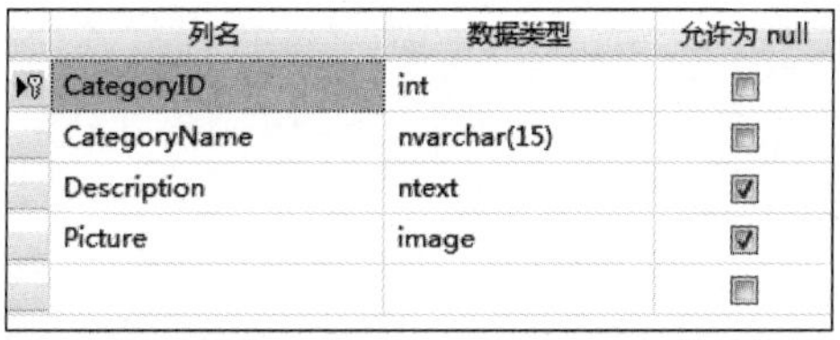

图 9-6 Categories 表结构

面举例说明增删改字符串 SQL 语句。

（1）向 Categories 表增加一条记录的 SQL 语句为：

```
String strSql="INSERT INTO [Categories]([CategoryName],[Description]) "+
              "VALUES('Tools','工具类') ";
```

（2）修改一条记录的 SQL 语句为：

```
String strSql="UPDATE [Categories] "+
              "SET [CategoryName]='additive',[Description]='添加剂'"+
              "WHERE [CategoryID]=9";
```

（3）删除一条记录的 SQL 语句为：

```
String strSql="DELETE FROM [Categories] WHERE [CategoryID]=9";
```

【实例 9-1】 该实例使用 ExecuteNonQuery 方法，对 Northwind 数据库的商品类别表（Categories）进行增删改操作。

部分源代码如表 9-11 所示，代码中涉及 SqlConnection、SqlCommand 两个类和 SqlCommand 类的一个 ExecuteReader 方法。

表 9-11 实例 9-1 部分源代码

行号	部分源代码
01	using System;
02	using System.Data.SqlClient;
03	namespace 实例 9_1ExecuteNonQuery 方法{
04	class SqlDbHelper {
05	public static int ExecuteSql(string strSql) {
06	SqlConnection cn=null;
07	try {
08	cn=GetSQLConnection(); //调用 9.2.2 节声明的数据库连接方法
09	cn.Open();
10	SqlCommand cmd=new SqlCommand(strSql, cn);
11	return cmd.**ExecuteNonQuery ()**;
12	}
13	catch (Exception ex) { throw ex; }
14	finally {
15	if (cn.State==ConnectionState.Open) cn.Close();
16	}

续表

行号	部分源代码
17	}
18	}
19	public partial class Form1: Form {
20	private void button1_Click(object sender, EventArgs e) {
21	String strSql="INSERT INTO [Categories]([CategoryName],[Description]) "+
22	"VALUES('Tools','工具类') ";
23	SqlDbHelper.ExecuteSql(strSql);
24	}
25	}

上面代码中，只需要向 SqlDbHelper 类的 ExecuteSql(string strSql)方法传递不同的字符串 SQL 语句，就能够实现向 Categories 表插入一条新的记录、更改表中记录或者删除表中记录。

对上面代码做如下注解。

（1）第 03 行声明命名空间。

（2）第 06 行创建一个数据库连接，并在第 08 行获得数据库连接，第 09 行打开数据库连接。

（3）第 05 行传送字符串 strSql 给 ExecuteSql 方法，并在第 10 行生成 SqlCommand 对象。

（4）第 11 行使用命令对象的 ExecuteNonQuery 方法向 Categories 表插入（更改或删除）一条记录，并返回该命令所影响的行数 1。

（5）第 15 行断开数据库连接。

（6）第 04～18 行 SqlDbHelper 类也可以用表 9-12 代码替换的。注意 SqlCommand 属性的使用。

表 9-12　使用 SqlCommand 类的属性

行号	部分源代码
01	class SqlDbHelper {
02	public static int ExecuteSql (string strSql){
03	SqlConnection cn=GetSQLConnection();
04	try {
05	cn.Open();
06	SqlCommand cmd=new SqlCommand();
07	cmd.CommandText=strSql;
08	cmd.Connection=cn;
09	cmd.CommandTimeout=30;
10	cmd.CommandType=CommandType.Text;
11	return cmd.**ExecuteNonQuery ()**;
12	}
13	catch (Exception ex) {　throw ex;　}

续表

行号	部分源代码
14	finally　{
15	if（cn.State＝＝ConnectionState.Open）cn.Close()；
16	}
17	}
18	}

对上述实例代码说明如下。

（1）第 03 行创建了一个连接对象 cn。

（2）第 06 行创建了一个命令对象。

（3）第 07 行指定了命令对象的 SQL 语句。

（4）第 09 行显示了可以用命令对象的 CommandTimeout 属性指定命令执行的超时时间，代码中的第 09 行设置命令执行的超时时间为 30s。如果不设置 CommandTimeout 属性，则默认的命令超时时间是 30s。超时的命令会引发 SqlException 异常。有时，为了防止命令超时的做法把 CommandTimeout 设为 0。

（5）第 11 行执行命令对象的 ExecuteNonQuery() 方法，并返回命令所影响的行数。

9.3.3　ExecuteScalar 方法

ExecuteScalar 方法执行一个 SQL 命令并返回结果集的第 1 列第 1 行。它最经常用来执行 SQL 的 COUNT、AVG、MIN、MAX 和 SUM 聚合函数，这些函数都是返回单行单列的结果集。下面的实例把 Products 表（Northwind）中最高的单价输出在控制台窗口中。

【实例 9-2】　利用 ExecuteScalar 方法输出商品表（Products）中最高单价（UnitPrice）。选择 Products 表中 UnitPrice 最大值的字符串 SQL 语句如下：

```
String strSql="SELECT MAX([UnitPrice]) FROM[Products]";
```

部分源代码如表 9-13 所示。

表 9-13　实例 9-2ExecuteScalar 方法的应用部分源代码

行号	部分源代码
01	class SqlDbHelper {
02	public static int ExecuteScalar(string strSql) {
03	SqlConnection cn＝GetSQLConnection()；　//调用 9.2.2 节声明的数据库连接方法
04	try {
05	cn.Open()；

行号	部分源代码
06	SqlCommand cmd＝new SqlCommand(strSql, cn);
07	return Convert.ToInt32(cmd.ExecuteScalar());
08	}
09	catch (Exception ex) {throw ex;}
10	finally {
11	if(cn.State＝＝ConnectionState.Open)
12	cn.Close();
13	}
14	}
15	}
16	public partial class Form1: Form {
17	private void button2_Click(object sender, EventArgs e)　{
18	String strSql＝"SELECT MAX([UnitPrice]) FROM [Products]";
19	int max＝**SqlDbHelper.ExecuteScalar(strSql)**;
20	MessageBox.Show(max.ToString());
21	}
22	}

注意：第 07 行中把 ExecuteScalar 的返回值转换为整型。ExecuteScalar 一般返回一个 Object 类型，因此必须把它转换为强类型。如果转换不正确，.NET 框架就会引发 InvalidCastException 异常。

9.3.4　ExecuteReader 方法

ExecuteReader 方法也是 SqlCommand 类的常用方法之一。该方法的最大特点是，能够尽可能快地对数据库进行查询并得到结果。该方法返回一个 SqlDataReader 对象。该对象是一个简单的数据集，用于从数据源中检索只读、仅向前数据集，读取数据速度快，常用于检索数据量较大的场合。下面实例说明了 SqlCommand 类和 ExecuteReader 方法的使用。

【实例 9-3】　该实例使用 ExecuteReader 方法和作为结果的 SqlDataReader，把 Northwind 数据库里的 Categories 表所有类别名称（CategoryName）显示在窗体的 listBox1 控件中。其中字符串 SQL 语句如下：

```
String strSql="SELECT [CategoryID],[CategoryName] FROM [Categories]";
```

实例中涉及了 3 个类（SqlConnection、SqlCommand 和 SqlDataReader）、2 个方法（SqlCommand 类的 ExecuteReader 方法和 SqlDataReader 类的 Read 方法）。部分源代码如表 9-14 所示。

表 9-14　实例 9-3 部分源代码

行号	部分源代码
01	class SqlDbHelper {
02	public static SqlDataReader ExecuteReader (string strSql) {
03	SqlConnection cn＝GetSQLConnection()；　//调用 9.2.2 节声明的数据库连接方法
04	try {
05	cn.open()；
06	SqlCommand cmd＝new SqlCommand(strSql, cn)；
07	SqlDataReader rd＝cmd.ExecuteReader()；
08	return rd；
09	}
10	catch (Exception ex) {throw ex;}
11	}
12	}
13	public partial class Form1：Form {
14	private void button3_Click(object sender, EventArgs e)　{
15	String strSql＝"SELECT [CategoryID],[CategoryName] FROM [Categories]"；
16	SqlDataReader rd＝SqlDbHelper. ExecuteReader (strSql)；
17	while(rd.Read ()) {
18	this.listBox1.Items.Add(rd["CategoryName"].ToString ())；
19	}
20	rd.Close()；
21	}
22	}

对上述实例代码说明如下。

（1）第 03 行创建了一个连接对象 cn。第 05 行打开数据库连接。

（2）第 06 行创建了一个命令对象。

（3）第 07 行执行命令对象的 ExecuteReader()方法,第 08 行返回一个 SqlDataReader 类型的结果集。

（4）第 16 行调用 sqlDbHelper 类声明的 ExecuteReader()方法。

（5）第 17 行,对 SqlDataReader.Read 的每次调用都会从结果集中返回一行。当到达结果集尾时,返回 false。

（6）第 18 行,在实例中使用属性索引器来提取记录的 CategoryName 字段。字段可以用名称或者索引值(基数为 0)引用,例如,CategoryName 字段在 Categories 表中第二列,其索引值为 1,因此,第 18 行可以用如下语句表示：

```
this.listBox1.Items.Add(rd[1]);
```

9.3.5　参数查询

9.3.5

参数查询是指在 SQL 语句中以占位符表示要查询的值,称为参数,执行时再传入要查询的实际值,这将给程序带来更大的灵活性。我们前面用过的命令对象都是不带参数的,但在很多情况下我们需要使用 SQL 语句对数据库进行一些重复的操作,这时就非常适合使用参数查询。

1. 参数查询应用实例

【实例 9-4】 使用参数查询方式修改商品类别表（Categories）中的记录。表 9-15 提供了部分源代码。

表 9-15 实例 9-4 部分源代码

行号	部分源代码
01	public static int ExecuteSqlParameters(){
02	SqlConnection cn＝GetSQLConnection();　//调用 9.2.2 节声明的数据库连接方法
03	try {
04	cn.Open();
05	string strSql="INSERT INTO [Categories] "＋
06	"([CategoryName],[Description]) "＋
07	"VALUES(@CategoryName,@Description)";
08	SqlCommand cmd＝new SqlCommand(strSql, cn);
09	cmd.Parameters.Add("@CategoryName", SqlDbType.NVarChar);
10	cmd.Parameters.Add("@Description", SqlDbType.NText);
11	cmd.Parameters.Add("@CategoryID", SqlDbType.Int);
12	cmd.Parameters["@CategoryName"].Value＝"additive";
13	cmd.Parameters["@Description"].Value＝"添加剂";
14	cmd.Parameters["@CategoryID"].Value＝10;
15	return cmd.ExecuteNonQuery();
16	}
17	catch (SqlException ex) {
18	throw ex;
19	}
20	finally {
21	cn.Dispose();
22	}
23	}

对上述实例代码说明如下。

（1）第 09～11 行创建参数并加入到 Parameters 集合里。

（2）第 12～14 行设置参数的值。这些参数值可以来自窗体上的控件。

（3）第 15 行执行插入操作。

上面代码执行后数据库里会增加一条记录。要注意参数化 SQL 语句是和命令对象配合使用的。上面的参数化 SQL 语句中使用的 @CategoryName、@Description、@CategoryID 就是参数（参数以@开头），在 SqlCommand 中需要为这些参数创建对应的参数对象，具体来说，参数查询有 3 步。

（1）构造参数化的 SQL 语句，可以是任何 SQL 语句。

（2）为每一个 SQL 语句中出现的参数定义一个参数对象，并将这些参数加入到命令对象中。

（3）给参数设置值，并执行查询。

2. 参数对象

上面实例中第 09～11 行使用了 cmd.Parameters.Add 方法创建了参数对象。此外，也可以自己定义参数对象，定义完后再加入到命令对象中。例如，上面代码中第 09 行可以由下列语句替代：

```
SqlParameter par_Name=new SqlParameter();
par_Name.ParameterName="@CategoryName";      //设置参数的名称
par_Name.SqlDbType=SqlDbType.NVarChar;        //设置参数数据的类型
cmd.Parameters.Add(par_Name);                 //将参数对象加入命令对象中
```

自己定义的参数对象更加灵活，参数对象拥有许多有用的属性。表 9-16 列出了参数对象常用的属性。

表 9-16　参数对象常用的属性

属　　性	说　　明
Direction	指示参数是只可输入、只可输出、双向还是存储过程返回值
IsNullLabel	该值指示参数是否接受空值
ParameterName	参数的名称，与在参数化 SOL 中出现的参数名要对应
SqlDbType	参数的数据类型
Size	获取或设置参数数据的大小，设置 Size 仅影响输入的参数值
SourceColumn	获取或设置源列的名称
SourceVersion	确定参数值使用的是原始值还是当前值
Value	参数的值

9.3.6　存储过程

9.3.6

存储过程是连接式访问数据库的一种延伸，主要是通过命令对象调用数据库系统中的存储过程来完成的。数据库中的存储过程类似于 C♯中的方法，用来执行管理任务或应用复杂的业务规则。像方法一样，存储过程可以带参数也可以不带参数，可以有返回结果也可以没有返回结果。使用存储过程可以提高数据库操作的速度和效率，还可以提高系统安全性，如防止注入式攻击等，所以是最常用的操作数据库的技术。在.NET 中使用 SqlCommand 命令对象调用并执行 SQL Server 数据库的存储过程。

1. 设计存储过程

有关设计存储过程需要数据库知识支撑。在 SQL Server 2012 Management Studio 环境中，在对象资源管理器窗口中找到"存储过程"，然后右击，在弹出菜单中选择"新建存储过程"，将会给出一个创建存储过程的模板。可在此模板基础上进行修改，创建符合实际要求的存储过程。下面创建一个名称为 up_SalesByCate 的存储过程,该存储过程是按输入商品类别汇总该类别商品销售总额。存储过程用到一个输入参数和一个输出参数(返回执行结果)。创建的存储过程如表 9-17 所示。

表 9-17　存储过程实例源代码

行号	存储过程 up_SalesByCate 源代码
01	CREATE PROCEDURE [dbo].[up_SalesByCate]
02	@CategoryName nvarchar(15), @Total decimal(8,2) output
03	AS
04	
05	BEGIN
06	set @Total = (
07	SELECT sum(OD.Quantity * (1−OD.Discount) * OD.UnitPrice)
08	from [Order Details] OD, Orders O, Products P, Categories C
09	WHERE OD.OrderID = O.OrderID
10	AND OD.ProductID = P.ProductID
11	AND P.CategoryID = C.CategoryID
12	AND C.CategoryName = @CategoryName
13	GROUP BY CategoryName
14	)
15	END

在 SQL Server 2012 Management Studio 环境中创建上述存储过程,然后执行该存储过程,商品类别输入 seafood,将返回销售总额为: 131 261.74。

2. 调用存储过程

在直接访问模式下,利用命令对象执行数据库中的存储过程,规范用法的基本步骤如下。

(1) 创建与数据库的连接。

(2) 建立命令对象,并指定其 Connection 属性为已建立的连接对象。

(3) 将 CommandType 属性设置为 CommandType.StoredProcedure。

(4) 将数据命令对象的 CommandText 属性设置为存储过程的名称。

(5) 如果命令采用参数,则设置参数。

(6) 创建一个数据读取器对象。

(7) 调用命令的 ExecuteReader() 方法,将结果设置到数据读取器。

(8) 使用数据读取器的 Read() 方法依次读取数据读取器中的数据,直到该方法返回假。

(9) 关闭数据读取器、数据库连接。

【实例 9-5】 该实例利用命令对象调用前面设计的 up_SalesByCate 存储过程。输出按商品类别(海产品,seafood)汇总的销售额。表 9-18 给出了部分程序源代码。

表 9-18　实例 9-5 部分源代码

行号	部分源代码
01	using System;
02	using System.Data;
03	using System.Data.SqlClient;
04	class SqlDbHelper{
05	public static decimal ExecuteProc() {
06	try{
07	using (SqlConnection cn = SqlDbHelper.GetSQLConnection()) {
08	cn.Open();
09	SqlCommand cmd = new SqlCommand();
10	cmd.Connection = cn;
11	cmd.CommandType = CommandType.StoredProcedure;
12	cmd.CommandText = "SalesByCate";
13	cmd.Parameters.Add("@CategoryName",
14	SqlDbType.VarChar,15).Value="seafood";
15	SqlParameter total= cmd.Parameters.Add("@Total ", SqlDbType.Decimal);
16	total.Precision = 18;
17	total.Scale = 2;
18	total.Direction = ParameterDirection.Output;
19	cmd.ExecuteNonQuery();
20	return (decimal)total.Value;
21	}
22	}
23	catch (Exception ex) {
24	throw ex;
25	}
26	}
27	}

在上面代码中,为命令对象指定了两个参数:一个输入参数@CategoryName(未指定参数的 Direction 属性,则默认为输入参数),一个输出参数@Total。上面代码做如下解释。

(1) 第 08 行调用连接对象 cn 的 Open 方法,实现与数据库真正连接。

(2) 第 09 行创建 Command 对象。

(3) 第 10~12 行,通过 Command 属性为其指定连接对象、命令以及命令类型。

(4) 第 13~15 行,通过参数集合(Parameters)的 Add 方法为 Command 对象添加两个参数@CategoryName 和@Total,并指定其数据类型。其中,14 行同时为@CategoryName 参数赋值。

(5) 第 16、17 行,为@Total 参数指定长度、精度。

(6) 第 18 行,指定@Total 为输出参数。ParameterDirection 为枚举类型,有 4 个枚举值: Input 表示输入参数,默认值;Output 表示输出参数;InputOutput 表示参数既能输入又能输出;ReturnValue 获取存储过程返回值。

(7) 第 19 行,调用 Command 对象的 ExecuteNonQuery 方法完成数据操作。

(8) 第 20 行,由于@Total 的 Value 为 Object 类型,因此此处做了显式转换。

（9）第24行，注意此处使用 throw 抛异常，而不具体处理异常，异常处理由调用此方法的上层方法去做。

9.3.7　事务处理

9.3.7

什么是事务处理？事务是一组组合成逻辑工作单元的数据库操作。事务是为了对数据库操作过程中出现的问题而提出的概念。虽然系统可能出错，但是事务将控制和维护每个数据库的一致性和完整性，并且事务是个单元，所谓的单元，就是如果没有错误的话就修改成功，要么全部失败。

【实例 9-6】　调用 Northwind 数据库中存储过程，采用事务处理模式删除 Categories 表中 CategoryID 大于 8 符合条件所有记录。表 9-19 为自行设计的存储过程代码，表 9-20 为使用事务处理模式的程序代码。

表 9-19　存储过程实例源代码

行号	存储过程 up_Categories_Delete 源代码
01	CREATE PROCEDURE [dbo].[up_Categories_Delete]
02	@WhereCondition nvarchar(50)
03	AS
04	DECLARE @SQLnvarchar(255)
05	SET @SQL = '
06	DELETE FROM [Categories]
07	WHERE
08	' + @WhereCondition
09	EXECsp_executesql @SQL

表 9-20　使用事务处理模式的代码

行号	部分源代码
01	private void button1_Click(object sender,EventArgs e){
02	SqlConnection cn＝null;
03	SqlTransaction trans＝null;
04	try {
05	//调用 9.2.2 节创建数据库连接对象
06	cn = SqlDbHelper.GetSQLConnection();
07	cn.Open();
08	trans ＝cn.BeginTransaction();　　　　　　　　//启动一个事务
09	stringcmdText = "up_Categories_Delete";　　　//存储过程名称
10	using (SqlCommand cmd = new SqlCommand())
11	{
12	cmd.Connection = cn;
13	cmd.CommandType = CommandType.StoredProcedure;
14	cmd.CommandText = cmdText;
15	cmd.CommandTimeout = 60;
16	cmd.Parameters.Add("@WhereCondition",SqlDbType.NVarChar,255);
17	cmd.Parameters["@WhereCondition"].Value＝"CategoryID＞8";

续表

行号	部分源代码
18	if（trans！＝null）cmd.Transaction ＝ trans;
19	cmd.ExecuteNonQuery();
20	}
21	trans.Commit();
22	}
23	catch（Exception ex）{
24	trans.Rollback();
25	MessageBox.Show(ex.Message);
26	}
27	finally{
28	if（trans！＝null）trans.Dispose();
29	if（cn！＝null && cn.State ＝＝ ConnectionState.Open）cn.Dispose();
30	}
31	}

上面代码第 02、03 行声明一个连接对象和事务对象;06、07 两行创建连接对象并打开;08 行启动一个事务,事务是附属在连接对象上的;21 行的行为是提交事务;24 行是发生异常时回滚事务;28 行任务完成后释放事务;29 行释放连接对象。

代码中第 10 行,使用 using 语句目的是确保 Command 对象会被合理释放,即使在调用对象上的方法时发生异常也是如此。这种写法和前面的将 Command 对象放入 try块中,并在 finally 块中通过调用 Command 对象的 Dispose 方法。实际上,这就是编译器转换 using 语句的方式。下列情况建议使用 using 语句。

（1）如果你需要使用一个对象,这个对象占用很多紧缺的资源,使用完成后需要马上释放掉的话,建议使用 using 语句。

（2）这样写是为了避免资源释放不及时导致的冲突或性能问题。

（3）这样写的好处是降低因为争抢资源发生冲突或性能问题的概率。

9.4　数据集模式

我们在 9.1 节中曾介绍过,ADO.NET 提供两种数据访问模式:直接访问模式和数据集模式。在数据集模式下,首先使用 DataAdapter 将数据加载到 DataSet 对象,然后可以断开和数据库的连接。当对 DataSet 中的数据操作完毕,可以使用 DataAdapter 将更改写回数据库。

9.4.1　DataSet

前面已经对 DataSet 概念和结构模型做过介绍,DataSet 作为数据库的临时数据容器,可以实现数据库的断开式访问。对于 DataSet 而言,可以一次性将需要的数据装入DataSet 中,等操作完成后一次性更新到数据库中,这就是数据集断开式访问方式。

DataSet 的数据源并不一定是关系数据库,还可以是文本、XML 文件等,无论什么样的数据源,DataSet 都提供了一致的编程模型。

创建数据集 DataSet 对象的格式如下:

```
DataSet ds=new DataSet();
```

DataSet 对象常用的属性是 Tables,通过该属性,可以获得或设置数据表行、列的值,例如表达式"ds.Tables[" MyTable"].Row[i][j]",表示访问 MyTable 表的第 i 行第 j 列。

DataSet 对象常用的方法有 Clear()和 Copy()。Clear()方法用于清除 DataSet 对象的数据,删除所有 DataTable 对象,即释放 DataSet 对象;Copy()方法复制 DataSet 对象的结构和数据,返回值与本 DataSet 对象具有同样结构和数据的 DataSet 对象。

9.4.2 DataAdapter

1. DataAdapter 的作用

DataAdapter 又被称为数据适配器,它有两方面的作用。

(1) 用于从数据源中检索数据并充填数据集中表。数据适配器是数据集和数据源之间的一个桥梁。DataSet 不与数据库直接交互,而是由 DataAdapter 完成这项工作。图 9-7 描绘了 DataSet、DataAdapter 和数据源之间的关系。在这种关系中,DataAdapter 位于中间,在 DataSet 和物理数据源之间提供一个抽象层。

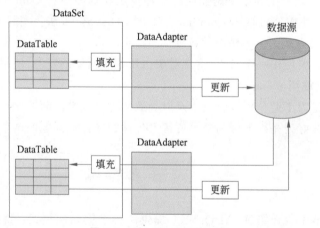

图 9-7　DataAdapter 的角色

(2) 将数据集中数据的更改解析回数据源,达到数据库更新的目的。

ADO.NET 框架提供了两种数据适配器:SqlDataAdapter(专门用于访问 SQL Server 7.0 或更高版本的数据库)和 OleDbDataAdapter(用于访问任何 OLE DB 数据源)。

2. DataAdapter 的属性和方法

1) 主要属性

在数据适配器中主要属性为 4 个数据命令属性,分别对应于 4 种查询语句,都属于

Sq1Command 或 OleDbCommand 类型的对象。表 9-21 给出了 DataAdapter 的主要属性。

表 9-21 DataAdapter 的主要属性

属 性	说 明
SelectCommand	对应于 SELECT 语句,用于从数据源中检索数据
UpdateCommand	对应于 UPDATE 语句,用于更新数据源
InsertCommand	对应于 INSERT 语句,用来向数据源中插入新记录
DeleteCommand	对应于 DELETE 语句,用来删除数据源中的记录

2）主要方法

数据适配器中最主要的两个方法是 Fill 方法和 Update 方法。关于这两个方法的使用分别将在 9.4.3 节和 9.4.4 节中做详细介绍。

9.4.3 使用 DataAdapter 的 Fill 方法初始化 DataSet

DataAdapter 的 Fill 方法查询数据库并使用检索结果更新 DataSet 中的 DataTable,如果 DataTable 不存在,则创建新的 DataTable。在填充 DataSet 时如果出现错误,则填充操作将被终止,DataSet 中只包含错误之前的数据。

假如数据集实例对象为 myDataSet,下面的语句示意了 Fill 方法的不同用法。

```
//使用数据源中的表 Categories 填充数据集
myDataAdapter.Fill(myDataSet,"Categories");
//使用数据源表 Categories 中从第 9 个记录起的 15 条记录填充数据集
myDataAdapter.Fill(myDataSet,9, 15, "Categories");
```

下面通过一个实例说明如何使用 DataAdapter 的 Fill 方法初始化 DataSet。

【实例 9-7】 设计一个 Windows 应用程序,在窗体上需要添加一个 DataGridView 控件。程序运行时,会将 Northwind 数据库中 Categories 表中的数据显示在窗体的 DataGridView1 控件中。实例界面及运行效果如图 9-8 所示。

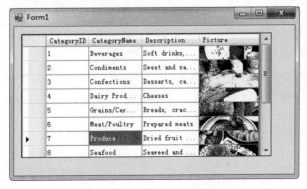

图 9-8 利用 DataGridView 控件显示表中数据

程序中使用DataAdapter检索数据库数据，并使用Fill方法初始化DataSet。部分源代码如表9-22所示。

表9-22　实例9-7部分源代码

行号	部分源代码
01	class SqlDbHelper {
02	public static DataSet GetDataSet(string strSql) {
03	using (SqlConnection cn＝GetSQLConnection())//调用9.2.2节声明的数据库连接方法
04	{
05	try {
06	SqlCommand cmd＝new SqlCommand(strSql, cn);
07	SqlDataAdapter ad＝new SqlDataAdapter(cmd);
08	DataSet ds＝new DataSet();
09	ad.Fill(ds);
10	return ds;
11	}
12	catch (Exception ex) { throw ex; }
13	finally { cn.Close(); }
14	}
15	}
16	}
17	public partial class Form1: Form {
18	private void Form1_Load(object sender, EventArgs e){
19	String strSql="SELECT ＊ FROM [Categories]";
20	DataSet ds＝**SqlDbHelper.GetDataSet(strSql)**;
21	DataTable table＝ds.Tables[0];
22	this.dataGridView1.DataSource＝table;
23	}
24	}

上面代码完成了下述操作。

（1）第03行，获得数据库连接对象。

（2）第06行，使用传递给SqlDataAdapter构造函数的SqlCommand对象，对Northwind数据库执行查询。

（3）第09行，检索由查询产生的所有记录，并把它们写入DataSet中，在DataSet的DataTable中创建一个Tables[0]表。

（4）第20行，把SQL字符串传递给SqlDbHelper类的GetDataSet()方法，获得数据集。

（5）第22行，将数据集中的Tables[0]表作为数据源在dataGridView1控件上显示。

9.4.4　DataTable

1. DataTable 简介

9.4.4

在9.1节，我们借助图9-2向大家介绍过DataSet对象模型。从图9-2中可以看出：DataTable是一个很重要的对象，DataSet对象是一个或多个DataTable的集合。一个

DataTable 又是由行集合、列集合、约束等组成。下面介绍 DataTable 的几种常见用法。

（1）遍历 DataSet 中的 DataTable 对象。假设存在一个名为 ds 的 DataSet，该数据集中充填多个数据表。下面代码通过迭代方式输出所有表的名称：

```
DataSet ds=new DataSet();
foreach (DataTable table in ds.Tables)
{
    Console.WriteLine(table.TableName.ToString());
}
```

（2）检索 DataSet 中的第一个 DataTable，并把该表中每一行第一列的值输出到控制台窗口中：

```
DataSet ds=new DataSet();
ad.Fill(ds, "myTable");
DataTable table=ds.Tables[0];
foreach(DataRow row in table.Rows)
    Console.WriteLine(row[1]);
ad.Dispose();
```

对上面代码，请注意下面两点。

① DataSet 中的单个表可以通过名称或以 0 为基数的索引引用。因此，第 03 行也可以写成：

```
DataTable table=ds.Tables["myTable"];
```

② 列也可以通过名称或数据值来引用。第 05 行中 row[1]表示第 2 列。因此，第 05 行也可以用字段名称表示，假如第 2 列的字段名称为 CategoryName，则第 05 行可以写成：

```
Console.WriteLine(row["CategoryName"]);
```

（3）在 DataSet 中的 DataTable 中插入一行数据。

```
DataSet ds=new DataSet();
ad.Fill(ds, "myTable");
DataTable table=ds.Tables[0];
DataRow row=table.NewRow();
row["CategoryName"]="additive";
row["Description"]="食物添加剂";
table.Rows.Add(row);
```

对于 Windows 应用或 Web 应用，最常见的是将 DataTable 与数据显示控件（如 DataGridView）进行绑定。下面通过实例介绍如何在 DataTable 中插入记录、选择记录、更新记录和删除记录。

2. 在 DataTable 中插入记录

在 9.3 节中曾介绍过，在数据库中插入记录的方法之一是在包装了 INSERT 命令的

Command 对象上调用 ExecuteNonQuery。向数据库插入记录的另一个方法是使用 DataSet。通常的做法是用 DataAdapter.Fill 执行一个查询操作，在查询操作得到的 DataTable 中添加记录，然后把更改写回数据库。9.4.3 节已经介绍了如何调用 Fill 方法充填 DataSet，下面将重点讨论如何向 DataTable 中添加记录。

【实例 9-8】 把一条记录添加到 Northwind 数据库的 Categories 表中。部分源代码如表 9-23 所示。

表 9-23　实例 9-8 部分源代码

行号	部分源代码
01	private void button2_Click(object sender, EventArgs e)　//"插入记录"按钮
02	{
03	SqlConnection cn＝SqlDbHelper.GetSQLConnection();
04	try
05	{
06	cn.Open();
07	SqlDataAdapter ad＝new SqlDataAdapter("SELECT ＊ FROM Categories", cn);
08	SqlCommandBuilder cb＝new SqlCommandBuilder(ad);
09	DataSet ds＝new DataSet();
10	ad.Fill(ds, "myTable");
11	DataTable table＝ds.Tables[0];
12	DataRow row＝table.NewRow();　　　　　　//创建一个新的 DataRow
13	row["CategoryName"]＝"additive";　　　　//初始化这个 DataRow
14	row["Description"]＝"食物添加¨;
15	table.Rows.Add(row);　　　　　　　　　//把 DataRow 添加到 DataTable 中
16	ad.Update(table);　　　　　　　　　　//更新数据库
17	}
18	catch (Exception ex) {throw ex;}
19	finally {cn.Close();}
20	Form1_Load(null, null);
21	}

对上述代码，说明如下。

（1）第 03 行，调用 9.2.2 节声明的数据库连接方法。

（2）第 12 行新建一个代表将要被添加的记录的 DataRow。这里之所以不使用 new，而是调用 DataTable 的 NewRow()方法来创建 DataRow，是为了使 DataTable 能够用与它自己相匹配的架构来初始化 DataRow。

（3）第 13、14 行为 DataRow 的每列赋值。列可以用从数据库中检索到的字段名设定地址。Categories 表包含 4 列，而实例中只初始化了其中 2 列，这是由于自增长列（CategoryID）不需要初始化、允许为空列（Picture）也可以不被初始化。

（4）DataRow 被初始化后，就可以通过调用表的 Rows 集合的 Add 方法把它添加到 DataTable 中（第 15 行）。重复这一过程可以添加任意多条记录。

（5）第 20 行，调用 Form1_Load()方法，将更新后的数据重新显示在窗体 dataGridView1 控件中。Form1_Load()方法内的代码参见实例 9-6。

（6）特别需要强调的是，在 DataTable 中执行的插入、更新和删除操作并不会自动写回数据库。如果想把更改写回数据库，必须手动完成。第 16 行、第 08 行用于更新数据库，将插入记录真正写到数据库中。

3. 在 DataTable 中选择记录

在进行更新、删除记录操作之前，往往需要首先找出要更新和删除的记录。一种方法是遍历 DataRow，筛选出想要操作的记录。另一种更好的查找方式是使用 DataTable.Select() 方法。

顾名思义，Select 方法就是在 DataSet 中选择一个或多个符合一定条件的记录，它返回一个 DataRow 对象的数组。下面的实例使用 Select 方法返回一个 DataRow 对象的数组。

【实例 9-9】 对 Northwind 数据库的 Orders 表进行过滤，返回 1998 年 5 月 1 日之后，且店名含有 Super 的所有订单，将返回的结果显示在窗体的 listBox1 控件中。部分源代码如表 9-24 所示。

表 9-24　实例 9-9 部分源代码

行号	部分源代码
01	private void button3_Click(object sender, EventArgs e) {　　　//"选择记录"按钮
02	using(SqlConnection cn＝SqlDbHelper .GetSQLConnection ())
03	{
04	try {
05	cn.Open();
06	SqlDataAdapter ad＝new SqlDataAdapter("SELECT * FROM Orders", cn);
07	DataSet ds＝new DataSet();
08	ad.Fill(ds, "myTable");
09	DataTable table＝ds.Tables["myTable"];
10	string strFilterExpression＝"orderdate＞"＋DateTime.Parse("1998-5-1")＋
11	" and ShopName like '％Super％'";
12	DataRow[] rows＝table.Select(strFilterExpression);
13	foreach (DataRow row in rows)
14	{
15	listBox1.Items.Add(row["orderdate"]);
16	listBox1.Items.Add(row["shopName"]);
17	}
18	}
19	catch (Exception ex) {　throw ex;　}
20	finally {　cn.Dispose();　}
21	}
22	}

对上述代码，说明如下。

（1）第 12 行，通过 table 的 Select() 方法实现了筛选。筛选器表达式是一个字符串 strFilterExpression。该字符串在第 09、10 行定义完成。

（2）在筛选器表达式中，可以使用 SQL 语句中的各种运算符，如<、<=、>、>=、=、<>、IN、LIKE、AND、OR、NOT 等。此外，一些在 SQL 语句中使用的函数，如 ISNULL 函数也是支持的。关于筛选器表达式的进一步介绍，大家可参阅.NET 框架的 SDK 文档。

（3）由于 Select()方法返回一个 DataRow 对象数组，因此第 13～17 行使用迭代方式遍历数组中每一行，并在窗体的 listBox1 控件中输出 orderdate(订单日期)和 shopName (店名)两列。

4. 在 DataTable 中更新记录

一旦确定了要更新的记录后，执行更新操作就很简单，只要把记录的一个或多个字段替换成需要更新的值即可。下面的实例说明了如何利用 DataTable 更新记录。

【实例 9-10】　选择 Northwind 数据库的 Products 表中所有单价(UnitPrice)大于 100 的商品，并把它们的价格降低 10%。部分源代码如表 9-25 所示。

表 9-25　实例 9-10 部分源代码

行号	部分源代码
01	private void button2_Click(object sender, EventArgs e){ 　　//"更新记录"按钮
02	SqlConnection cn＝SqlDbHelper .GetSQLConnection ();//调用 9.2.2 节声明的数据库连接方法
03	try
04	{
05	cn.Open();
06	SqlDataAdapter ad＝
07	new SqlDataAdapter("SELECT ＊ FROM Products where UnitPrice＞100", cn);
08	SqlCommandBuilder cb＝new SqlCommandBuilder(ad);
09	DataSet ds＝new DataSet();
10	ad.Fill(ds, "myTable");
11	DataTable table＝ds.Tables["myTable"];
12	foreach (DataRow row in table.Rows)
13	row["UnitPrice"]＝(decimal)row["UnitPrice"] ＊ 0.9m;　　//修改 table 记录
14	ad.Update(table);　　　　　　　　　　　　　　　　//更新数据库
15	}
16	catch (Exception ex) { 　throw ex; 　}
17	finally{ 　cn.Close(); 　}
18	}

5. 在 DataTable 中删除记录

从 DataTable 中删除记录很简单，只要对每个要删除的行调用 Delete 就可以了。下面例子演示了在 DataTable 中删除记录的方法。

【实例 9-11】　删除 Northwind 数据库的商品类别(Categories)表中所有无图片的记录。部分源代码如表 9-26 所示。

表 9-26 实例 9-11 部分源代码

行号	部分源代码
01	private void button3_Click(object sender，EventArgs e)//"删除记录"按钮
02	{
03	SqlConnection cn＝SqlDbHelper .GetSQLConnection ()；//调用 9.2.2 节声明的数据库连接方法
04	try
05	{
06	cn.Open()；
07	SqlDataAdapter ad＝new SqlDataAdapter("select ＊ FROM Categories "，cn)；
08	SqlCommandBuilder cb＝new SqlCommandBuilder(ad)；
09	DataSet ds＝new DataSet()；
10	ad.Fill(ds，"myTable")；
11	DataTable table＝ds.Tables["myTable"]；
12	DataRow[] rows＝table.Select(" Picture is null")；
13	foreach (DataRow row in rows)
14	row.Delete()； //删除行
15	ad.Update(table)； //更新数据库
16	}
17	catch (Exception ex) {　throw ex;　}
18	finally{　cn.Close();　}
19	}

上述代码中，第 08 行声明一个 sqlCommandBuilder 对象，第 12 行获得图片为空的行集合，第 14 行删除图片为空的记录，第 15 行将修改后的数据集（即 table）改写回数据库。

6. 把更改写回数据库

在上面的实例中，如果代码中没有第 08 行和第 15 行，上面的程序能够正常执行，但数据库中相应记录并未真正被删除。造成这个问题的原因是，在 DataTable 中执行的插入、更新和删除操作并不会自动写回数据库。如果想把更改写回数据库，需要调用数据适配器的 Update()方法。因此，第 15 行"ad.Update(table)；"的作用就是把更改写回数据库。

但增加了 Update 方法之后，再来执行程序，会发现程序将抛出异常，提示"当传递具有已删除行的 DataRow 集合时，更新要求有效的 DeleteCommand"错误信息。为什么会出现这样的错误呢？答案还需要从 Update 是怎样更新数据库说起。Update()方法本质是为添加到 DataTable 中的行执行 INSERT 命令，为被修改的行执行 UPDATE 命令，为被删除的行执行 DELETE 命令。但是 INSERT、UPDATE、DELETE 又是从哪里来的呢？它们是由 SqlCommandBuilder 对象自动生成的。大家可能注意到在前面插入、修改记录的实例中都有这样一条语句：

```
SqlCommandBuilder cb=new SqlCommandBuilder(ad);
```

其中，ad 为已经创建的数据适配器名称。

因此，解决实例中无法真正删除记录的问题除了需要调用数据适配器的 Update()方法之外，还需要在上面的代码中增加第 08 行，即添加"SqlCommandBuilder cb = new SqlCommandBuilder(ad);"语句。

此外，在调用 DataAdapter.Update()方法之前，还可以先通过调用 Table 的 GetChanges 的方法创建一个只含有被插入、修改或删除行的 DataTable，然后再传递给 DataAdapter.Update()。如下面的代码所示：

```
DataTable table=ds.Tables[0];
foreach (DataRow row in table.Rows)
    row.Delete();
DataTable table_modi=table.GetChanges();
ad.Update(table_modi);
```

当更新不是在本地执行时，GetChanges()方法只传递被改变的 DataSet 或 DataTable，同传送整个 DataSet 或 DataTable 相比，机器间的数据传输量减到最小，此时，这种处理方式就更加合理、有效。

9.4.5 保存二进制数据

9.4.5

前面实例中，记录中数据均是数字、字符、日期、布尔型数据。那么如何将类似图片、多媒体、可执行文件、Word 文件这样的二进制数据保存到表中呢？对 SQL Server 数据库而言，首先在数据库端将存放这样数据的字段类型设置为 image 或 binary 类型，然后采用 DataTable 实现数据增删改查。对于其他数据库也有类似字段类型存放二进制数据。另外，实际开发中对这样数据处理方式大致有两种：一种是将数据以文件为单位直接存放在服务器上，数据表中保存文件名。比如，把图片存储在服务器，数据表中保存文件名及路径。另一种做法是将文件二进制化或序列化后直接存储于数据表中。这两种做法各有利弊，读者可参阅其他资料进行思考。下面通过实例介绍将图片直接存储于数据表的方法。

【实例 9-12】 Northwind 数据库 Categories 表中 Picture 列为 image 类型。下面代码演示了如何将一幅图片保存到 Picture 字段中，图片修改与此类似。代码如表 9-27 所示。

表 9-27 添加带图片记录部分源代码

行号	部分源代码
01	private void button2_Click(object sender, EventArgs e) {
02	try {
03	OpenFileDialog openFileDialog1 = new OpenFileDialog();
04	openFileDialog1.Filter = " * .jpg| * .jpg";
05	openFileDialog1.ShowDialog();
06	FileStream fs = new FileStream(openFileDialog1.FileName,
07	FileMode.Open, FileAccess.Read);
08	byte[] b = new byte[fs.Length];
09	fs.Read(b, 0, b.Length); //图片文件保存至字节数组中

续表

行号	部分源代码
10	fs.Dispose();
11	using (SqlConnection cn = SqlDbHelper.GetSQLConnection()) {
12	cn.Open();
13	SqlDataAdapter ad = new SqlDataAdapter("SELECT * FROM Categories", cn);
14	SqlCommandBuilder cb = new SqlCommandBuilder(ad);
15	DataSet ds = new DataSet();
16	ad.Fill(ds, "myTable");
17	DataTable table = ds.Tables[0];
18	DataRow row = table.NewRow(); //创建一个新的 DataRow
19	row["CategoryName"] = "abc";
20	row["Description"] = "奶粉";
21	row["Picture"] = b;
22	table.Rows.Add(row); //把 DataRow 添加到 DataTable 中
23	ad.Update(table); //更新数据库
24	}
25	}
26	catch (Exception ex) {
27	MessageBox.Show(ex.Message);
28	}
29	}

对上述代码,说明如下。

(1) 第 03～09 行,完成了将用户选中图片文件保存到内存字节数组中。

(2) 第 21 行将字节数组类型数据赋给 DataRow,实现将图片直接保存到数据库中。

(3) 需要说明,这种方法不但可以添加图片,而且可以添加诸如音乐、视频、word、pdf、excel、exe 等任意二进制文件。

此外,如何将保存于数据表中的图片显示出来? 大致思路为: 获取数据表中数据项(数据类型为 object)→显式转换为 byte[] →由 byte[]生成 MemoryStream 对象→再生成 Bitmap 对象→Bitmap 对象在类似 PictureBox 这样的图片控件中显示。下面是部分关键代码:

```
byte[] b =(byte[]) row["Picture"];
MemoryStream ms =new MemoryStream(b);
Bitmap bitmap =new Bitmap(ms);
this.pictureBox1.Image =bitmap;
```

9.5 DataView

在数据库中,视图是一个基本概念。视图是包含来自一个或多个物理表的行的逻辑表。ADO.NET 也支持视图的概念。ADO.NET 视图用 System.Data.DataView 的实例表示。它支持排序和筛选。利用 DataView 可以创建 DataTable 中所存储数据的不同视图，这种功能通常用于数据绑定应用程序。

DataView 有 3 个常用属性：Sort、RowFilter 和 RowStateFilter。这 3 个属性用于视图的两种基本操作：排序和数据过滤。

1. 排序

视图的 Sort 属性用于包含了定义排序的表达式。表达式中 ASC 表示升序（默认），DESC 表示降序。表达式中多个列以逗号隔离。

2. 数据过滤

数据视图最常用的操作是数据过滤。默认情况下数据视图对象中的数据与关联的 DataTable 中的数据一样。通过指定过滤条件，根据不同的数据对数据进行过滤。执行过滤的方式有两种：行过滤器方式（RowFilter）和行状态方式（RowState）。

（1）行过滤器方式是指基于行中数据进行筛选，由 DataView 的 RowFilter 属性控制。该属性值类似于 SQL 语句中的 WHERE。比如，添加下列语句，只显示 Price 字段值大于或等于 10 的记录。

（2）行状态方式指根据数据表中行的状态进行过滤，由 DataView 对象的 RowStateFilter 属性控制。DataViewRowState 的枚举值如表 9-28 所示。

表 9-28　DataViewRowState 的枚举值

枚 举 值	说 明
CurrentRows	所有 Unchanged、Added 和 Modified 行的 Current 行版本。默认选项
Added	所有 Added 行的 Current 行版本
Deleted	所有 Deleted 行的 Current 行版本
ModifiedCurrent	所有 Modified 行的 Current 行版本
ModifiedOriginal	所有 Modified 行的 Original 行版本
None	没有行
OriginalRows	所有 Unchanged、Added 和 Modified 行的 Original 行版本
Unchanged	所有 Unchanged 行的 Current 行版本

例如，下面语句通过设置如下过滤，可以只显示数据表中所有已修改的行：

```
DataTable table=ds.Tables[0];
DataView dv=new DataView(table);
dv.RowStateFilter=DataViewRowState.ModifiedCurrent;
```

【实例 9-13】　用视图显示商品信息。建立一个 Windows 程序，显示 Northwind 数据库中商品信息。要求：能够按商品 ID、商品名称、单价排序，能够根据给定筛选条件对记录进行筛选。本实例部分源代码如表 9-29 所示。程序运行界面如图 9-9 所示。

技术要点：在数据集的基础上建立数据视图，通过数据视图的 Sort 属性对数据进行排序,通过 RowFilter 属性进行筛选。

表 9-29 实例 9-13 部分源代码

行号	部分源代码
01	private DataView dv;
02	private void Form1_Load(object sender,EventArgs e)
03	{
04	String strSql=" SELECT ProductID,ProductName,UnitPrice FROM Products ";
05	DataSet ds=SqlDbHelper. GetDataSet(strSql);
06	dv=ds.Tables[0].DefaultView;
07	dataGridView1.DataSource=dv;
08	}
09	private void radioButton1_CheckedChanged(object sender,EventArgs e){
10	dv.Sort="ProductID";}
11	private void radioButton2_CheckedChanged(object sender,EventArgs e){
12	dv.Sort="ProductName";}
13	private void radioButton3_CheckedChanged(object sender,EventArgs e){
14	dv.Sort="UnitPrice Desc";}
15	private void button1_Click(object sender,EventArgs e){
16	dv.RowFilter=textBox1.Text; }

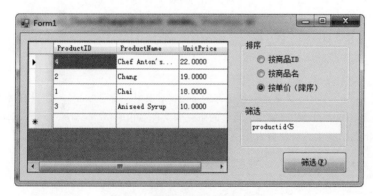

图 9-9 用视图显示商品信息表

本 章 小 结

ADO.NET 包含两个核心组件:.NET 数据提供程序(Data Provider)和 DataSet,对应了直接访问(连接)和数据集(非连接)两种数据访问模式。

直接访问模式使用包含 SQL 语句(包括带参数的 SQL 语句)或对存储过程引用的 Command 对象,打开一个连接,执行命令和操作,然后关闭数据库。如果该命令返回结果集,则可以使用 DataReader 对象读取数据。DataReader 提供一种只读的、向前的遍历数据模式,DataReader 可以作为其他控件的数据源。

　　数据集模式使用 DataSet 对象缓冲数据，使用 DataAdapter 将从数据源获得的数据加载到 DataSet 对象，之后就可以断开和数据源的连接。当对数据集中的数据操作完毕，可以选择通过数据适配器将更改写回数据库。

习　题

1. 填空题

（1）创建与 SQL Server 数据库连接，需要使用（　　）类。

（2）若要创建新的一行，可以调用 DataTable 对象的（　　）方法。

（3）DataReader 对象是通过 Command 对象的（　　）方法生成的。

（4）DataSet 可以看作一个（　　）中的数据库。

（5）从数据源向 DataSet 中填充数据用 DataAdapter 对象的（　　）方法，从 DataSet 向数据源更新数据用 DataAdapter 对象的（　　）方法。

2. 简答题

（1）直接访问模式和数据集模式各自的特点是什么？

（2）ADO.NET 中有哪些数据提供程序？

（3）DataView 的作用是什么？如何实现数据的过滤和排序？

（4）简述 DataReader 类的特点。

（5）简述调用存储过程的一般步骤。

3. 综合题

（1）下面 SavePicToDB 方法是将图片保存到 bookpic 表中。假定 bookpic 表只有两个字段：picID 为主键，自增长型；picimage 类型，非空。图片的路径和文件名由参数 filename 指定。SQL Server 数据库连接对象由参数 cn 指定。请依据表 9-30 代码和上下文提示，在【　】处补齐代码。

表 9-30　保存图片至数据库

行号	代　　码
01	using System;
02	using System.Data;
03	using System.Data.SqlClient;
04	using System.IO;
05	namespace UI{
06	class Class3　{
07	public static bool SavePicToDB(string filename, SqlConnection cn)　{
08	try {
09	FileStream fs = new FileStream(filename,
10	FileMode.Open, FileAccess.Read);
11	byte[] b =【　】;
12	fs.Read(【　】, 0, b.Length);
13	string strSql = "SELECT [pic] FROM [bookpic] WHERE 1>1";

续表

行号	代　　码
14	SqlCommand cmd ＝ new SqlCommand(strSql，cn);
15	SqlDataAdapter ad ＝ new SqlDataAdapter(cmd);
16	SqlCommandBuilder sb ＝ new SqlCommandBuilder(ad);
17	DataSet ds ＝ new DataSet();
18	ad.Fill(ds);
19	DataTable table ＝ ds.Tables[0];
20	DataRow row ＝【　　】;
21	row["pic"] ＝ b;
22	table.Rows.Add(【　　】);
23	ad.Update(【　　　】);　　　　　　　//更新数据库
24	return true;
25	}
26	catch (Exception ex){
27	throw ex;
28	}
29	}
30	}
31	}

附录 A

实　　验

实验 1　C#编程基础

【实验目的】

1. 熟悉 Visual Studio 2022 集成开发环境。
2. 掌握控制台输入输出方法的使用。
3. 掌握 C♯ 的数据类型、六大类运算符及优先级。
4. 掌握数据类型的转换。
5. 掌握条件语句、循环语句及跳转语句的使用。
6. 掌握数组定义和使用。

【实验内容】

1. 熟悉 VS 2022 开发环境,熟悉各个窗口。
2. 一数列的规则如下：1、1、2、3、5、8、13、21、34、……求第 30 位数是多少?
3. 输入一个年份,判断是否闰年(被 4 整除且不被 100 整除,或者被 400 整除)。
4. 一青年歌手参加比赛,有 10 位评委打分(分值只能为正整型数字),计算并输出歌手的平均分(去掉一个最高分和一个最低分)。平均分以 double 数据类型输出。
5. 输入一字符串,判断该字符串是否是"回文"(即顺读和逆读相同的字符串)。
提示：用字符串的 toCharArray() 方法,将字符串转换为数组。
6. 设计一个程序,输入 10 个整数存入数组中,然后使用冒泡法排序。

实验 2　C#基础类与集合

【实验目的】

1. 熟悉 math、random、DateTime、String、StringBuilder、Array 等类的用法。
2. 熟悉常用集合使用。

【实验内容】

1. 输入某人出生日期（以字符串方式输入，如 1987-4-1），使用 DateTime 和 TimeSpan 类。(1)计算其人的年龄；(2)计算从现在到其 60 周岁期间，总共多少天。

2. 随机给出一个 0~99(包括 0 和 99)的数字，然后让玩家猜是什么数字。玩家可以随便猜一个数字，游戏会提示太大还是太小，从而缩小结果范围。经过几次猜测与提示后，最终推出答案。

提示：使用 Random 类，创建 Random 类的实例，使用 Next()方法生成随机数。

3. 实验 string 类的常用方法。

提示：首先声明一个 string 类型变量 s，然后，实验下列方法：IsNullOrEmpty、Equals、Concat、Equals、Format、Compare、CompareTo、Contains、IndexOf、LastIndexOf、PadLeft、PadRight、Remove、Replace、Split、Substring、ToCharArray、ToLower、Trim。

4. 假设有一字符串 strFileName＝@"D:\C#程序设计\实验2\MyFile.TXT"。使用字符串方法，取出路径中的文件名 MyFile.TXT(要求至少想出 3 种方法实现)。

```
public static string getFilename(string strFileName)
{
    …//提示：主体中使用 string 类的 indexof 方法、lastindexof 和 substring 等方法
}
```

5. 实验 StringBuilder 类。定义一个静态成员方法，该方法实现字符串反转。如 Reconvert("6221982")返回值为 2891226。自行设计程序验证上述方法的正确性。

```
public static string Reverse(string str)
{
    …//方法主体中使用 StringBuilder
}
```

提示：(1)将 string 转换为 Char，char[] c＝strS.ToCharArray()；(2)使用 StringBuilder 类。

6. 实验 Array 类的下列方法：Sort、Reverse、Copy、IndexOf、BinarySearch、Clear、GetLength()、GetLowerBound()、GetUpperBound ()；实验 Rank 和 Length 属性。

7. 输入学号和姓名，对不存在的学号加到 Hashtable 类的实例中，对存在学号给出提示。结束输入后，输出学号为奇数的所有学生。

提示：需要引用 using System.Collections。

8. 假定已经获取题库中的试题号，并存放在数组 arrayKT 中。例如，int[] arrayKT＝{10,13,18,19,20,22,30,31…}。定义一个静态成员方法，该方法实现从上述数组中随机抽出给定数量(n,1<＝n<＝arrayKT.Length)的考题，并组成一个考题字符串。比如，随机从 arrayKT 中抽取 5 题组成考题字符串："10,18,20,22,30"。要求，组成考题字符串中考题不重复，且一定在数组中存在。getKTH 方法格式框架如下。

```
public static string getKTH(int n,param int[] arrayKT)
{
```

```
    …//提示：主体中使用 Random 类
}
```

完成如下要求。

（1）自行设计程序验证上述方法的正确性。

（2）自行设置断点，进行程序调试，在"局部变量窗口""监视窗口"等查看指定变量值的变化。

实验 3　面向对象编程(1)

【实验目的】

1. 掌握类和对象的创建。

2. 掌握类成员访问修饰符的含义。

3. 掌握类成员：字段、构造函数、属性、方法（参数、重载、重写与覆盖）的使用。

4. 掌握方法中参数的 4 种参数传递方式。

5. 掌握静态方法和实例方法。

【实验内容】

1. 假设有一字符串 strSource，写一个 GetNumber 方法，用来统计字符串 strSource 中数字字符的个数以及所有的数字字符。自行设计程序验证上述方法的正确性。

```
public static int GetNumber(string strSource,out string result)
{
    …//提示：主体中使用 string 类的 ToCharArray 方法
    //根据 ASCII 码判断是否是数字
    //方法返回值是字符串中数字字符的个数
}
```

2. 设计一个类，该类中有一个方法，该方法使用 Random 类随机产生 10 个 3 位数字（如 636）的随机数，并把产生的 10 个随机数存入数组中。然后在另一个类中输出这 10 个数。

提示：

（1）使用 Random 类的 Next()方法。

（2）自己设计的方法参数使用数组参数传递。

3. 随机给出一个 0～99（包括 0 和 99）的数字，然后让你猜是什么数字。你可以随便猜一个数字，游戏会提示太大还是太小，从而缩小结果范围。经过几次猜测与提示后，最终推出答案。要求与提示如下。

（1）控制台、winform、web 均可实现，暂时采用控制台。

（2）输入数字可能是非数值，应进行处理，并提示。

（3）如果用户想提早结束游戏怎么实现？

(4) 功能代码应与输入、输出代码分离。即游戏逻辑代码可以分别用于控制台、winform、web;逻辑代码可以由其他人编写,只提供给你 DLL 文件。

4. 编写一个名称为 MyClass 的类,在该类中编写一个方法,名称为 CountChar,返回值为整型,参数有两个,第一个参数可以是字符串、整数、单精度、双精度,第二个参数为字符,方法的功能为返回第二个参数在第一个参数中出现的次数。例如,CountChar ("6221982",'2')返回值为 3。

5. 编写一个名称为 MyClass 的类,在该类中编写一个方法,名称为 CountNum,输入一串数字和一个要查找的数字,统计该串数字中出现了几次要查找的数字。正则表达式的方法已经给出,要求输入的数字符合正则表达式。

```
using System.Text.RegularExpressions;
public Boolean isNum(string val)  {
    Regex rex=new Regex(@"^[+-]?\d*[.]?\d*$");          //如 123.4567
    if (rex.IsMatch(val))
    {
        return true;
    }
    return false;
}
public static bool IsIntNum(string input)
    {
        Regex reg=new Regex("^\\d+$");   //设置正则表达式匹配所有字符都为数字
        Match m=reg.Match(input);
        return m.Success;
    }
```

实验 4　面向对象编程(2)

【实验目的】

1. 掌握方法的参数类型,掌握方法的重载、重写与覆盖。

2. 掌握类的继承和多态的使用。

3. 掌握索引、委托、事件、接口、结构和枚举的使用。

【实验内容】

1. 把定义平面直角坐标系上的一个点的类 CPoint 作为基类,派生出描述一条直线的类 Cline,再派生出一个矩形类 CRect。要求成员函数能求出两点间的距离、矩形的周长和面积等。设计一个测试程序,并构造完整的程序。

提示:

(1) 可能用到 math 类中的函数。

(2) 注意数据类型的转换。

2. 编写 C#控制台应用程序,在其中创建物体类 PhysicalObject,通过其私有字段来存放重量和体积,通过公有属性来访问其重量、体积、密度,并通过公有方法来判断该物体是否会在水中下沉。

提示:

(1) 浮力计算公式。

$$\rho \text{物} > \rho \text{液},下沉,G\text{物} > F\text{浮}$$

$$\rho \text{物} = \rho \text{液},悬浮,G\text{物} = F\text{浮}(基本物体是空心的)$$

$$\rho \text{物} < \rho \text{液},上浮,(静止后漂浮)G\text{物} < F\text{浮}$$

(2) 纯水的密度是 $1g/cm^3$,1 升水的重量为 1kg。

(3) 比重(ρ)＝物体的重量/物体的体积。

3. 编写 C♯控制台应用程序,对第 2 题进行扩展,从 PhysicalObject 中派生出移动物体类 MovingObject,在其中增加物体的速度信息,并实现物体动量和动能的计算。重载加法和减法操作符,模拟两个移动物体的同向和相对碰撞。

提示:动量计算公式 $p = m \times v$(物体质量×速度)

　　　动能计算公式 $p = m \times v \times v/2$

4. 创建一个抽象类 A,该类中包含一个求两个数之和的抽象方法。创建一个子类 B,在 B 中重写求和方法,且使用方法重载使得方法可以分别计算整数、双精度、字符串。

5. 设计一个类,该类继承于已经设计好的接口。

6. 设计一个结构,并测试之。

7. 设计一个枚举,并测试之。

实验 5　C# 新特性

【实验目的】

1. 掌握泛型类的使用。

2. 熟悉匿名方法、静态类、迭代器和可空类型的使用。

3. 熟悉隐式类型、自动实现的属性、匿名类型和分部方法的使用。

4. 掌握使用 async 和 await 实现异步编程方法。

【实验内容】

1. 引入命名空间 System.Collections,使用.NET 提供的泛型类 Stack<T>,实现字符串或数字的反序。

2. 引入命名空间 System.Collections,使用.NET 提供的泛型类 Queue<T>,实现任意数值型数据的入队、出队操作,并将出队的数据求和。

3. 创建一个控制台应用,输入下面代码,编译执行,观察结果。仿照此实例,编写一个使用匿名方法的委托,匿名方法实现计算整数型数组各元素之和的功能。

```
using System;
namespace 匿名方法{
```

```
delegate void MyDelegate(int x, int y);
class Program {
    static void Main(string[] args) {
        MyDelegate d=delegate(int a, int b)
        {Console.WriteLine(a+b);};
        d(2, 3);
    }
}
}
```

4. 创建静态类,在其中定义一个泛型方法,实现查找数组元素的功能。

5. 观察下面代码中 Lambda 表达式用法,编写一个类似控制台应用,由控制台输入两个整数,输出较大的一个。

```
using System;
namespace lambda 表达式{
    delegate int MyDelegate(int x, int y);
    class Program  {
        static void Main(string[] args) {
            MyDelegate d=(int a, int b)=>a+b;
            Console.WriteLine(d(2, 3));
            Console.ReadKey(false);
        }
    }
}
```

6. 下面控制台应用,利用 string 的扩展方法获取字符串中单词数量。输入下面代码,并编译运行,观察结果。

```
using System;
namespace 获取字符串中单词数量{
    public static class Extensions {
        public static int GetWordCount(this string s)
        {
            int intCount=0;
            string [] strArray=s.Split(' ');
            foreach (var str in strArray)
            {
                if (str.Length>0) intCount++;
            }
            return intCount;
        }
    }
    class Program{
        static void Main(string[] args){
            string s="this is an apple";
            Console.WriteLine("单词数量为{0}", s.GetWordCount());
```

```
        Console.ReadLine();
    }
}
}
```

7. 仿照上面例子，设计一个扩展方法用于验证居民身份证合法性。

提示：中华人民共和国居民身份证正则表达式为：\d{17}[\d|X]|\d{15}。

8. 参照教材，自行练习动态绑定、可选参数、命名参数、async 和 await、元组类型、内插字符串以及 C#8.0 之后常用特性。

实验 6 Windows 应用编程(1)

【实验目的】

1. 掌握 Windows 窗体的基本属性、事件和方法的使用。
2. 掌握控件(Control)的基本属性、事件和方法的使用。需要掌握控件有窗体、标签、

图实验 6-1 窗体(1)

超链接标签、文本框、按钮、单选按钮和复选框、列表框、组合框和复选列表框、微调按钮、滚动条和进度条、Timer、DateTimePicker 与 MonthCalendar、图片框、ToolTip。

【实验内容】

1. 设计一个如图实验 6-1 所示窗体：该窗体自动位于屏幕中央；大小不可调；最小化、最大化按钮不可用；窗体标题为"烟台大学"。在该窗体上，放置一个按钮、一个标签。单击按钮时，在标签上显示当前系统时间。

2. 设计一个如图实验 6-2(a)所示的窗体。窗体上有两个按钮：一个显示文本，另一个显示图片。单击上面按钮或按下 Alt＋B 组合键，可以弹出如图实验 6-2(b)所示的消息框。单击下面按钮也可以弹出如图实验 6-2(b)所示的消息框(消息对话框参照 6.5.1 节内容)。

(a) 窗体

(b) 消息框

图实验 6-2 窗体和消息框

3. 设计如图实验 6-3 所示的窗体。要求：窗体启动后自动位于屏幕中央；窗体大小

不可调;窗体背景色为白色;窗体标题为"我的窗体实验";窗体上有两个标签,其中一个为链接标签,链接标签字体为宋体 16 号;单击该链接可以打开烟台大学主页;单击"结束"按钮程序即可结束。

4. 设计如图实验 6-4 所示的窗体。要求:窗体标题为"我的文本框实验";窗体上一个标签,内容如图;窗体上有一个文本框,文本框中只能输入 0～9 十种数字,最多输入 8 个字符。单击"结束"按钮程序即可结束。

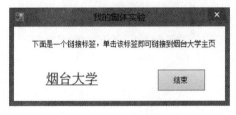

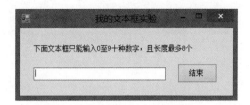

图实验 6-3　窗体(2)　　　　　　　　　图实验 6-4　窗体(3)

5. 设计一个如图实验 6-5 所示的窗体。窗体上有一个文本框(多行且带有垂直滚动条)、一个标签(字体颜色红色、字号 16)、一个按钮(该按钮被单击时,实现将文本框中选择文本复制至标签)。

6. 设计一个如图实验 6-6 所示的窗体。窗体上有两个文本框:一个文本框中最多输入字符 6 个;一个文本框中输入任何内容都显示 * 号。再添加一个按钮、两个单选按钮。实现单击按钮后,根据单选按钮,将对应文本框中内容显示在标签。

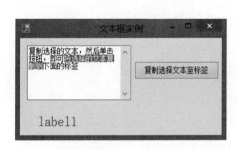

图实验 6-5　窗体(4)　　　　　　　　　图实验 6-6　窗体(5)

7. 设计如图实验 6-7 所示的窗体,实现下面要求的效果。

(1) 复选框中文字在左边。

(2) 最下部为水平滚动条。水平滚动条最小值为 4、最大值为 72,且在窗体 Load 事件中通过代码设置。

(3) 单击任何复选框,标签上文字样式都发生变化。

(4) 单击任意单选按钮,标签上文字字体都发生改变。

(5) 拖动水平滚动条,标签上文字大小发生变化。

8. 设计如图实验 6-8 所示的窗体,窗体上有一个列表框、一个标签和一个按钮。利用 Random 类产生 10 个 10～99 的随机数,并将这 10 个随机数在列表框中显示出来,每个数占一项。用户选择某项后,在右边标签中显示所选内容。

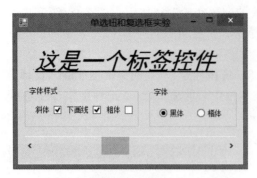

图实验 6-7　窗体(6)

图实验 6-8　窗体(7)

9. 参照教材组合框使用方法，按照如图实验 6-9 所示的窗体上的提示，设计一个 Windows 应用程序，实现不同的四则运算。

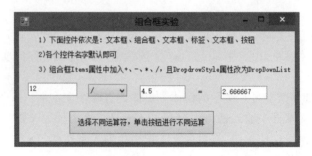

图实验 6-9　窗体(8)

实验 7　Windows 应用编程(2)

【实验目的】

1. 掌握控件(Control)的基本属性、事件和方法的使用。
2. 掌握消息框、通用对话框的设计。
3. 掌握容器类控件的使用。

【实验内容】

1. 利用 Timer 控件，设计一个如图实验 7-1 所示的电子时钟。要求启动窗体后，在窗体的标签上显示系统当前日期和时间，单击"结束"按钮，则停止显示日期和时间。

2. 利用 Timer 和图片框控件，编写一个图片不断向左移动的小动画。窗体如图实验 7-2 所示。

要求如下。

(1) 改变图片的 Left 值，图片向左(右)移动；改变图片的 Top 值，图片向下(上)移动；同时改变图片的 Left 值和 Top 值，图片斜向移动。

（2）利用 Random 类的 Next 方法产生一定范围的数据作为 Left 值和 Top 值，可以使图片任意移动。

（3）图片不要移出窗体，如果 Left 值或 Top 值超出窗体范围，能控制图片回到窗体的最左端或最上端。

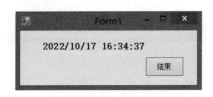

图实验 7-1　窗体（1）

图实验 7-2　窗体（2）

3. 设计一个如图实验 7-3 所示的窗体，该窗体中有一个图片框，显示一幅图片。要求如下：

（1）在打开窗体时，动态加载图片（图片资源自行查找）。

（2）设置图片显示模式为根据图片框大小缩放图片。

（3）当鼠标停留在图片框时，显示如"北京风光"的文本提示（使用 ToolTip 控件）。

提示：找到一幅图片，选中，复制，在项目名称上右击，选择"粘贴"命令，选择粘贴过来的图片文件，右击，选择"属性"命令，修改"复制到输出目录"属性的值为"如果较新则复制"。关键代码：

```
this.pictureBox1.Image=Image.FromFile("tu2.jpg");      //动态加载图片
this.pictureBox1.SizeMode=PictureBoxSizeMode.StretchImage;
                                            //设置图片显示方式
```

4. 在窗体上增加一个按钮，并设置按钮显示文字为"结束程序"。单击该按钮显示如图实验 7-4 所示的消息框，若单击"是"按钮，则结束程序，否则只是关闭消息框。

图实验 7-3　窗体（3）

图实验 7-4　消息框（1）

关键代码：

```
DialogResult result=MessageBox.Show("确定要结束程序吗？[Yes|No]", "提示",
MessageBoxButtons.YesNo, MessageBoxIcon.Warning,
MessageBoxDefaultButton.Button2);
if (result==DialogResult.Yes)
```

```
    {
        Application.Exit();
    }
```

图实验 7-5　　消息框（2）

5. 创建一个如图实验 7-5 所示的窗体，并在窗体上放置 saveFileDialog、openFileDialog 两个控件。实现功能如下。

（1）程序运行时，在文本框（注意文本框多行、带垂直滚动条）中输入汉字、字符等，单击"保存文件"按钮，即可将文本框中内容保存到一个文件。

（2）单击"打开文件"按钮，可选择文本文件，并读取文件中内容，显示在文本框中。

保存文件关键代码：

```
this.saveFileDialog1.Filter="*.txt|*.txt";
this.saveFileDialog1.ShowDialog();
string file=this.saveFileDialog1.FileName;
if (string.IsNullOrEmpty(file)) return;
//以下为写字符到文本文件,需要添加 System.IO 引用
FileStream fs=new FileStream(file, FileMode.OpenOrCreate,
FileAccess.Write);                      //创建一个文件流
StreamWriter sw=new StreamWriter(fs); //创建一个 StreamWriter 对象
sw.Write(this.textBox1.Text);
sw.Dispose();                           //释放 StreamWriter 对象,文件流对象
fs.Dispose();
```

打开文件关键代码：

```
this.openFileDialog1.Filter="*.txt|*.txt";
this.openFileDialog1.ShowDialog();
string file=this.openFileDialog1.FileName;
if (string.IsNullOrEmpty(file)) return;
//以下为写字符到文本文件,需要添加 System.IO 引用
FileStream fs=new FileStream(file, FileMode.Open,
FileAccess.Read);                       //创建一个文件流
StreamReader sr=new StreamReader(fs); //创建一个 StreamWriter 对象
this.textBox1.Text=sr.ReadToEnd();
sr.Dispose();                           //释放 StreamWriter 对象,文件流对象
fs.Dispose();
```

6. 创建一个窗体，在窗体上放置 colorDialog 控件。程序运行时，单击打开颜色对话框按钮，将选择的颜色作为窗体背景色。

7. 创建一个窗体，在窗体上放置一个标签、一个按钮、一个 fontDialog 控件。标签内容改为"烟台大学"。程序运行时，单击打开字体对话框按钮，将选择的字体作为标签字体。

8. 创建一个如图实验 7-6 所示的窗体,并在窗体上放置一个标签、一个 treeview 控件。窗体打开时,动态为 treeview 控件添加节点,选择某个节点后,标签上显示所选内容。

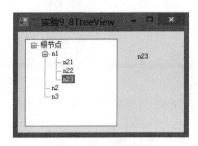

图实验 7-6 窗体(4)

实验 8 Windows 应用编程(3)

【实验目的】

1. 掌握菜单和工具栏的设计。
2. 掌握多重窗体和多文档界面。

【实验内容】

1. 设计如图实验 8-1 所示的窗体,当用户在 richBox 中右击时,弹出一个快捷菜单,单击某一地名,即可在 richBox 中显示该地的旅游景点。

2. 在上一题的窗体中添加工具栏控件。如图实验 8-2 所示。在工具栏中添加 2 个按钮,第一个按钮用来设置 richTextBox 的字体为"黑体",第二个按钮用来设置 richTextBox 的字号为 20 号,并给这两个按钮添加图片和提示文本(通过 ToolTipText 属性实现)。启动窗体时,richTextBox 初始字体为宋体 12 号字。

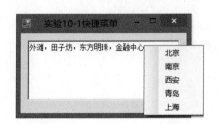

图实验 8-1 快捷菜单的使用

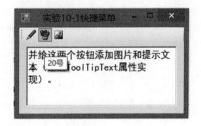

图实验 8-2 工具栏的使用

3. 使用菜单与工具栏控件设计如图实验 8-3(a)所示窗体。在窗体上放置一个菜单、一个工具栏控件。菜单内容如图实验 8-3(b)所示。工具栏上有两个按钮,分别对应"打开文本文件""保存文本文件"。菜单和工具栏具体功能实现可参照前面实验 7 相关的题目代码。

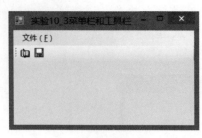
(a) 工具栏

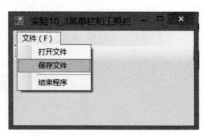
(b) 菜单栏

图实验 8-3　菜单栏和工具栏的使用

4. 设计系统的登录窗体和主窗体：登录窗体（frmLogin）、一个 MDI 主窗体（frmMain）、两个子窗体（frm 子窗体 1、frm 子窗体 2）。要求在登录窗体中输入用户名和密码，用户名和密码正确后，才可进入 MDI 主窗体；通过菜单命令关闭主窗体。具体要求如下。

（1）做法：先创建 4 个窗体，按上面要求修改各自名称。

（2）登录窗体：大小不可调；显示时位居屏幕中央；没有最小化、最大化、关闭按钮。在登录窗体中，假设当用户输入账号为 zhangsan，且密码为 123（密码显示为＊），则通过登录，销毁登录窗体，同时打开主窗体。否则，给出错误提示，如"账号或密码错误"。

（3）具体实现参照 6.9 节实例 6-19。

（4）大家可在完成上述基本功能基础上，再自行为主窗体添加上工具条、状态栏。

5. 设计如图实验 8-4 所示的窗体，窗体中的按钮可以使用菜单实现。随机给出一个 0～99（包括 0 和 99）的数字，然后让你猜是什么数字。你可以随便猜一个数字，游戏会提示太大还是太小，从而缩小结果范围。经过几次猜测与提示后，最终推出答案。

图实验 8-4　猜数字窗体

提示：

（1）单击"开始游戏"按钮获得系统给的猜测的数字。

（2）用户在文本框中输入数字，按 Enter 键。每次按 Enter 键，系统判定用户输入数字，给出判定信息。

6. 利用 Random 类，结合 Timer 控件，设计如图实验 8-5 所示的窗体。在窗体上的文本框中显示一个大写字符，如果用户输入正确，则产生另一个大写字符。实现打字游戏（提示：金山打字通的简易版）。窗体中的按钮可以用菜单实现。菜单命令组成如下。

（1）"设置"菜单包括开始游戏、结束游戏、退出游戏。

图实验 8-5　打字游戏窗体

（2）"查看"菜单：查看正确率和打字所用时间。

提示与思考：

（1）判断输入字符正确与否，采用哪个控件的哪个事件。

（2）首先考虑如何实现一个静止的字符（不移动）的输入判断，然后考虑如何让字符动起来。

（3）如果字符移出窗体边界，仍然没有输入正确，如何让该字符重新出现在窗体的顶端某处。

实验 9　GDI+编程

【实验目的】

1. 理解 Graphics 对象概念，并熟悉 Graphics 对象的创建方法。

2. 掌握利用 Graphics 对象绘制线条和形状方法。

3. 掌握利用 Graphics 对象的 DrawString()呈现文本方法。

4. 掌握利用 Graphics 对象的 DrawImage()显示图像方法。

【实验内容】

1. 编写一个能够显示正弦曲线的 Windows 应用程序。

2. 编写一个 Windows 应用程序，实现从白色到绿色渐变的背景。

3. 编写一个 Windows 应用程序，实现一个左右移动的半径为 30 像素的红色圆，并在圆内显示圆心相对于窗体的坐标。

4. 编写一个 Windows 应用程序，利用 Graphics 对象的 DrawString 方法在窗体上绘制文字"山东省烟台大学"，要求文字用一幅图片填充。

5. 画线实验。创建一个窗体，在窗体上添加一个按钮（text 为"选择线颜色"）和一个颜色对话框（colorDialog1）。窗体界面如图实验 9-1 所示。单击"选择线颜色"按钮，能够打开一个颜色对话框,选择颜色,能更改画笔颜色,使用画笔可以在窗体上画任意的曲线。

提示关键点:

(1) 定义一些窗体类变量,如画笔、画布、画线需要的前后两个坐标点。

(2) 在窗体 Load 方法中创建画笔、画布对象。

(3) 在窗体事件列表中,双击鼠标 down、move 两个事件,自动生成两个事件对应的处理方法。

(4) 添加引用:

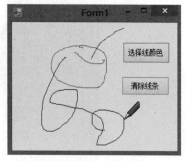

图实验 9-1　画线窗体

```
using System.Drawing;
```

此外,画线方法很简单:画布对象.DrawLine(画笔,之前坐标点,现在坐标点)。

(5) 参考代码:

```
public partial class Form1: Form {
    Pen pen=null;                        //定义一个画笔 pen
    Graphics g=null;                     //定义一个画布
    Point p0, p1;                        //定义两个坐标点
    //颜色选择按钮,用于变更画笔颜色
    private void button1_Click(object sender, EventArgs e) { //"选择线颜色"按钮
        colorDialog1.ShowDialog();       //打开颜色对话框,且获取用户选择颜色
        pen.Color=colorDialog1.Color;
    }
    private void button2_Click(object sender, EventArgs e) {    //"清除线条"按钮
        g.Clear(this.BackColor);
    }
    //窗体 Load 事件处理方法,实现画笔、画布创建
    private void Form1_Load(object sender, EventArgs e) {
        pen=new Pen(Color.Black);
        g=this.CreateGraphics();
        //设置窗体上光标显示的图片
        this.Cursor=new Cursor(Application.StartupPath+@"\pen.ico");
        //设置两个按钮上光标显示的样式
        button1.Cursor=Cursors.Arrow;
        button2.Cursor=Cursors.Arrow;
    }
    private void Form1_MouseDown(object sender, MouseEventArgs e) {
        if(e.Button==MouseButtons.Left) p1=e.Location;
    }
    private void Form1_MouseMove(object sender, MouseEventArgs e) {
        if(e.Button==MouseButtons.Left)
        {
            p0=p1;
            p1=e.Location;
            g.DrawLine(pen, p0, p1);        //实现画线
```

```
        }
    }
}
```

6. 编写一个 Windows 应用程序,分别利用 Bitmap 类和 PicturetBox 控件实现显示、保存图像的功能。

实验 10　文件操作编程

【实验目的】

1. 理解文件和流的概念。
2. 熟悉文件操作的方法。
3. 掌握 FileStream 类的使用方法。
4. 掌握 StreamReader 和 StreamWriter 的使用方法。
5. 掌握 BinaryReader 和 BinaryWriter 的使用方法。

【实验内容】

1. 分别利用 File 类和 FileInfo 类、Directory 类和 DirectoryInfo 类实现文件和目录的创建、删除、复制、移动等操作。

2. FileStream 表示文件流,它能够打开和关闭文件,并对文件进行单字节的读写操作。StreamReader 和 StreamWriter 以文本方式对流进行读写操作。建立一个文本文件,分别使用上面两种方式读写所创建的文本文件。要求:文件的读操作之前,要进行判断文件是否存在。程序界面如图实验 10-1 所示效果。

提示:参照本书实例 8-2。

3. 使用 FileStream 或 StreamReader 和 StreamWriter 类,实现一个如图实验 10-2 的 winform 窗体,窗体上有两个命令按钮、一个文本框和一个 saveFileDialog 控件。具体要求:第一次单击"保存"按钮时,弹出一个保存对话框,并将内容保存到指定文件中;以后再单击"保存"按钮,自动将最新内容保存下来,不再弹出对话框。

图实验 10-1　窗体(1)

图实验 10-2　窗体(2)

4. 复制图片。创建一个如图实验 10-3 所示的窗体,窗体上放置两个按钮(button1、button2)、一个标签(label1,用于显示所选图片路径和文件名)、一个图片框(pictureBox1,用于显示所选图片)、一个打开对话框(openFileDialog1)、一个保存对话框(saveFileDialog1)。

实现如下功能。

(1) 程序运行时,用户单击"选择图片"按钮,即可打开一个通用打开对话框,在该对话框中,文件类型可以是.jpg 或.gif。

(2) 用户选取某个图片后,该图片显示在 pictureBox1 中,显示方式为缩放图片适应 pictureBox1。此外,该图片文件路径及完整文件名在 Label1 中显示出来。

(3) 用户单击"复制图片"按钮,即可打开一个通用保存对话框,在该对话框中,文件扩展名类型可以是.jpg 或.gif;用户在该对话框中输入保存后文件名即可实现复制先前所选图片。

5. 用递归树实现如图实验 10-4 所示效果。

图实验 10-3　窗体(3)

图实验 10-4　窗体(4)

参考 XML 文件如下:

```xml
<?xml version="1.0" standalone="yes"?>
<NewDataSet>
  <Table>
    <Cate>计算机</Cate>
  </Table>
  <Table>
    <Cate>外语</Cate>
  </Table>
  <Table>
    <Cate>外语 22</Cate>
  </Table>
</NewDataSet>
```

实验 11 数据库编程(1)

【实验目的】

1. 理解 ADO.NET 对象模型。
2. 掌握直接访问模式下数据库编程。
3. 掌握数据集模式下数据库编程。
4. 熟悉常用数据绑定控件的使用方法。

【实验内容】

1. 创建如图实验 11-1 所示的窗体。参照教材实例，使用 SqlConnection 类、SqlCommand 类实现对 Northwind 数据库中 Categories 数据表数据显示、插入记录、更新记录、删除记录、选择记录的操作。

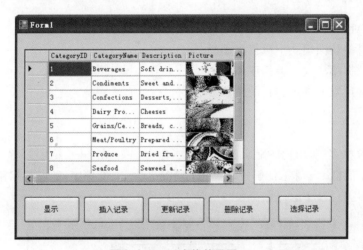

图实验 **11-1** 窗体效果图(1)

2. 设计一个程序，对 Northwind 数据库进行查询。要求输入客户公司名称，能够查出该客户所订购的产品名称、数量和价格，要求使用存储过程。

3. 在 SQL Sever 2008/2012 下创建一个数据库 myDB，该数据库中只有一个学生基本信息(StudentInfo)表，表的数据结构如表实验 11-1 所示。

表实验 **11-1** 表结构

学号	姓名	性别	出生日期	住址
char(11)	Varchar(10)	char(2)	datetime	Varchar(100)

现假设已经在窗体上添加了一个 DataGridView 控件(name 属性设为 DataGridView1)和一个 listBox 控件(name 属性设为 listBox1)。请在窗体的 Load 事件

中编写相应代码，使窗体运行时在 DataGridView 中显示学生基本信息表中的所有记录，并将表中姓名字段值显示在列表框中，运行效果如图实验 11-2 所示。

图实验 11-2　数据库编程

实验 12　数据库编程(2)

【实验目的】

1. 理解 ADO.NET 对象模型。
2. 掌握直接访问模式下数据库编程。
3. 掌握数据集模式下数据库编程。
4. 熟悉常用数据绑定控件的使用方法。

【实验内容】

1. 参照教材实例，用视图显示商品信息。建立一个 Windows 程序，显示 Northwind 数据库中商品信息。要求：能够按商品 ID、商品名称、单价排序，能够根据给定筛选条件对记录进行筛选。程序运行界面如图实验 12-1 所示。

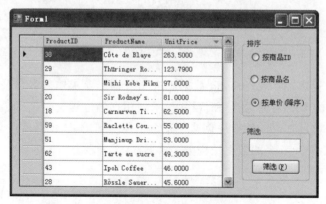

图实验 12-1　窗体效果图(2)

2. 按要求完成下列操作（数据库环境可选择 SQL Server 2008/2012、Access）。

（1）创建一个空数据库 CS1，然后建立一个 KCSP 数据表，其结构如表实验 12-1 所示。

表实验 12-1　KCSP 表结构

字　段　名	数 据 类 型	字 段 属 性
序号	数字	字段大小：整型
品名	文本	字段大小：10
型号	文本	字段大小：6
入库日期	日期/时间	
单价	货币	格式：货币；小数位数：2
数量	数字	字段大小：整型
备注	备注	

（2）将 KCSP 数据表的"序号"设置为主关键字。

（3）将如表实验 12-2 所示的数据输入到 KCSP 表中。

表实验 12-2　KCSP 表结构

序号	品名	型号	入库日期	单价	数量	备　　注
101	钢笔	G1	2022-2-22	10.2	150	上海第二金笔厂
102	本子	B1	2022-3-16	1.5	500	沈阳印刷厂
103	椅子	Y2	2022-3-16	25	40	红利家具
107	饭盒	C1	2022-3-18	3.5	25	大众茶具有限公司
108	钢笔	GM-1	2022-1-1	9.3	80	烟台办公用品厂
109	钢笔	G1	2022-3-19	10	100	济南钢笔厂
111	本子	B2	2022-4-1	2	67	烟台办公用品厂

（4）建立一个 Windows 应用程序，完成对上述 KCSP 表的浏览、添加、修改、删除。

（5）利用"数据视图"完成下面操作。

① 筛选出品名是"钢笔"的所有记录。

② 筛选出所有数量不大于 100 的记录。

实验 13　综合实验(1)

【实验目的】

1. 综合掌握 Windows 控件使用。

2. 培养解决复杂工程问题的能力。

3. 培养创新和协同能力。

【实验内容】

使用串口通信协议，设计并实现一个串口数据采集、管理系统。基本要求：

（1）采用串口通信采集数据，并以某种数据库形式存储数据。

（2）设计后台管理程序能够对采集的数据实现增删改查、导出，以及图形化显示。

（3）后台管理程序采用多层架构实现，至少有 Model（实体层）、DAL（数据访问层）和 UI（表示层）。

（4）数据采集设备可以使用串口调试助手进行模拟。

【课时与形式】

1. 课时建议 4 课时。

2. 建议以小组为单位集体完成。每组一个成绩，组内成员按照此成绩计分。

3. 验收方式建议采用课堂答辩。验收时每组随机抽取 1 名同学代表本组答辩。

【实验步骤】

1. 启动串口调试助手。实验中，串口调试助手（ComAssistant.exe）充当一台温湿度检测设备，并通过指定 port 口上传数据，如图实验 13-1 所示。

图实验 13-1　串口调试助手

在串口调试助手界面中，根据实际情况设置端口，选中"十六进制发送"复选框。在发送区输入数据，单击"手动发送"按钮即可。所编写的数据采集程序负责接收串口调试助手发送的数据。在此过程中，称串口调试助手为下位机，所编写的数据采集程序为上位机。

2. 通信协议。下位机和上位机需要提前制定好通信协议。比如，图中发送区数据含义为：2A（固定，数据开始）+20（固定，空格）+3431（湿度整数部分，表示 41）+2E（固定，代表"."）+39（湿度小数部分，表示 9）+20（固定，空格）+3134（温度整数部分，表示 14）+

附录A 实验　**365**

2E(固定,代表".")+36(温度小数部分,表示 6)+0A(固定,数据结束)。

3. 系统运行效果。图实验 13-2～图实验 13-4 分别为数据采集界面、两种数据显示界面。

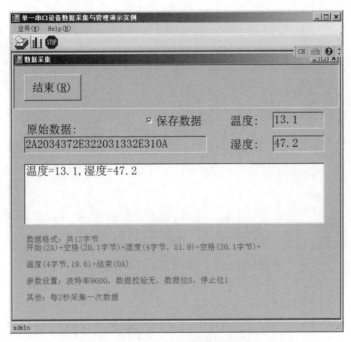

图实验 13-2　数据采集界面

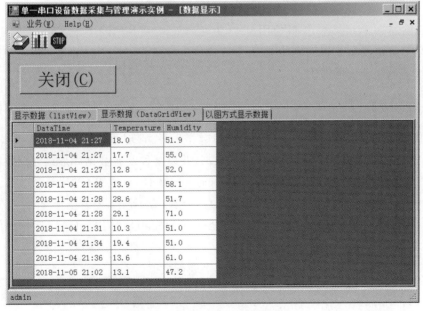

图实验 13-3　数据显示界面(表格)

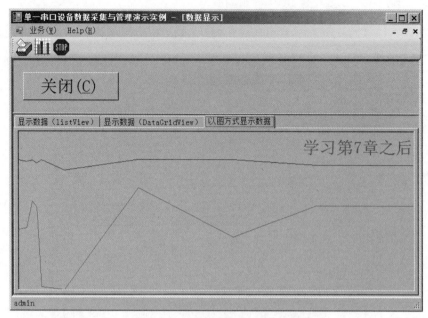

图实验 13-4　数据显示界面（图形）

实验 14　综合实验(2)

【实验目的】

1. 综合掌握 Windows 控件使用。
2. 培养解决复杂工程问题的能力。
3. 培养创新和协同能力。

【实验内容】

使用 TCP 或 UDP 设计并实现一个网口数据采集、管理系统。基本要求：

（1）采用 TCP 或 UDP 通信协议采集数据，并以某种开源数据库形式存储数据。

（2）数据采集程序必须以任务模型编程（async 和 await 或 WCF 设计。

（3）后台管理程序能够对采集的数据实现增删改查、导出，以及图形显示。

（4）后台管理程序采用多层架构实现，至少有 Model（实体层）、DAL（数据访问层）和 UI（表示层）。

（5）数据采集设备可以使用网络调试助手进行模拟。

【课时与形式】

1. 课时建议 4 课时。

2.建议以小组为单位集体完成。每组一个成绩,组内成员按照此成绩计分。

3.验收方式建议采用课堂答辩。验收时每组随机抽取1名同学代表本组答辩。

【实验步骤】

1.启动网络调试助手。实验中,启动网络调试助手(NetAssist.exe)充当一台温湿度检测设备,并通过指定IP、port口上传数据。如图实验14-1所示进行设置。当然,也可以启动多个网络调试助手模拟多个设备同时上传数据情形。

图实验14-1　网络调试助手

在网络调试助手中,根据实际情况设置参数,选中"十六进制显示""十六进制发送"。在发送区输入数据,单击"发送"按钮即可。所编写的数据采集程序负责接收网络调试助手发送的数据。在此过程中,称网络调试助手为下位机,所编写的数据采集程序为上位机。

2.通信协议。下位机和上位机需要提前制定好通信协议。下面是一种通信协议,协议中规定了设备编码、湿度、温度值。为了简单,协议中并没有数据校验。

```
//通信协议:
//2A(固定,数据开始)+
//2字节设备编码+
//20(固定,空格)+
//2字节(湿度整数部分)+2E(固定,代表.)+1字节(湿度小数部分)+
//20(固定,空格)+
```

//2 字节(温度整数部分)+2E(固定,代表.)+1 字节(温度小数部分)+
//0A(固定,数据结束)

3. 系统运行效果如图实验 14-2 所示。两种数据显示界面同实验 13 中图实验 13-3、图实验 13-4。

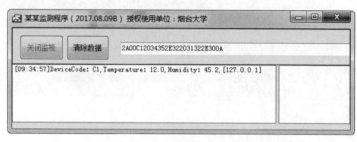

图实验 14-2　网口数据采集界面

参 考 文 献

[1]   C♯.NET 版本、Visual Studio 版本对应关系[EB/OL].CSDN,(2022-5-4).https://blog.csdn.net/admans/ article/details/124571237.

[2]   PRICE M J.C♯入门经典:更新至 C♯9 和.NET 5 [M].叶伟民,译. 北京:清华大学出版社,2021.

[3]   技术文档,微软 MSDN. https://learn.microsoft.com.

[4]   PRICE M J. C♯8.0 和.NET Core3.0 高级编程[M].王莉莉,译. 北京:清华大学出版社,2020.

[5]   SHAKTI T. 并行编程实战:基于 C♯8 和.NET Core3[M].马琳琳,译.北京:清华大学出版社,2021.

[6]   ALLS J. C♯代码整洁之道:代码重构与性能提升[M].刘夏,译.北京:机械工业出版社,2022.

[7]   甘勇,邵艳玲,王聘.C♯程序设计(慕课版)[M].北京:人民邮电出版社,2021.

[8]   STELLMAN A, GREENE J. Head First C♯[M].苏钰涵,译.北京:中国电力出版社,2022.

[9]   张才千,钱慎.C♯程序设计与开发经典课堂[M].北京:清华大学出版社,2020.

[10]   曾宪权,曹玉松,鄢靖丰.C♯程序设计与应用开发(微课视频版)[M].北京:清华大学出版社,2021.

[11]   TERRELL R. NET 并发编程实战[M].叶伟民,译.北京:清华大学出版社,2020.

[12]   马骏.C♯网络应用编程[M].3 版.北京:清华大学出版社,2014.

[13]   张子阳.NET 之美:.NET 关键技术深入解析[M].北京:机械工业出版社,2014.

图书资源支持

感谢您一直以来对清华版图书的支持和爱护。为了配合本书的使用，本书提供配套的资源，有需求的读者请扫描下方的"书圈"微信公众号二维码，在图书专区下载，也可以拨打电话或发送电子邮件咨询。

如果您在使用本书的过程中遇到了什么问题，或者有相关图书出版计划，也请您发邮件告诉我们，以便我们更好地为您服务。

我们的联系方式：

清华大学出版社计算机与信息分社网站：https://www.shuimushuhui.com/

地　　址：北京市海淀区双清路学研大厦 A 座 714

邮　　编：100084

电　　话：010-83470236　　010-83470237

客服邮箱：2301891038@qq.com

QQ：2301891038（请写明您的单位和姓名）

资源下载： 关注公众号"书圈"下载配套资源。

资源下载、样书申请

书圈

图书案例

清华计算机学堂

观看课程直播